工程建设理论与实践丛书

公园城市理念下的城市更新

GONGYUAN CHENGSHI LINIAN XIA DE
CHENGSHI GENGXIN

代小强 潘远智 邱 彬 主编

华中科技大学出版社
http://press.hust.edu.cn
中国·武汉

图书在版编目(CIP)数据

公园城市理念下的城市更新/代小强,潘远智,邱彬主编.—武汉:华中科技大学出版社,
2023.12
ISBN 978-7-5680-9493-1

Ⅰ.①公… Ⅱ.①代… ②潘… ③邱… Ⅲ.①城市规划-研究 Ⅳ.①TU984

中国国家版本馆 CIP 数据核字(2023)第 104763 号

公园城市理念下的城市更新   代小强 潘远智 邱 彬 主编
Gongyuan Chengshi Linian xia de Chengshi Gengxin

策划编辑:周永华
责任编辑:郭雨晨
封面设计:杨小勤
责任校对:林宇婕
责任监印:朱 玢
出版发行:华中科技大学出版社(中国·武汉)   电话:(027)81321913
          武汉市东湖新技术开发区华工科技园   邮编:430223
录   排:华中科技大学惠友文印中心
印   刷:武汉科源印刷设计有限公司
开   本:710mm×1000mm 1/16
印   张:23
字   数:413 千字
版   次:2023 年 12 月第 1 版第 1 次印刷
定   价:98.00 元

编　委　会

前　　言

　　城市更新是将老城、旧城重新进行资源优化和配置的手段,是提升居民生活质量的重要举措。城市更新伴随城市发展的始终,主要以两种方式渐进更替。一是城市迭代更替的自然演变。这伴随着城市的产生和发展持续存在,是城市的一种内在自生方式。可以说,城市发展的历史就是城市更新。二是国家政策驱动的主动求变。重庆大学褚冬竹教授认为,当代语境下的中国城市更新都是指这种主动式、制度化的发展选择。今天我们讨论的城市更新多是这种政策驱动的城市发展方式选择。

　　随着中国城镇化率不断提高,中国城镇化进程速度减缓,城市发展也进入存量时代,城市更新成为城市发展的客观需求。2019年中央政治局会议提出实施城镇老旧小区改造等补短板工程,加快推进信息网络等新型基础设施建设,2020年党的十九届五中全会通过的"十四五"规划明确提出实施城市更新行动。城市更新的顶层政策不断升级,不仅成为"十四五"规划的政策新风口,更上升为国家战略。

　　城市绿地系统和公园体系是城市公共服务体系的重要内容。公园城市理念就是以市民、公园、城市三者关系的优化和协作为目标,实现多层次、多维度的融合与发展。因此,公园城市是公园形态与城市空间有机融合,生产、生活、生态空间相宜,自然、经济、社会、人文相融的复合系统,是"人、城、境、业"高度和谐统一的现代化城市形态,是新时代可持续发展城市建设的新模式。但是,针对我国人口多、密度大、规模大的城市化特征,以及前期的一些历史遗留问题,尤其是在我国城市受空间资源的硬约束,已由增量扩张向存量优化转型的背景下,按照"理想"的形式建设公园城市无异于缘木求鱼。我国许多城市普遍存在功能结构失衡、生活配套设施不足及交通出行不便的问题,公共空间不仅匮乏且品质不高,城市风貌特征也因缺乏布局科学的城市更新改造而逐渐丧失。同时,这些地区往往还面临着改造用地潜力小、建设用地使用权分散、牵涉利益主体复杂及经济效益低导致的实施阻力大等挑战。可见,在公园城市理念下的城市更新实践需要创新的策略与思路。

　　在建设公园城市示范区的理念统领下,成都城市更新行动的层级更丰富,类

型更多元，模式更灵活，成果更丰硕，更加贴近成都的日常生活与有机生长，更能体现"以人为核心"的城市发展理念。比如以街巷历史文化为本底打造的社区居民生活新场景北门里·爱情巷；在多业权街区更新背景下，统一运营，实现特色商业街区共发展的玉林东路；运用数字科技打造可进入、可感受、可体验的全国首个沉浸式"学习强国"主题街区……这些散落在城市不同区位，承载着不同功能的城市更新案例，都体现着城市更新的本质目标：城市更新可激发城市的空间产业、文化和生态活力，重塑社区的社群生态。

同时，成都作为首批入选城市更新试点工作的城市，遵循国家层面的成渝地区双城经济圈建设、公园城市建设等政策，初步形成了城市更新政策体系。在顶层设计方面，坚持以建设全面践行新发展理念的公园城市示范区为统领，构建"1＋N"城市更新政策框架；在技术标准方面，不断探索适应存量改造的城市更新技术标准，形成了以城市更新专项规划、城市更新导则为主导的城市更新技术体系。近年来，成都积极推动一系列城市更新项目，在城市更新领域走在了全国前列。

本书主要分为上篇理论篇、中篇技术篇及下篇实践篇，对城市更新及公园城市的理论和技术进行探讨，并对成都公园城市理念下的城市更新实践进行介绍。本书可供城市规划设计单位、建设单位、施工单位相关技术人员和管理人员参考使用。

本书在编写过程中参考了相关城市政府部门的城市更新政策文件，相关建设工程的技术文件、施工文件等，并引用了许多专家、学者的科研资料，在此表示衷心感谢。由于作者经验不足，水平有限，书中难免存在疏漏之处，恳请读者不吝指正。

目　　录

上篇　理论篇

中篇　技术篇

下篇　实践篇

上篇　理论篇

第 1 章　城市与城市更新

1.1 城市概述

1.学科研究角度对城市的理解

从中文字面理解"城市"概念,城市分"城"和"市"两部分:"城"指被城墙包围的空间,具有防御功能;"市"是交易的市场,具有贸易、交换功能。城市起源于"城"和"市"的结合。在城市发展初期,"城"和"市"之间有必然的联系。有"城"必有"市",在城内居住的人脱离农业、游牧业、采集业后,必须通过市场交换获得生活必需品。有"市"必有"城",当人们在某个固定地点长期进行交易,形成规模后,必须建立城墙,用"城"来保护"市",避免"市"遭到侵犯。第一次工业革命后,城市高度发展,我们需要重新认识并界定其内涵和范畴,此时"城"与"市"的概念已发生颠覆性的变化。城防超出城市边界,完全由国防取代。传统市场随经济全球一体化进程,被更加广义的市场取代。随着历史的发展,城市的内容、功能、结构、形态不断演化,从某一方面、某一角度给城市下定义无法概括城市包罗万象的本质。

从经济地理的角度来看,城市的产生和发展同劳动地域分工的出现和深化分不开。社会学家把城市看作生态社区(ecological community),并认为城市是社会化的产物。经济学家认为所有的城市都存在人口和经济活动在空间上的集中这一基本特征。市政管理专家和政治家过去把城市看作法律上的实体;现在则把它看作公共事业的经营部门,提倡有效的规划和管理。生态学家把城市看作人工建造的聚居地,认为城市是当地自然环境的组成部门。有的建筑学家认为,城市是多种建筑形式的空间组合,主要为聚集的居民提供具有良好设施,适宜生活和工作的环境。

随着城市研究的逐渐深入,人们对城市本质的认识也不断加深。从城市是依某种方式组织一个地区或更大的腹地的聚居单位这种观点出发,可以认为城市是一个从住房-聚居体系到聚居-聚居体系以至聚居-区域体系的发展过程。中国有的学者提出,城市可以看作一定地域中的社会实体、经济实体和科学文化实体的有机统一体。城市是承载上述活动的物质实体,因为城市是在一定的自然环境中由房屋、街衢和地下设施等构成的实在的空间形体。无论在发达国家还是在发展中国家,城市都蓄积着某一国家大部分的物质财富和精神财富。有的学者更以"系统"的观点进一步指出,现代化城市是以人为主体,以空间利用为特点,以聚集经济效益为目的的一个集约人口、经济、科学文化的空间地域系统。

概括起来,对城市有如下认识:城市聚集了一定数量的人口;城市以非农业活动为主,是区别于农村的社会组织形式;城市在政治、经济、文化等方面具有不同范围中心的职能;城市要求相对聚集,以满足居民生产和生活方面的需要,发挥城市特有功能;城市必须提供必要的物质设施,力求保持良好的生态环境;城市是根据共同的社会目标和各方面的需要而进行协调运转的社会实体;城市有传承、发展传统文化的使命。随着时代的发展,人们对城市本质的认识还将继续深化。

城市由许多要素(或部门)组成。这些要素分为基本要素和非基本要素。

基本要素是一个城市形成和发展的经济基础,是决定城市人口和用地规模的主要依据,主要包括:①工矿企业(不包括其产品只供应本市的企业),如工厂、电站、矿山等;②对外交通运输设施,如铁路、水运、民航和汽车运输等;③国家物资储备仓库等设施;④非本市的经济行政机关,如中央、省(直辖市)、自治区、地区的党政机关、经济机关和社会团体;⑤科学研究机构;⑥高等院校和中等专业学校;⑦承担基本建设任务的建筑安全企业;⑧产品大部分不为本市服务而在市界以内的农牧业场,如某些特殊的种植园、养殖场、饲养场等;⑨疗养机构和旅游设施,如疗养院、休养所、旅馆,以及不包括在本市保健系统内的专业医院和军医院等;⑩在特殊情况下,还包括军事设施等。

非基本要素是为本城市居民的物质生活需要和精神生活需要服务的机构和企业。它们的规模是根据城市规模和当地的条件来确定的,主要包括:①产品只供应本城市居民的工业企业;②基础教育系统;③市属卫生系统;④服务本城市的商业系统;⑤服务本城市居民的服务业系统;⑥城市公共交通设施;⑦体育设施;⑧文化娱乐设施;⑨住宅和公共建筑的维修机构;⑩市政公共设施;⑪本城市的党政机关、群众团体、经济机构等;⑫市属邮电机构。

2.行业标准角度对城市的界定

我国国家统计局制定的《统计上划分城乡的规定》(国函〔2008〕60号)从各类统计及与统计有关的业务核算的角度,提出"不改变现有的行政区划、隶属关系、管理权限和机构编制,以及土地规划、城乡规划等有关规定""以我国的行政区划为基础,以民政部门确认的居民委员会和村民委员会辖区为划分对象,以实际建设为划分依据,将我国的地域划分为城镇和乡村。实际建设是指已建成或在建的公共设施、居住设施和其他设施""城镇包括城区和镇区。城区是指在市辖区和不设区的市,区、市政府驻地的实际建设连接到的居民委员会和其他区域"。

对《城市规划基本术语标准》(GB/T 50280—98)进行全面修订的《城乡规划基本术语标准》(征求意见稿)提出,城市(city;urban)指以非农产业和非农人口集聚为主要特征的人类聚落。城市也泛指市政府管辖的行政区域,或者直管的市辖区范围。一般来说,城市包括建制市和镇,在《中华人民共和国城乡规划法》及之后出台的部分法律法规条文中,城市特指县城及县级市以上的建制市。本书所称的城镇泛指市政府管辖的行政区域,即城市全部区域。

市(municipality;city)指"依法设定的市建制的行政区域"。

在我国有直辖市、地级市和县级市之分。在《中华人民共和国城乡规划法》及相关法律法规条文中,"市"有时等同于"城市"。

镇(town)指"依法设定的镇建制的行政区域",也指镇建成区域,即镇区。

乡(township)指"依法设定的乡建制的行政区域"。

村(village)指"农村人口集中居住形成的聚落,亦指设立村民委员会的基层自治单位",包括自然村和行政村两重含义。

1.2 "城市病"及其表现

1.2.1 "城市病"的定义

"城市病"的概念源于18世纪的英国伦敦,泛指城市环境污染、人口膨胀、住房困难等问题。"城市病"是由城市经济、社会、文化、生存环境失调而引发的城市社会问题。哈孟德夫妇用"迈达斯灾祸"形容英国的"城市病"。世界各国的城市化过程呈现出既有个性又有共性的"城市病"。有学者认为,"城市病"是快速城镇化背景下人口和经济资源过度聚集而出现的不经济性,以及一系列经济、社会、管理、公共服务等问题的统称。

"城市病"与城市化的进程密切相关。研究表明,当城镇化率为10%~30%时,城市正常发展;当城镇化率为30%~50%时,城市规模扩大,"城市病"逐渐显露;当城镇化率为50%~70%时,城市职能增多,城市矛盾集中爆发,"城市病"显著。

我国当前的城镇化率已超过60%。据国家统计局公布,2011年中国城镇化率达到 51.27%,2015 年达到 56.1%,2022 年中国城镇化率为 65.22%。中国正处于"城市病"爆发的高危阶段。

1.2.2　"城市病"的表现

当前"城市病"的主要表现为人口膨胀、环境污染、交通拥堵、住房紧张、"社会病"流行。

第一,人口膨胀,主要表现为人口过度聚集。城市的快速发展使大量人口向城市无序过渡,对城市自身的系统造成一定的冲击。

第二,环境污染。工业化促进了城市化,城市化又加速了工业化的发展。人们对经济发展速度和利润的追求引发了"城市病"。

第三,交通拥堵。交通拥堵是"城市病"的主要表现之一。无论是通过拓宽马路来分流车辆和人群,还是采取限号出行的方式,抑或是在城市内部投入大量的公共交通,比如公交车、地铁及公用自行车,都没缓解交通拥堵的状况,拥堵状况反而愈演愈烈。

第四,住房紧张,但是又存在房地产泡沫,大量房屋闲置。

第五,"社会病"流行,社会矛盾加剧,问题凸显。

1.3　城市更新的基本概念及其理论基础

1.3.1　城市更新的基本概念

1. 城市更新的定义

城市更新是用一种综合的、整体性的观念和行为来解决城市发展过程中遇到的问题,且城市更新包含城市经济、社会和环境可持续等多元目标,对城市发展更具有长远性,其对于解决城市发展中面临的各类问题具有重要的作用。

在本书中,城市更新主要是指对区域衰落的部分进行拆迁、改造和重建,提升城市空间规划,重塑衰落区域的城市形象,让该区域恢复原有的繁荣。城市更新主要包括两个方面的内容:一是对客观存在实体(如建筑物、街区等硬件)的更新;二是对区域空间、生态、文化等环境的再造更新。城市更新起源于第二次世界大战后对不良住宅区的改造,随后扩展至对城市其他功能地区的改造,并将重点落在城市中土地使用功能需要转换的地区。

2. 城市更新的特征

城市更新与以往的城市重建、重新开发及城镇化不同,城市更新的理念、目标、机制和内容都有其特点。

(1)城市会经历从发展到成熟再到衰败的过程,城市更新涉及社会发展的多个方面。城市更新可以看作城市在发展过程中,为了防止衰败和促进健康发展所进行的内在更新和调整。因此城市更新需要调节城市经济发展与环境、社会、文化发展之间的关系,而不是单纯的物质性和功能性改造。

(2)城市更新更加强调以人为本的可持续性发展和高质量发展。城市重建仅仅是修复、改进和升级建筑物以符合当前的城市标准。该方法有其自身的优点,但也有局限性和副作用,而城市更新可以大大促进城市的可持续管理。可持续的城市更新战略从设计和建设到运营和维护都会考虑城市结构和整个生命周期的居民生活质量。除了公共卫生、经济效益和环境,社会需求也是可持续城市更新需要考虑的因素。

(3)城市更新更强调多元主体共同参与的机制。在城市发展的新阶段,除政府以外的许多企业和社会群体也参与城市更新的过程,打破了以往由政府单一管控的更新方式。

(4)经过众多学者的研究和城市的不断发展,城市更新的内容也与一般的城市发展有所不同。20世纪80年代末,学者们意识到纯粹的经济目标会损害城市的社会凝聚力。城市更新作为一个重新利用土地和进一步改善城市可持续发展的重要机遇,其内容由优化城市功能结构、改善建筑和居住环境、提高城市社会经济活力转变为通过劳动力市场及各种社会关系,增强公众的社会参与度。同时,学者们认为增强邻里关系可以增强城市社会凝聚力。随着对城市更新的研究越来越多,城市更新的含义、内容和目标也更加多元化。

3. 城市更新的主体

城市更新表面上是城市中的建筑、城市规划和生态环境的更新和发展,但实质上需要政府、企业和群众对利益进行再分配。据研究,应由政府、企业和群众协同实现区域城市更新。在协同中,政府、企业和群众发挥各自的作用,达到共同赢利的状态。

4. 城市更新面对的问题

城市更新面对的问题包含下列四个方面。

(1)城市经济转型问题。面对产业结构调整、区域产业结构升级等情况,城市更新时应提供相应的就业岗位,提供城市更新所需要的劳动力,为区域内各产业创造更大的经济效益。

(2)社区问题。城市更新时应提升旧城区原有不匹配的公共服务,升级各类公共设施,改善居民居住环境,提升居民生活体验感;应对适龄未就业的区域劳动力加强培训,以各种培训提升劳动力专业水平,同时解决就业问题,促进社会稳定、和谐发展。

(3)建筑物转型问题。城市更新时应对废弃厂房、老旧建筑进行重新研究,转变其使用方式,通过重新规划,在维护建筑形象的同时,提升城市整体形象。

(4)生态环境问题。城市更新时应以保护文脉资源等可持续发展理念来打造城市形象,最大限度地保护区域环境,提升城市可持续发展的能力。

5. 城市更新的基本方式

城市更新的基本方式可以分为下述三种类型。

①重建。对于城市中现存的状况较差的设施或建筑,采取的更新举措一般为拆除重建。②综合整治。对于建筑物尚可使用但整体环境不佳的区域,通常采取综合整治的方式,对其中老化损坏的部分进行更新,实现城市环境的优化。③保护性再利用。对于城市中具有历史底蕴的区域,一般采取保护性再利用的城市更新方式。该方式在保护区域建筑物、设施外观及使用功能的基础上,对其进行适应性调整,使其符合时代发展的特点。

1.3.2　城市更新的理论基础

1. 有机疏散理论

《城市:它的发展、衰败与未来》指出,城市需要按照合理的规划来变革,有序发展。为解决城市混乱的问题,减缓城市衰退速度,芬兰研究人员沙里宁于 20世纪提出了有机疏散理论。

有机疏散理论是针对城市发展集中问题的理论,是一个城市规划的概念。

沙里宁以树木的成长为例,认为城市在发展过程中应该把无序的发展转变成有序的发展,如此才能重生。有机疏散理论对城市更新及某些西方国家的发展产生了广泛的影响。在经历第二次世界大战之后,部分城市受有机疏散理论的影响,进行了城市更新。例如,"大伦敦计划"以伦敦地区为中心,以疏散为主要目标,在伦敦周边地区建造了 10 多种新型建筑,并建立了大伦敦都会区的概念。

沙里宁发现,城市更新的影响因素除了城市本身,还有人群分布和城市建设疏散成本等。人群分布主要是用来判断区域的建设、规划能否合理地安排和疏散居民,能否满足居民生产和生活的环境需求。能否提高居民生活质量、解决交通问题等都是疏散时需要考虑的问题。城市建设疏散成本应通过加强城市建设用地的集中度、提高城市用地的市场竞争力、发挥土地的经济价值等来控制。

1943 年沙里宁将城市比作生物,将城市局部比作细胞组织,将独立的建筑物比作细胞。沙里宁把大城市的通行问题、贫民居住区等看成组织细胞的坏死。

有机疏散理论是把区域作为一个有机的整体,针对区域出现的各类型问题,从重新组织城市功能开始,通过政府规划,在预算下制定区域规划,将一个负担重重的大都市分解为小区域,将各区域的问题各个击破,将城内的居民和企业分散到全新发展的区域中,缓解城市中心的压力。

疏散是将过度密集区域的居民分散到政府规划的区域中,组成合理的功能分区。新建区域应合理把控大小,并配备相应的设施。新建区域中的居民活动相对集中。新建区域内还可引入生产功能。

2. 产城融合理论

产城融合是符合中国国情,在社会经济转型升级背景下提出的发展模式。产城融合是产业与区域协同发展、区域发展推动产业发展、产业创收引领城市经济发展的一种发展思路。产城融合发展是指一个区域的经济与功能同时发展。

1994 年,埃德温·米尔斯(Edwin Mills)和布鲁斯·汉密尔顿(Bruce Hamilton)建立了基于外部经济学理论的城市发展模型(图 1.1)。他们提出,将相关空间放在一起会对人和产业产生积极作用,形成产业集群。该产业集群会吸引更多的企业和一些上下游的产业,进一步促进人口向城市转移。

产城融合是针对当前中国城市化进程中产城分离这一现象而提出的促进城市和产业协同发展的全新理念。

产城融合的目标是实现区域、产业和居民的共同发展。产业是区域经济发

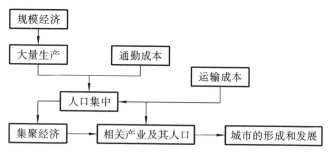

图 1.1　米尔斯-汉密尔顿城市发展模型

展的基础,同时是区域吸引人才和投资的着力点。产城融合少不了区域人才要素的支撑,区域发展离不开居民的素质提升和可观的人口规模。

产城融合的发展注重区域产业集群建设和信息化建设。当前产业集群发展追求的是科技含量、环境保护、人才聚集等方面。信息化建设是利用产业资源,促进区域的信息交换和知识文化积累,提升区域的公众认可度,加快区域的发展速度。

3. 城市有机更新理论

城市有机更新理论是老城区改造的指导理论,与有机疏散理论一样,重点在于"有机",把城市当作生物。城市在有机更新的过程中,重视对历史文化的保护,符合自身发展规律,满足人们对生态的追求。生态包括自然生态和社会生态:自然生态是指城市历史建筑、古树木等;社会生态是指历史文化、人们的生活文化等。

20 世纪 80 年代,吴良镛教授在充分了解西方城市发展后,针对北京市在老城建设方面的研究,提出城市有机更新理论。该理论主要依据城区当时的发展规律,用最适当的规模和尺度,按照设计设想,达到预想的目标,在可持续更新的基础之上研究城市的更新。

该理论包含以下三个方面。①文化保护的完整性,换句话说,就是在尊重当地居民的原始历史和文化习俗的基础上,继承传统建筑的形式和风格,保存无形的文化资源和其他财富。②城市功能齐全,即按照原来地区的实际情况,重视城市功能的完善,满足居民生活和工作中的基本需求。③城市更新过程的完整性,即在城市更新改造中,注意各环节的衔接和联通,将矛盾最集中的地区作为转变的根源,逐步促进地区的发展,激发地区的活力。

城市在有机更新方面最典型的案例就是北京菊儿胡同重建项目。菊儿胡同

是北京旧城区的典型建筑。该地区共有 2000 多名居民。吴良镛教授认为,胡同是中华文明的具体体现。菊儿胡同重建项目在胡同改造中采用"准四合院"模型设计,放弃过去大规模的拆迁和城市改造建设,对以前的建筑物进行分类处理,对现存建筑物按质量进行了分类,保留质量好的建筑,放弃质量差的建筑。重建后的菊儿胡同与中华文化融为一体,并与旧城区的结构和历史遗产相结合,为该地区居民的生活提供了便利,这是对充满新活力的现代住宅的民族特色的成功探索。

城市发展过程中,有机更新理论也在不断被验证、被完善。该理论在不同的历史背景下,保持一定的动态平衡。城市有机更新在政策、规划、方式上的变化如下。首先,城市有机更新在政策上的变化是由拆除大量贫民区域向恢复社区邻里环境转变。再者,城市有机更新在规划上的变化是由纯粹的物质环境规划向社会规划与环境规划相结合的模式转变。最后,城市有机更新在方式上的变化也从原来大刀阔斧的改造转变成小区域、分时间段的循序渐进的改变,着重突出城市更新的连续性、可持续性。

1.4　城市更新的特点与发展趋势

"十四五"规划提出实施城市更新行动,并将其作为推进新型城镇化的一项重要内容。实施城市更新行动是适应城市发展新形势、推动城市高质量发展的必然要求。从国际经验看,城市更新表现出相似的阶段性特点,与经济发展水平和工业化进程表现出较强的相关性。对照发达经济体城市更新的阶段性特点,未来十年我国经济发展阶段的变化将驱动城市更新进入深入发展阶段。笔者建议顺应城市发展方式转变的要求,着眼城市长远发展,提高战略性和可持续性;多元目标综合协调,突出以人为本和公共利益导向;明确政府职责定位,坚持地方主导、中央给予引导与支持。

1.4.1　从发达经济体看城市更新的阶段性特点

尽管以英国、美国为代表的西方发达国家和以日本、新加坡为代表的亚洲发达国家在政治体制、经济社会发展历程及背景方面不尽相同,但其城市更新仍有相似的理念与脉络,总体可归结为起步阶段、探索发展阶段、深入发展阶段、成熟稳定阶段四个阶段。每个阶段的更新内容各有侧重,更新模式也不同。

1. 城市更新的起步阶段

该阶段大致对应亚洲发达国家和地区在第二次世界大战后达到中高收入水平前的经济发展阶段。在这一阶段,第二产业在经济中占较高比重,日本和新加坡处于快速工业化进程中,英国和美国工业化进程虽然完成,但第二产业占比仍然保持在 40% 和 35%。这一阶段,城市更新的主要目标是清除存在安全隐患或不符合标准的住宅,解决住房状况较差的问题,推动城市物质环境的改善,因此采取政府主导的模式。

2. 城市更新的探索发展阶段

该阶段大致对应亚洲发达国家和地区从中高收入水平向高收入水平发展的阶段,同期对应的人均 GDP(gross domestic product,国内生产总值)为 1000 美元至 1 万美元。这一阶段,英国、美国、日本、新加坡均进入后工业化阶段,第二产业占比缓慢下降。城市更新的主要目标是重振老城区的核心地位,增强其经济实力和环境吸引力,寻求土地的高效利用。这一阶段,城市更新以满足商业和现代化发展的楼宇更新为主,特别是城市中心商业区的更新,如英国的内城地区更新、日本轨道交通站点的站前区域再开发。

3. 城市更新的深入发展阶段

该阶段大致对应达到高收入水平及以上的经济发展阶段。这一阶段,全球化对产业分工格局产生持续影响,英国、美国、日本均处于较快"去工业化"阶段,第二产业占比下降较快。城市更新的主要目标是鼓励新的产业和商业发展,优化城市整体功能。美国、英国、日本在这一阶段的城市更新中均提出振兴城市整体经济的目标。这一阶段,城市更新以工业城市转型、商业商务区更新为主,注重城市整体机能的提升,相关政策特别是鼓励性政策出台较为集中,公私合作模式正式提出并得到推广,如美国的商业改良区政策,英国的企业区政策和城市发展公司的成立等。

4. 城市更新的成熟稳定阶段

该阶段大致对应人均 GDP 超过 2 万美元的经济发展阶段。这一阶段各国和地区的"去工业化"进程逐步趋稳,城市更新活动常态化。这一阶段城市更新的目标是可持续发展社区建设和都市营造,平衡经济与社会需求,实现更具包容

13

性的更新。这一阶段,城市更新以社区更新为主,各国和地区注重以街区、社区为主的小尺度、渐进式更新,注重历史、自然、人文的保护与修复,鼓励社区参与城市更新。如英国的社区更新计划,日本自下而上的"造街"活动和小型更新项目,新加坡的"身份认同感计划"。

1.4.2　未来十年我国城市更新将进入新的发展阶段

我国城市更新起步于 20 世纪 80 年代以旧居住区改造为主要内容的旧城改建,2009 年以来进入探索发展阶段,20 多个城市结合自身实际出台了城市更新总体实施办法或专项实施方案。对照发达经济体城市更新的阶段性特点,未来十年我国经济发展阶段的变化将驱动城市更新进入深入发展阶段。

从经济发展水平来看,2019 年我国人均 GDP 达到 10276 美元,首次超过 1 万美元。其中,北京市、上海市、江苏省、浙江省、福建省、广东省、天津市 7 个地区人均 GDP 超过 1.3 万美元,相当于达到高收入国家标准。这些地区是目前已出台城市更新实施意见的主要城市,印证了城市更新发展阶段与经济水平之间的强相关性。按照"十四五"规划期间我国人均 GDP 年均增速为 5%估算,2024 年我国将进入高收入国家行列。这是我国经济发展水平上台阶的重要标志,也是驱动城市更新进入新阶段的背景性因素。

从工业化进程来看,我国目前正处于工业化后期,衡量工业化进程的各项指标先后进入工业化后期区间。2009 年,反映工业化进程的首个指标——三次产业产值占比进入工业化后期区间,同期我国城市更新恰好由起步阶段转入探索发展阶段,二者相互印证。由于工业化进程存在明显的区域间不平衡,预计未来一段时间我国将处于深度工业化阶段,同时将有更多的地区和城市进入工业化后期。产业结构变迁和现代产业体系的构建对城市空间载体的更新改造,特别是功能提升提出更为迫切的需求。

1.4.3　有序推进城市更新的思路

当前我国城市发展已进入新时期,经济发展水平的提升以及工业化、城镇化进程的推进,对城市更新进入新发展阶段提出了客观要求。笔者建议顺应城市发展方式转变的要求,明确城市更新思路,促进城市增量建设与存量提质的有机结合。

①着眼城市长远发展,提高战略性和可持续性。城市更新是一个统筹规划、精雕细琢的过程,项目持续时间通常在 10 年以上。例如,日本东京都的大崎花

园城项目、品川站东口和汐留地区的综合更新项目分别历时近 20 年、17 年和 12 年,新加坡河清理更新项目历时 12 年,美国波特兰珍珠区城市更新历时 22 年,由衰败落魄的工业区转变为富有活力的历史街区。作为促进城市可持续发展的一项战略选择,城市更新要解决的根本问题不是空间问题,而是经济社会发展问题。因此,城市更新在政策设计上应致力于引导市场主体追求长期价值而非短期收益、着眼于区域性回报而不仅仅是一个项目,需要战略目标和长远考虑,与城市中长期发展目标相结合。

②多元目标综合协调,突出以人为本和公共利益导向。发达经济体和我国已有城市实践均显示,城市更新都经历了从单一的物质更新向以人为本的更综合、更全面的多维更新转化的过程,需要综合协调城市发展的经济、社会、环境等多元目标,处理好拆建、修缮和保护之间的关系。完全市场力量作用下的城市更新往往追求单一的经济目标,导致生产空间挤占生活空间。因此,未来城市更新应突出以人为本的发展理念,统筹协调提升城市能级、提高土地利用效率、改善人居环境、增进公共利益等多个目标的关系,形成基础设施和公共服务改善与区域经济社会活力重振的良性互动。

③明确政府职责定位,坚持地方主导、中央给予引导与支持。作为城市发展战略,城市更新既要发挥市场的积极作用,处理好经济关系和产权关系,更要体现公共政策属性,维护和增加城市公共利益,如改善人居环境、改造基础设施、保护历史文化遗产、修复生态环境等。理论和国内外实践经验均显示,城市更新需要政府公共政策干预与城市发展新理念的引入。因此,城市更新的政策设计中要明确政府的职责定位。中央人民政府从顶层制度设计与长效机制方面提供支持与引导,鼓励地方政府根据当地城市发展阶段及特殊性开展城市更新的地方政策创新。地方政府承担城市更新的主体责任,负责地方性政策与实施细则的制定,以及更新项目的立项、规划审批与监管。

第 2 章　城市更新的基本类型

2.1 城市中心区的再开发与更新

2.1.1 城市中心区更新规划的主要内容

1. 调整城市中心区的用地及功能结构

(1)调整产业结构,采用"退二进三、腾笼换鸟"的方式实施工业企业的外迁,引入和培植第三产业。

由于历史原因,城市中心区中分布着大量的工业企业。一方面,这些工业企业受到发展空间的限制以及市场经济的强力冲击,许多已面临发展的瓶颈,处于停产或半停产状态。另一方面,这些工业企业与居民区混杂,其所产生的噪声及空气污染导致区域内居住环境和生活质量恶化。因此,对工业企业实施外迁,调整城市中心区的用地及功能结构是旧城更新规划需要解决的首要问题。

工业企业外迁后引入和培植的第三产业类型,应该从全市的整体规划统一考虑,每个城市中心区引入和承担的职能不能简单重复,应该结合其自身的综合条件各有侧重,突出特色。

(2)清理处置闲置土地,盘活土地存量资产。

调整城市中心区用地及功能结构的另外一项重要内容就是需要对城市中心区现状用地进行全面调查和清理,收回部分企事业单位多占或不合理占用的土地。对于部分开发商圈占多年而一直未予开发的闲置土地和多年闲置的烂尾楼及其用地,也应制定相关政策一并收回处置。同时,对于规划确定需要拆迁的中小学校或行政机关等可以采取土地置换的方式,从而最大限度地盘活土地存量资产,优化城市中心区土地资源配置,发挥土地资源的最大效益。

(3)对城市中心区的"城中村"进行综合改造。

由于城市用地范围的不断扩张,许多以前的城市近郊区逐渐演变为城市中心区,导致城市中心区内出现了大量的"城中村",形成城、乡并存的二元结构。"城中村"通常是社会-经济塌陷带,村里的管理体制与城市社区管理体制不适应,许多管理关系不清、责任不明,遮掩在城市角落里的村庄成为城市管理的盲点。从物质环境看,城中村基础设施建设薄弱、用地发展无序、建筑物零乱、消防安全隐患大、环境卫生恶劣。城中村社会经济问题严重,迫切需要通过旧城更新来解决。旧城更新应该将"城中村"用地一并纳入规划范围,制定相关政策,对"城中村"进行综合改造,消除发展障碍,为城市中心区的旧城更新提供更加充足的发展空间。

2. 确定土地储备范围及规划设计要点

(1)划定拆迁红线,确定储备地块范围。

根据现状调查的结果,结合城市中心区用地及功能结构的调整要求,按照集约节约利用城市土地和方便使用的原则,对新建、改建、扩建等情况予以分类,确定城市中心区旧城更新的拆建范围,划定拆迁红线,明确拆迁安置措施,并大致确定回迁人口。同时,在拆迁范围的基础上确定土地储备地块的数量和范围。

(2)确定储备地块的规划设计要点。

在对中心区全部拆迁地块的综合成本进行整体测算后,按照区域平衡的原则,根据每个储备地块的用地规模和周边的建设情况,结合国家相关的法律法规以及当地的建筑规划管理技术规定,确定各储备地块的规划设计要点,为储备地块进入土地交易市场招标、拍卖、挂牌提供技术准备。

3. 城市空间环境的重构

(1)确立合理的土地使用强度和人口密度。

城市中心区既是城市的核心,又是城市周边地区的极核和动力中心,集聚效应显著,在城市空间环境中的表征为容积率高、建筑密度大、人口稠密。

旧城更新规划应结合城市中心区新的功能结构和未来可持续发展的需要,合理确定城市中心区土地使用强度的综合指标,同时按照商业区、办公区、居住区等不同的功能区段,分别确立区域内相应的容积率、建筑密度、人口密度等分项指标,达到既能营造浓厚的商业氛围,体现城市中心区寸土寸金的商业价值,又能创造舒适和谐的工作环境和人居环境的目的。

(2)完善相关的生活及市政配套设施。

①道路交通系统。

城市中心区内部道路通常狭窄拥挤,交通组织混乱。更新规划需要对现有路网结构进行调整和完善,打通消防通道,消除断头路,结合交通发展状况对现状道路予以拓宽改造,改善道路断面,提升道路等级,实施居住社区的道路硬化和人行道铺装。合理组织动态交通和静态交通,加强机动车、非机动车停车场(库)建设。

②市政配套系统。

城市中心区的市政配套系统由于长期超负荷运转，加之年久失修，设施老化，已不能满足现代生活的需求。更新规划中应充分考虑未来城市发展的需要，对给水、排水、电力、电信、供热等系统予以综合改造，合理布局配电房等设施。

③绿化景观系统。

配合道路系统的改造形成完整的行道树线状绿化带，在区域建筑密度降低的基础上规划建设面状的街头和社区小游园，采用平面、立体绿化相结合的方式提高绿化覆盖率，加强景观节点建设，形成"点、线、面"结合的绿化景观系统。同时，对城市中心区不同功能分区的景观特色进行引导，使其彼此协调，并符合整个城市的形象特征。

④建筑物改造。

清理拆除违法搭建的建、构筑物，对部分人口外迁、改变使用性质的建筑按照新的使用功能提出改建方案，对影响城市景观的建筑进行立面整治，对部分需要保留的危旧建筑结构予以修缮和加固。提出建、构筑物上广告设置和亮化工程设计的规划指引和要求。

（3）创造和谐的城市公共空间。

过去，由于城市设计的缺位，城市中心区各个地块的建筑色彩与材质、建筑形式、体量、风格各异，五花八门，建筑物彼此之间缺乏逻辑呼应关系，城市整体空间形象杂乱无序、乏善可陈。同时，城市中心区高层建筑过度集中，导致区域小气候受到了较大影响。更新规划需加强对城市空间关系的把握和分析，对城市外部空间界面、城市天际线、建筑物的体型体量、建筑形式、建筑主色调、亮化效果、建筑环境影响评估等方面进行综合论证，提出富有特色的城市中心区设计方案。

4. 城市历史文化特色的传承

城市中心区通常是城市历史文化积淀最集中的区域。旧城更新规划要正确处理现代城市建设与历史文化特色之间的关系。更新规划应以维护城市中心区的固有肌理为出发点，从城市功能、空间形态、建筑形态等方面重点分析。规划还要考虑适当恢复已被破坏的有重要影响的历史性空间及空间联系，对传统建筑内部、传统特色地段的新建筑模式及建筑群组合模式的创新进行研究。既要维护旧城的历史性，又要考虑现代城市生活对城市功能的调整要求，特别是城市公共设施的适度调整。注重发掘城市的内涵和价值,充分释放历史和文化的价值潜能,激发旧城的社会活力。

2.1.2　现阶段城市中心区再开发工作存在的问题

1. 实践工作中存在的主要问题

(1)粗放式更新造成空间资源浪费严重。

片面以追求经济目标为导向,导致盲目的房地产热和市场的过度开发,忽略城市中心区成长规律与市场培育周期,采取粗放和简单的"大拆大建"方式,远远超出城市实际消化能力,造成空间资源的严重浪费。一方面表现为存量居高不下造成空间浪费,另一方面表现为储备用地成本升高与市场需求减弱造成用地出让停滞,大量已完成拆迁的净地闲置,随着时间的推移反而进一步增加了城市中心区更新的成本,提高了更新的难度。

(2)高强度开发导致整体环境品质下降。

在强大的资本力量影响下,大体量、高强度、高密度满铺开发,造成了城市中心区尺度的巨型化。在交通、市政、公共等基础设施的营建上,一方面基础设施的开发落后于项目开发,导致基础设施与建筑内部功能结构脱节;另一方面在土地成本的作用下,空间开发规模盲目扩大,从而造成城市中心区人口规模过度集中,交通等基础设施压力增加,以及生态环境进一步恶化,城市中心区土地利用综合效益失衡,最终导致城市中心区整体环境与空间品质的下降。

(3)过度商业开发造成人性化空间缺乏。

城市中心区"绅士化"更新特点开始出现,具体体现为高档消费空间逐步取代公众参与场所,大量增加的商业商务功能代替了原有城市中心区的文化、体育等公共服务功能,造成城市中心区的功能相对单一、文化特色严重不足和活力大幅度下降,一些珍贵的历史文化遗产遭到破坏,城市传统风貌荡然无存。此外,面向居民的无差别、公益性设施场所减少,城市中心区活动多元性和丰富性大大减弱,活动空间和特色环境缺乏,造成城市中心区活力不足、品质不高。

(4)单一的利益导向导致产业结构雷同。

由于城市中心区土地效益较高,决策者和开发者往往将各类项目向城市中心区集中,缺乏对自身城市禀赋和发展阶段的正确评估判断,局限于独立地段和个别商业项目开发,对城市中心组织系统的结构性调整和整体机能提升重视不够,忽视产业之间的内部关联、集聚效益和区位选择,造成城市中心区更新再开发目标定位与模式选择盲目、产业过度集聚、产业结构单一以及功能布局随意等问题。

2. 产生上述问题的主要原因

(1)更新机制失衡。

我国的城市更新机制大多为政府主导,开发商实施运作,利用土地级差地租效应以及规划引导和调控手段,进行土地使用权的有偿转让,从而化解城市中心区改造资金短缺的矛盾。这种大规模整体式更新机制,由于资本介入程度过高,过多地从经济角度出发考虑项目运作,导致城市中心区更新过度商业化。城市中心区成为各大房地产集团博弈的战场,以牺牲环境质量、历史保护为代价,忽视城市中心区整体空间品质的营建和居民的切身需求,违背了"以人为核心"的城市发展之路。

(2)规划统筹乏力。

土地经济主导下的项目集中投放忽视城市中心区自身条件和资源禀赋,产生功能同构、存量过大等问题,出现低效投资现象,反映出规划统筹不足、对市场需求缺乏判断,以及对土地投放的节奏管控不力的问题。这种缺乏规划统筹的低效或者无效投资一定程度上还会对城市经济产生消极影响。实现有效投资,不能单一依靠市场对需求的判断,还需要政府通过土地供给、公共政策进行积极的审视、调节和管控,从城市长远发展的角度,整合经济、社会、空间资源,树立城市新产业源,汇聚金融产业、文化产业的资本与智力,拓展城市中心的内在机能,应对市场竞争与挑战,突出城市中心区更新投资的质量。

(3)公众参与缺失。

部分居民习惯于被动地接受项目策划及设计的结果,即便这些结果破坏了他们原有的生活空间和生活方式。这种本末倒置的现象直接造成城市中心区更新过程中的社会不公平和不公正。公众失声导致城市中心区更新缺乏人性关怀,公共利益一再压缩,公共空间和基础设施严重不足,城市中心区空间权益失衡,社会的公平公正难以得到保障。

2.1.3 改进城市中心区更新与再开发工作的建议

城市中心区是城市的核心和中枢,为城市提供经济、政治、文化、社会等活动设施和综合服务空间,是城市公共服务设施和第三产业的集中地域,是城市功能最为集中、文化活动最为丰富、人口与建筑最为密集,以及变化周期和城市更新活动最为频繁活跃的核心地区。城市中心区是城市最具活力的地区,也是城市问题最集中、最严重的地区。城市中心区的城市更新不仅是我国城市更新工作的核心,也是解决城市问题、实现城市可持续发展和新型城镇化目标的关键。因此,针对新时期城市中心区更新面临的机遇与挑战,基于以人为本和城市可持续发展理念,切实建立集约持续、多元包容的城市中心区更新机制具有重要的现实意义。本书提出的建议如下。

(1)加强社会力量对城市中心区更新的积极参与。

逐渐将"自上而下"的城市更新运营管理制度转变为"自上而下"与"自下而上"相结合的更新机制,更多地兼顾以产权制度为基础、以市场规律为导向、以利益平衡为特征的城市更新内涵,将利益协调、更新激励、公众参与等新机制纳入既有的城市更新运行管理体系。在实际操作中,加强政策引导与宏观调控,强调政府主导、公众参与和市场运作齐头并进,实现政府目标、公众诉求、企业需求的充分协调,实现由经济主导向以人为本的转变。尤其要大幅提高公众参与,将其作为判断更新路径可行性与合理性的关键因素,让政府决策能够充分兼顾多元利益主体诉求,在城市中心区更新与再开发中营造良好的投资、发展和生活环境,建设属于广大居民的城市中心区。

(2)促进城市中心区的集约利用与人性化发展。

加强交通对城市空间的引导,积极推动公交优先、轨道引领的公交都市创建工作,采用以功能叠加为主的策略,重点挖掘区域内可开发的公共地下空间,统筹考虑可进行联通的单体建筑和城市公共绿地的空间联系。与此同时,积极构建适宜步行尺度的"高密度、小网格"街区,通过系统规划确定公共空间框架,制定公共空间建设细则,保障居民的公共空间权利;通过各控制要素,紧密围绕开敞空间、强化空间的秩序性和辨识度,形成鲜明的空间印象;通过丰富的绿化景观、安全舒适的林荫道、统一美观的公共设施、宜人的城市共享空间,形成舒适精美的街道环境;在道路、市政、公共设施等方面,强调人的尺度和使用感受,提升城市中心区外部空间品质,建设高度人性化的城市中心活力区。

(3)倡导因地制宜和多元包容的渐进式更新。

在城市中心区更新与再开发的路径和模式上,改变过去大拆大建式的粗暴手段,积极倡导"双修"与"织补"相结合的城市更新策略。根据实际情况,因地制宜,正确处理好保留、修缮、更新、改造与拆迁之间的关系,重点突出城市中心区文脉的传承、历史风貌的延续和活力的集聚。制定积极的经济政策,培育税源经济的多元化,摆脱土地财政单一路径,为渐进式更新创造条件,从只关注物质空间改善和经济增长这一单一目标转向关注社会价值、文化价值与经济价值的综合体现。摒弃大拆大建、物质更新主导的固有做法,以社会文化和公共价值为目标导向,以多元功能和城市文化回归、人性化空间提升为重点,进一步完善公共服务配套、彰显特色文化风貌、保护历史文化资源,营造持续健康、特色鲜明和内涵丰富的城市中心区。

(4)提高城市中心区更新规划决策的科学性和长远性。

城市更新不仅应该有阶段性的认识和目标,更应该有面向未来可持续发展的远见和坚持。城市更新的目标应该从追求经济增速的"快更新"转向符合城市发展规律的"慢复兴"。需要探索研究城市中心区的生长过程及阶段性特征,分析、总结城市中心区的产业结构、区位活动、功能结构、空间形态以及内部组织的变化演替规律;立足现状,谋求长远,统筹考虑社会、经济与现有建筑空间、物质形态的关系,通过布局优化、功能复合和公众参与,为寻求更合理的解决方案而进行多维思考和努力,避免快餐式的压缩编制周期造成的短视、现状分析不足、发展方向不清等问题,为城市可持续发展赢得必要的节奏控制,实现稳步、有效的更新。更重要的是,要牢固树立并始终坚持以人为本,以民生为重,兼顾效益和公平,深入了解居民的迫切希望和需要,加强城市中心区更新的包容性,推进城市中心区的活力提升和持续发展。

2.2　旧居住区的整治与更新

旧居住区是城市人口居住空间的组成部分。1985—1995 年是我国住宅建设的高峰时期。由于建造时期的规划设计、时代发展、人口构成改变等因素,这十年建成的居住区不同程度地出现建筑老化、功能设施无法满足居民当下的需要等问题。这些居住区逐渐成为城市中的旧居住区。其如何发展成为当下城市发展所面临的重要问题。

更新是基于"旧"与"不完善"而定义的,有"重生"与"回复"之意,故更新包含改造、整治与保护。改造是指更改原有属性,目的是在原有的基础上进行增加与修改,进而满足使用的需求,受社会环境与经济因素的影响较大。从建筑层面来说,建筑的改造实质上是一种市场活动。整治是指在原有的基础上,在不改变属性的前提下,进行局部的调整与治理。建筑的整治是一种修缮的工程。保护是指对有意义、值得存留的对象进行维护,从建筑层面来说是一种尊重历史与文化的行为。旧居住区的更新带有可持续发展之意,是一种发展的方式,包含旧居住区改造,但是不能等同于旧居住区改造或整治。

2.2.1　旧居住区建筑功能类型及现状

旧居住区建筑按照功能分为居住类型、办公类型、商业类型。居住类型有单元式住宅、底商上住、住办结合和集体宿舍;办公类型有集合式办公、住宅改建、租用住宅办公;商业类型有临街底商、小型独栋商铺和大型商场。当下国内普遍的更新方式为建筑修缮与立面更新。在这里,我们参考日本旧住宅的部分更新方式,并与建筑类型对应,进而探索旧居住区建筑更新出路,如表2.1所示。

表 2.1　旧居住区建筑功能类型、现状问题、可选用的更新方式

	功能类型	现状问题	可选用的更新方式
居住类型	单元式住宅	住宅出现裂缝、一户改多户问题严重,此类住宅多用于出租	修补、建筑内部更新、立面更新、拆除重建
	底商上住	底商多为餐饮业,虽然服务于居民但噪声及油烟对居民影响较大	扩建共用空间、建筑设备整备、立面更新
	住办结合	此种建筑形式为单位整栋租下	扩充支撑、建筑内部更新、住宅增建、功能置换、立面更新
	集体宿舍	多为附近单位宿舍,多数已经一套改多套,出租为主	住宅增建、修补、建筑内部更新、立面更新
办公类型	集合式办公	多出现于小区边界,部分由住宅改建	建筑设备整备、功能置换
	住宅改建	居民私自改建及加建,多出现于一层与顶层,是一种违建形式	拆除
	租用住宅办公	小型住宅办公较多,多为租用房屋,广告牌对建筑立面影响大	建筑内部更新、立面更新、功能置换
商业类型	临街底商	临街底商餐饮问题最为严重,背对小区,对小区造成严重污染	功能置换、建筑设备整备
	小型独栋商铺	多为临街,对小区内部空间影响较小	扩建共用空间、建筑内部更新、建筑设备整备
	大型商场		建筑设备整备

2.2.2　城市旧居住区综合整治发展历程

城市旧居住区综合整治发展大致经历了三个阶段。最初是对城市内部的危

旧房全部拆倒重建,用新的建筑取代之前的破旧老房子。这种做法一是成本太高,二是对一些历史建筑也进行了拆除,破坏了城市的文化沉淀,所以后来经历了对历史建筑保护的维护性开发阶段,以保护城市原有的风貌。后来为了满足人们的需求和经济发展的需要,主要以渐进式、小规模的旧居住区综合整治为主。

1. 清除危旧房的重建性开发

清除危旧房的重建性开发主要是针对城市中心区棚户区、危旧房开展的。这些房子存在安全隐患,影响城市风貌,无法满足人们的居住需求,而且在城市中心占据着黄金位置,制约着城市的发展。所以,对这类房子全部拆除重建从一定程度上可以促进城市的经济发展,通过合理的规划和土地资源的分配,优化土地利用形式。这种方式主要集中在第二次世界大战后西欧国家的清理贫民窟运动。这种大拆大建的做法尽管在清除危旧房和维持社会治安方面起到了一些作用,但其成本过高,而且因为缺少长期的规划设计,只顾眼前的这块土地,无法保证社会的可持续发展,尤其是对传统街区的肌理和文脉造成了不可逆转的破坏和难以挽回的损失,受到了社会各方面的质疑。

2. 保护历史建筑的维护性开发

清除危旧房的重建性开发也拆除了很多历史建筑,对城市文化的延续造成了不可逆的破坏。人们在吸取以前经验教训的基础上,逐渐认识历史建筑的重要性,明白一个城市的发展不能仅仅依靠经济,文化的力量和价值不容小觑。所以,政府对有较大保护价值的历史建筑采取保留主体、修缮内部、调整功能的方式,以及增加公共服务设施,整修内部管道设备等,在保持原有历史风貌和外观的基础上提升历史建筑的实用性以满足社区居民的生活需求。对于一些确实需要搬迁的历史建筑,甚至可以采用整体平移的方法,将地上建筑连同地基整体移动并加以保护。这是一种历史建筑保护的新举措,也可以促进社区的长足发展。

3. 综合整治方式的旧居住区更新

无论是重建性开发还是维护性开发,针对小面积的旧居住区改造是可行的,因为其成本较高,对设计和规划要求也细致。但是我国各城市面临的是面积巨大的旧居住区更新。这些房子不属于保护性的历史建筑,也不属于影响人居住的危旧房,建筑楼体还相对完整,尚能继续使用,但是功能确实又存在很多问题。这些房屋大多建设于 20 世纪 80—90 年代,具有居住密度大等特点,重建成本过高,甚至会造成资源浪费。如果放任不管,旧居住区又严重影响了城市中心区的整体风貌。所以,针对这一现象,主要采取的方式是对其进行渐进式更新的综合整治。在保留楼房主体的情况下,对其内部和外部进行改造提升,使其面貌焕然一新,功能上符合现在生活的需要,还能满足节约能源的要求,在改善居民居住环境的同时,又不破坏原有的城市梯度和邻里交流。这种做法既能节约成本,又能符合民生需求,有利于维护社会稳定,符合我国建设节约型社会和可持续发展的政策。

2.2.3　旧居住区综合整治现状

根据这几年最新的研究,旧居住区的综合整治除了对原有物质条件进行提升,对社区文化建设也越来越重视,对旧居住区的综合整治目标已经由单纯的硬件提升逐步向多元化目标转变,居民的参与和监督让"自上而下"的综合整治方式向"自下而上"转变。建立一个有效的综合整治管理模式才是旧居住区更新成功与否的关键。

1. 旧居住区的综合整治目标由单一向多元转变

在近几年的旧居住区改造提升工作中,人们发现单纯的硬件提升已经远远不能满足城市可持续发展的需要,"人"的作用越来越凸显,包括首先要满足人的生活需求,提供一个良好的居住环境;然后要满足人的文化需求,在对旧居住区的综合整治中要能留出公共空间和文化设施供居民休闲娱乐,给人们提供交流的平台,通过人与人之间的交流促进城市文化的发展;还要满足人的精神需求,创造一种归属感和认同感,鼓励居民积极参与社区事务,增强他们的主人翁意识和责任心,进一步增强社区的凝聚力。除此之外,旧居住区的综合整治还要最大限度地保持城市原有的建筑梯度和街道肌理,同时旧居住区又能融入新的城市风貌,与周围的环境协调一致。最重要的是满足可持续发展的要求和目标,达到节约能源的目的。所以,无论是满足人的需求还是城市发展的需求,综合整治的目标越来越多元化。

2. "自上而下"的综合整治方式正向"自下而上"转变

传统的由政府主导的旧居住区综合整治有一定的优势,工作开展比较高效,但局限性更大,后续问题暴露较多,改造成本过高,往往不能全面铺开,无法解决大量的旧居住区综合整治问题。而且,旧居住区内的居民作为受益方只能被动地接受整治更新后的成果,无法参与其中,积极性和满意度普遍不高。从 20 世

27

纪 70 年代开始,西方国家许多大城市的旧居住区居民就依靠自身的力量,自发组织主导旧居住区的更新工作。1972 年,17 届国际建筑师协会主席、英国皇家建筑学会主席罗德·哈克尼(Rod Hackney)即组织社区居民发挥自力更生的精神,以居民参与的自助方式推动当时面临拆除的布莱克路居住区的整治行动,使破落的旧居住区得以再生,为解决旧居住区更新及城市住房问题开辟了一条新路,世人称之为"哈克尼现象"(Hackney phenomenon)。采用这种"自下而上"的综合整治方式能够更直接地了解居民的想法。有专业的建筑设计师参与其中,保证了更新的效果和成绩。越来越多的国家和地区参照这一模式,鼓励旧居住区居民自己提出申请。收集居民意见,确定整治项目和方案,再由政府牵头,多部门参与,以民众监督的方式进行综合整治。这些旧居住区的综合整治符合大多数居民的意见,广大居民都能参与更新改造过程,满意度也大大提高。

3. 管理模式的建立是旧居住区综合整治成功与否的关键

很多国家、城市和地区在发展中面临的问题和困境都有相似之处。一些成功的案例经验是可以相互借鉴的。尤其是现阶段,我国所面临的旧居住区综合整治任务量巨大,如果对每一个旧居住区都开展细致的研究和对策探讨,边整治边总结,不但效率低下,容易造成失误,而且成本太高,不大现实。我国国情决定了各城市之间情况相似度较高,可以通过不断的探索和实践,建立一个有效的旧居住区更新的管理模式,并在全国范围内进行推广应用。这个模式的建立可以有效减少不必要的浪费,少走很多弯路,推动旧居住区综合整治工程的高效推进,是我国旧居住区综合整治成功与否的关键。发达国家和地区的经验告诉我们,如果旧居住区综合整治完全由开发商或政府某部门驱动,各方的利益出发点不同,这个模式就无法健康、有序地应用。必须建立一个开放、包容、多方参与、共同商讨的机制体系,树立能协调多方、合作共赢的基本理念。

2.2.4 兰州南河新村居住片区城市更新项目案例

项目用地西起天水路,东至高窑街,南至东岗东路,北至南河南路,总用地面积为 272.15 hm²,整合建设用地面积为 73.06 hm²,规划新建总建筑面积为 288.28 hm²,新增停车位 2.06 万个。

南河片区地块横贯东西,北侧为雁滩片区,南侧为城关片区。本地块成为天然的承接地块,衔接南北、服务南北,区位优势明显。片区内现存较多文化属性地块,包括读者特色社区、甘肃省图书馆、创意文化产业园、兰州电影制片厂等。现状建筑错综复杂,建设年代不同,既存在新建超高层综合体,也存在大量 20 世纪 50—60 年代修建的多层砖混住宅小区。片区内整体建筑风貌老旧,建筑外墙墙皮脱落严重,基础设施不足,建筑排布凌乱,建筑间距较近,卫生及防火间距难以满足,给周边生活的居民带来了严重的安全隐患。

本次城市更新项目依托片区内的文化遗存,将读者大道东延,创建沿南河文化带;引导产业植入和创意文化产业的落地,拉动整个南河片区的经济增长。优化城市路网,配套社会停车设施,结合轨道交通,整体提升片区交通环境;结合基础设施建设,融入海绵城市设计理念,配合南河道水系提升,完善城市微生态建设;引导产业落地,打造兰州设计产业园,在社区内完成产需经济内平衡;在棚户区改造的同时,立足社区,配套建设社区中心、老年人照料中心、托幼设施、配套中小学等一系列与百姓日常生活息息相关的建设内容;最终形成生活在本地,工作在本地,消费在本地,教育在本地的宜居宜商未来社区新模式。项目预期效果见图 2.1、图 2.2。

图 2.1　项目预期效果 1　　　　　图 2.2　项目预期效果 2

2.3　历史文化区的保护与更新

2.3.1　历史文化区在城市更新历程中的价值

历史文化区在城市更新历程中所体现出的价值是多方面的,既包含建筑、文物、古迹等物质文化层面,又包含民俗、社会风貌、生活方式等非物质文化层面。因此,对于历史文化区价值意义的研究应从多角度、多层次统筹考虑,充分挖掘以丰富其内涵,为促进历史文化区的保护与更新奠定基础。

1. 传统的记忆和见证——历史价值

历史文化区是一部无言的史书。一个城市的历史反映在它的建筑群落、文物古迹和老旧街巷之中，记录着城市历史演变的轨迹和社会发展各个阶段的审美观和技术水平，具有真实性和准确性。历史文化遗产的珍贵就在于它的不可再生性。

历史地段和街区是历史文化名城的重要组成部分，是充分体现和反映历史文化名城的传统风貌与地方特色的地区，一般包含众多文物保护单位、历史优秀建筑、传统商铺、民居及独特的自然景观等文化遗产，是千百年沉淀下来的宝贵财富，是继承传统文化、弘扬民族精神的重要阵地，是一种无价的经济资源。从学术意义上来说，城市中的历史文化区对于研究一个区域曾经的社会、经济、科技发展水平和生活方式有着极大的价值。历史文化区本身的历史价值使其成为研究保护的对象。同时，对其研究保护的方法又要从其自身寻找灵感。

2. 城市的脉搏和灵魂——文化价值

文化是一个国家和民族的灵魂。城市历史遗留下来的建筑和空间环境，是一种特殊的文化载体，是历史文化的长期积淀和综合表现，以其物质空间形态向人们表达其文化内涵。历史文化区作为城市的重要组成部分，在很大程度上凝聚了一个城市历史文化的精华，体现了这个城市乃至整个民族的精神面貌。多年凝聚在历史环境中的无形的社会文化网络一旦被拆除是无法复制的。人们在努力创造未来，却往往意识不到建筑的文化价值，容易对自己的传统形成"失忆"。这种损失是文化性的。保护历史文化区就是保护一个城市的文化脉搏。这一点从文化的角度体现了历史文化区保护的价值和意义。

国际上对历史文化区的保护已由对建筑物及其周边环境的保护上升至对地段所蕴含的文化的保护，对历史文化区文化的保护，使城市在文化的传承方面具有连续性和独特性，特别是在当今"千城一面"盛行的情况下，通过展现历史文化区的文化价值进而展现城市特色，吸引社会的关注，已经成为当今趋势。

3. 社会的感知和认同——社会价值

历史文化区是人们生活的集合地，经过岁月的沉淀，文化的酝酿，自然形成一种氛围。对历史文化区的保护应首先考虑人的感受。对这种感受的认同反映了地段的社会价值。具体来说，对历史文化区进行保护开发，能够对当地的社会结构进行优化，改变过去单一的居民组成和就业结构，提供更多的就业机会，消化当地剩余劳动力,促进社会稳定,改善地段中低收入者的生活状况,使其获得较多的直接经济收入,缩小贫富差距,体现社会平等,能够改善基础设施、增加公共设施、扩展公共空间、提高绿地率,方便儿童上学和老人活动,增加闲暇生活方式的种类,使得地段生活环境有所变化,更易于居住。

4. 功能的延续和提升——经济价值

没有经济效益,任何地段的保护开发都是不现实的。对历史文化区的保护开发可以带来直接与间接的双重经济效益。直接经济效益可以通过项目总投入、预期收入及预期回报率等体现,而间接经济效益是改善地段、美化整个城市的历史文化环境所带来的隐性收入。例如通过改善历史文化区所在区域的环境进而提升了周边地价,吸引集聚了人气。

另外,历史建筑不能再生,因此其具有稀缺性。这种稀缺性也提供了获得直接经济效益的机会,例如旅游业。国外的历史文化区通常把其中的博物馆或咖啡馆等作为直接的经济效益来源。这种稀缺性也为其提供了额外的商业价值。近几年来,国内古镇的保护与开发带动了周边旅游业的发展,例如平遥、丽江等,古镇游在国内旅游业中独树一帜。其稀缺性使得这些古镇在发展中获得了巨大的经济价值和商业价值。对历史文化区进行合理的商业开发,既延续了其传统的历史文化功能,又可以扩展提升其经济效益功能。

5. 精神的眷念和归属——情感价值

美国后现代主义建筑家布伦特·C.布罗林在其著作中写道,老建筑及其周围舒适的环境,对生活在城镇及都市中的人们来说,是一个熟悉的背景,是在这个瞬息万变的世界里危难时的一个依靠。

和人一样,城市也是有记忆的。每一条老街、每一所老房子、每一个老字号,无不承载着难以忘却的城市记忆。失忆的城市是没有灵魂的。像北京人对北京胡同的感情,上海人对上海旧区的里弄和外滩的眷念一样,生活的经历和周围环境的意象深深地储存在人们的记忆里。很多国家在重视环境物质方面的同时,也开始注重精神方面的情感价值。正是这些历史建筑标度了这个城市的精神气质和文化韵味。它是有形的资产,更是无形的财富。要有选择地对一定范围、一定数量的历史文化区采取不同程度和不同方式的保护和更新,保存城市的历史特色,使城市成为一个有记忆的环境以满足人们的感情需要和心理需要。

2.3.2　城市更新背景下历史文化区保护的现实问题

虽然历史文化区具有的特色建筑和典型风貌蕴藏巨大的历史文化价值、社会经济价值和人文情感价值,但随着时间的推移,这些历史文化区大多经历了种种自然灾害和人为破坏,处于一个或拆或留的两难处境中。历久弥新往往成为人们美好而不现实的期待。随着城市化的快速发展和城镇的不断扩张,城市面貌发生了急剧的变化,在这一进程中人们的生活水平和居住环境也得到了较大的改善。城市更新与历史文化区的保护自然而然地产生了矛盾。能否正确处理和调和这些矛盾关系到我们是否可以在城市快速更新的大背景下实现对历史文化区科学和完善的保护。

1. 现代进程与老旧街区的矛盾

由于城市不断扩张,历史文化区成为居民多年生活、聚居、活动的场所。现存的大多数历史文化区中,土地使用功能繁杂,基本以居住为主,商业、办公、文教等多种用地交织混杂,布局混乱,结构欠佳,而且地下使用率、绿地率普遍偏低,建筑密度大,容积率过高。

中国传统建筑多采用砖木混合结构建造,耐久性较差。随着时间的推移,历史文化区内的建筑普遍超过使用年限,都不同程度地存在物质性老化现象,如结构破损、腐朽,设施陈旧、简陋,房屋渗水、漏水严重等。这些历史文化区内人口拥挤,私密性差,居民侵占绿地、空地,搭建各种各样的临时建筑,导致地段超负荷运转,形象混乱,环境恶化。这种状况与居民对生活和居住水平改善的强烈要求形成了极大的矛盾。许多居民都迫切要求改造原有老宅,一些经济条件较好的居民已经开始了改建和改造。而新建民房无论是高度、布局,还是材料、风貌等各个方面都与传统建筑很不协调,房屋格局也被改造得七零八落。

几乎每个历史文化区都面临着基础设施不足的问题,包括供水、供电短缺,污水排放及垃圾清理不及时,路面坑洼、过窄以及无供气供暖等市政基础设施等。这些都与现代化的城市基础设施建设极不协调。所以,改善历史文化区内的基础设施,同时增加服务设施,开辟一定的供居民休闲活动的开敞空间,增加绿地景观及小品建筑来适应现代生活的需要,改善环境,提升地段整体形象就显得尤为重要。

2. 旅游开发与历史韵味的矛盾

由于我国大多数历史文化地段都处于城市的繁华区域,街区内人口密集,市政基础设施较差,改善难度大,往往依赖于开发商对历史文化区进行商业开发以改善落后状况。开发商在开发过程中往往采取大拆大建的模式,从而造成了文化遗产和整体环境的破坏。最为明显的例子是已开发保护的历史文化区大多改造成旅游区,使得历史文化区街巷的功能由原来比较单一的商业或居住功能,转变为以旅游商业为主的复合功能。这种改变一旦超出和谐可控的范围,就会影响历史文化区原有的生活、打破历史文化区旧有的平衡,人为地对历史文化区造成破坏。

随着人们对历史文化区保护认识的不断加深,历史文化区的保护开发也掀起了热潮。但由于没有深入挖掘历史文化区的风貌特色,照搬照抄、盲目开发,历史文化区街巷的"千街一貌"问题越演越烈。大量兴建的仿古建筑空有一副古物的外壳,被戏称为"假古董"。而这些建筑房屋又由于失去了历史观赏性和人文特点,大多长期处于闲置状态。另外一些老街在大规模整饬后,虽保留建筑原有结构,但建筑立面全是新的红色木墙面。街道的焕然一新带来的却是失去了原有韵味的建筑躯壳。

3. 规划需求与标准缺失的矛盾

关于城市历史文化区保护与更新的国家标准还有待完善。规划编制的专业性又比较强,需要一批功力深厚的专业规划师操作。正是由于这些实际困难,一些规划设计单位往往把历史文化区整治保护规划等同于一般城市旧区改造或旅游景点的规划设计,导致一些规划欠缺科学性和合理性,从源头上误导了历史文化区的保护,对历史文化区的保护造成了不可估量的损失。另外,有关部门在编制规划时对区域内的各类文化遗产调查不够深入,特别是对非物质文化遗产的研究工作不足,使得部分文化遗产丧失而无法弥补。缺乏科学系统的保护规划会造成城市原有的独特魅力尽失。盲目的规划正在变成城市魅力的敌人。

历史文化区保护与开发涉及面广,亟须文化学、历史学、美学、建筑学、旅游学、城市学、管理学、经济学等学科的专业人才和一整套关于历史文化区保护与开发的法律法规和相应技术规范,以形成专业化、特色化、多层次保护与开发并重的历史文化区保护体系。

以上这些对历史文化区建筑和文物保护意识淡薄的现象同当前历史文化区保护的紧迫形势形成了强烈的反差。新一轮的城市化进程不断加快。在这一过

程中,应该加强对历史文化名城和历史文化区改造的认识,采取措施之前也应当更加慎重。只有全社会极大地提升认识,才能将这种认识反映并体现到对历史文化区和文化遗迹真实有效的保护行动中。

2.3.3 城市历史文化区保护的本质内涵

对城市历史环境和传统风貌的保护体现在以下三个方面:表层的形态保护与延续;内部结构系统的有机生长和组织;生活环境与场所内涵的延续。只有这样的保护,才是有层次、有深度的保护方式。

1. 表层的形态保护与延续

表层的形态保护与延续是现实中常见的保护方式,具体体现为风格延续和意象延续。历史文化区中的传统建筑是组成城市风貌特色的重要空间载体。风格延续就是将传统建筑中的一些重要的形式特征直接运用到新的设计之中,如传统建筑的屋顶形式、建筑材料、色彩、体量、门窗形式以及开间比例等。要对这些元素加以提炼和梳理,以达到视觉上的延续和协调。环境意象是旧城在长期的历史积淀中形成的综合反映。旧城中分布着很多古井、古树、古桥、门洞及造型突出的建筑。这些环境要素已同居民的生活融为一体,使得生活环境富有表现力,更加生动。在城市更新中,应着意把握这些整体的环境意象,保持原空间的特性并使其得以延续。

2. 内部结构系统的有机生长和组织

旧城形态的发展是一个漫长的历史过程。城市形态是在不同历史阶段,按照城市的内部结构系统与逻辑逐步积累形成的。其变化总是以原有的结构形态为基础,并存在依附现象。城市形态形成的内在逻辑规律和不断发展的有机生长模式,将对其今后的发展产生重要影响。城市形态具有动态连续性和相对稳定性的特点。因此,在城市更新过程中要注重旧城内部结构系统的有机生长和组织,注重旧城格局的整体保护与延续。具体而言,主要涉及旧城与新城的有机关联,对旧城道路网格局的保护,对历史文化区平面形式的保护,对街坊组织模式的延续,以及对一些重要空间节点和活动场所的保护等方面。旧城与新城的关系,或者说是城市的发展模式,主要有新城围绕旧城发展,新城在旧城的侧翼发展,旧城和新城完全分离等类型。选择何种形式需要根据城市的自然地理条件和发展状况来确定。对旧城道路网格局的保护,主要是保护旧城步行街道系统,在城市更新中应十分谨慎地对待旧城的道路网格局,处理旧城道路网格局与现代城市交通的矛盾,保护旧城与历史文化区的结构形态与空间肌理。

3. 生活环境与场所内涵的延续

在相当长的时期内,随着社会、经济及生活方式的发展,人们不断地改造和调整自己的生活环境,形成了空间尺度宜人和具有丰富人情味的生活环境,形成了多色彩、多情调和多层次的公共生活气氛。这种人情味及丰富的生活内涵使旧城环境体现出一种场所精神。这是城市历史环境和传统风貌保护的关键所在。如果这些精神被破坏,或者从人们的日常生活中消失,人与场所的必要联系就会丧失,随之而来的就是城市空间品质的整体下降。

在当前的城市建设和更新中,由于对旧城生活内涵和社区网络的保护缺乏深刻认识,人们多从技术经济观点出发,大多关注旧城物质环境的更新改造和功能提升。这种做法往往会破坏旧城原有的空间场所和社会网络。因此,针对现实存在的严重问题,在某种意义上,保存和延续旧城的场所精神与社会网络,比维护可见的物质环境更为重要和紧迫。在城市更新过程中,根据旧城的社会网络特点及相应物质环境状况,开展详细的社会调查研究与分析,通过公众参与掌握社区居民的公众意愿,并据此提出相应的保护规划措施。社会网络在环境更新中能够得以保存,城市更新建立在科学的社会基础之上。

2.3.4　城市更新中历史文化区保护的原则

1. 保留原真性原则

历史文化区对当时的社会、经济、文化特征具有较高保真性。这是国际上公认的最重要的保护原则。1994 年 11 月,日本古都奈良通过了有关原真性的《奈良真实性文件》。所有的文化和社会均扎根于由各种各样的历史遗产所构成的有形或无形的固有表现形式和手法之中。我们应给予其充分的尊重。

原真性原则要求反映历史风貌的建筑、街道等必须是历史原物。虽然在整个地段内允许有一些人为改动的建筑存在,但应只是小部分且风格基本统一。一般情况下,历史文化区中能体现传统风貌年代的历史建筑的数量占街区建筑总量的比例应达到 50%。历史文化区保护的原真性原则,不仅体现在真实保留历史建筑、历史环境等物质构成,而且体现在保护社会生活的真实性。

2. 景观完整性原则

文化遗产不是孤立存在的,而是依托一定的自然环境、社会环境,处于一定范围之内的。这些自然、社会、文化等因素结合在一起,共同形成了以文化遗产为主体的特定区域。脱离原有环境的文化遗产就成了无源之水。因此,保护文化遗产,不仅要保护文化遗产本身,还要对相关的环境进行综合保护。

对历史文化区的保护亦是如此。作为人文历史遗产,历史文化区的价值构成不单单在于建筑文化本身的传承,也同样在于居住其中的人及其生活的特定历史气息。一旦原有的日常生活完全消失、原有的生活氛围完全改变,整个人居环境的风貌和魅力就难以仅仅依靠建筑本身来承载。要使历史文化区形成一种环境,使人从中感觉到历史的气氛,就要有一定的规模,不仅要保护建筑物,还要保护道路、街巷、古树、小桥、院墙、河溪、驳岸等构成环境风貌的各个因素以及扎根于其中的社区文化,在实施保护改造前对其进行细致分析,尊重它们的历史痕迹和整体的景观风貌。

3. 时代延续性原则

历史文化区是经过漫长的历史时期逐步形成的,拥有不同时期、不同类型的历史文化积淀。对其的保护不应是将历史凝固、静止的保护,不应切断其自身的发展,必须确保历史脉络的完整性和延续性,因而应保证代表各历史时期的建筑共生共存,并为历史文化区未来的发展提供无限的可能性。简单地把建仿古一条街视为保护历史,或把片段的风格统一视为保护的目的,其实是篡改历史的真实性,是错误的。历史文化区保护规划的终极目标应当是让所有值得保护的历史文化区都能得到完善、可靠的保护。城市艺术和建筑艺术一样,包含着时间的向量,是一部物质的史书。用结构主义的语言来描述,城市是历史性发展的共时表现,因此城市发展与更新的每一步并不是与过去的决裂,而是对时代的延续。

4. 以人为本性原则

街道狭窄、建筑破旧、市政设施不完善、居住环境恶劣是许多历史文化区普遍面临的问题。在认识保护历史文化区的重要性之后,过分强调保护旧建筑而牺牲居住环境舒适性的做法就显得较不适宜。

历史文化区不同于其他历史文化遗产的一点就在于历史文化区的根本属性是生活。它是现实生活的场所,与现代人的物质生活紧密联系。保护历史文化区的目标应在改善使用功能的过程中有所更新,在此前提下尽量使其历史要素得到保存延续。因此要坚持以人为本的理念,不论采取何种方式对历史文化区进行保护和开发,都要以不违背居民的利益和需求、保持环境友好为基本准则。

5. 持续发展性原则

历史文化区是珍贵的文化遗产,具有不可替代性和不可再生性。历史文化区的保护与更新要树立可持续发展的全面长远的效益观。

在保护为先的前提下合理地、有限度地进行旅游开发,在旅游开发过程中把握好历史文化区旅游资源利用的度,根据历史文化区的资源承载力,控制游客人数和旅游服务设施的数量,做到以人为本,提升人居整体环境和生活品质,避免过度开发对历史街区造成的破坏和对当地居民生活造成的干扰,利用发展旅游业的收益来保护文化遗产,以维持历史文化区的可持续发展。

6. 公众参与同立法保护相结合原则

在历史文化区的保护实践中,一个不可忽视的环节就是公众参与。历史文化区最大的特点就是人的参与。居民长期生活在这一区域,对街区的情况最具有发言权。这对传统文化的传承与保护会起到积极的作用。同时,居民通过自己的劳动让后代也自觉投入到保护本地文化中,从而使传统文化保持延续。唯有如此,历史文化区才能表现出生命的动感和活力。

对于历史文化区文化遗产的保护应建立相应的法律体系,以弥补历史文化保护工作缺失的环节,使得整个历史文化区的研究、保护、开发和利用过程做到有法可依,有规可循。总之,只有将法律的强制性同公众的参与性完美结合,才能使历史文化区的保护与更新在政府、公众和社会各个层面产生积极深远的影响,实现保护与开发并重,坚守与革新共赢的最终目标。

2.3.5　五泉下广场提升改造项目案例

本项目用地与五泉山公园相邻。五泉山公园是一处具有两千多年历史的闻名遐迩的旅游胜地,是兰州市的一张城市名片,每逢节假日都会迎来大量的游客。五泉下广场紧连五泉山公园。许多前往五泉山公园的游客都可以在山上直接俯视整个五泉下广场。五泉下广场是城市形象的重要"门面",存在以下问题。

(1)平台坑洼,雨天积水难行。五泉下广场修建于 1992 年,作为连接五泉山公园及城区的主要交通连接点,人流量大,且周边停车位紧缺,大量汽车停放在广场,更加速了广场铺装的损坏。场地铺装已破败不堪,大量的地砖脱落,场地坑洼不平,雨天积水难行,雨后广场泥泞不堪,导致周边群众及五泉山游客出行十分不便,也与兰州市的整体城市风貌格格不入。

(2)附近停车困难,平台俨然变成停车场。根据调研,拟建项目周边500 m范围内共有停车场9处,分别为新华佳苑配建停车场、居安小区配建停车场、仁和医院配建停车场、山水名庭配建停车场、长虹商业广场配建停车场、兰州市工会家属院配建停车场、花园快捷酒店配建停车场、东南大厦配建停车场。另有一处路边停车带,为五泉路路边停车带,共1494个停车位。项目周边居民小区大部分较老旧,虽然居民小区有配建停车泊位,但配建停车泊位较少,停车压力较大。公共停车位配建率更是捉襟见肘,道路两侧、广场均存在乱停放现象,让本就不宽敞的广场面积更加紧张。现状停车位配置数量完全无法满足现有需求。

(3)公交车和社会车辆交错,附近交通情况混乱。广场本身作为连接兰州市市区与五泉山公园的重要交通节点,人流量较大,且周边住宅、写字楼、商业汇聚,人流复杂。但现状交通混乱无序,各交通流线混杂,严重影响了游客的游览体验,也严重影响了兰州市的城市风貌。

(4)周边消防道路堵塞,消防车辆无法快速接近广场周边建筑。由于五泉下广场东侧为棚户区,西侧为菜市场,南侧空间狭窄,消防车辆无法通行,回车场设置条件也无法满足,消防救援车辆无法直接对周边住宅及办公建筑施救,安全隐患巨大。

(5)卫生环境较差,缺乏治理。广场西侧的菜市场人流量较大,道路狭窄,且管理不当,杂物随处堆放,垃圾遍地,进一步恶化了广场周边的卫生环境。南侧狭窄空间现为周边商户库房,库房杂物随处堆放,且南侧比较偏僻,管理不便,环境问题较为突出。东侧现有棚户区错综复杂,存在不同程度的加盖、违章建造现象,且由于无人管理,垃圾堆积,散发难闻的气味,严重影响周边居民生活,也严重破坏了五泉山公园的形象。五泉下广场改造范围如图2.3所示。

针对以上问题,项目设计中增加了雨水收集设施,确保雨雪天气通勤舒适度;地下二层、三层设置中型社会停车库,有效缓解了周边乱停车、停车难的问题;地上一层设置灰空间公交车枢纽站,枢纽站衔接上下商业、社会停车库、地面广场等功能,人车分流,交通便捷,打造以公交枢纽为核心的社会生活新模式;优化竖向格局,打通周边道路,彻底解决消防短板,使得消防车辆可迅速接近广场及周边道路,更新城市环境的同时,为周边居民创造一个安全舒适的生活环境;拆除周边棚户区,打通断头路,整合了片区内空间结构,增加绿地配套,对原有脏、乱、差的社会环境进行提升。项目改造前后对比如图2.4所示。

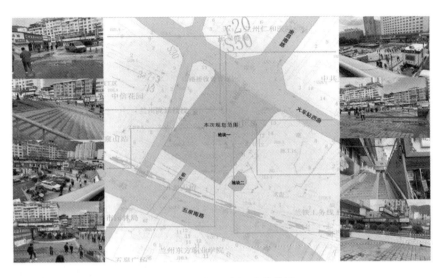

图 2.3　五泉下广场改造范围

(a) 改造前北侧实景　　　　　　　　　　(b) 改造前南侧实景

(c) 改造后北侧效果　　　　　　　　　　(d) 改造后南侧效果

图 2.4　项目改造前后对比

五泉下广场提升改造项目采用公园城市设计理念,将五泉下广场打造为一个艺术化的广场,把广场空间和建筑空间进行有机融合,将五泉山公园惠泉、甘露泉、掬月泉、摸子泉、蒙泉位置信息抽象化,通过象形"泉"的文字并利用坡地高差塑造自然的广场空间,将人行活动和景观空间有机结合,使得五泉下广场与五泉山公园本体有机结合,形成五泉山的缩影,将景观体系进一步延伸,提升城市面貌,打造城市名片。

项目融合城市交通、配套服务设施、城市广场等多功能于一体,将休闲景观渗入城市肌理,在城市更新的过程中,既改善社会环境,又成为本地区打造集生态、绿色、安全、便捷、可达性强等特点于一体的城市更新典范。

2.4　旧工业区的活化与再利用

工业区是由厂房、设备、仓库等组合在一起,能够完成生产的相关配套,且具有一定规模的工业区域。广义的旧工业区是相对于新建工业区而言的。狭义的旧工业区是指产业结构落后,不能满足生产要求,区域设备破旧,环境较差,功能和性质不能满足现在的城市规划和城市建设要求,而被遗弃的废旧工业区。随着城市的快速发展,为了改善生活、交通和居住环境,现有工业布局亟须进行重新布局和调整。原有的旧工业区,在经济、环境、文化、社会等条件发生变化的同时,面临着更新改造。本书研究的旧工业区是指因工业区本身的功能和性质陈旧,不能满足城市发展要求的旧工业区。需要强调的是,本书研究的旧工业区是已经形成,并面临着物质、结构、功能等调整或更新的城市工业区。

旧工业区更新项目是指对城市中已经形成的、随着城镇化发展而废弃的、面临着物质结构调整和功能转变的工业区,采取拆除重建、功能转换、综合治理等手段,开展一系列有计划的工作活动,实现项目改造,使其适应城市现代化发展,调整城市空间布局,带动城市经济发展。旧工业区更新项目强调对项目所在的旧工业区进行保护利用,尽可能在保留原有建筑形态与历史文化价值的基础上,进行开发利用。在对旧工业区进行保护的同时,顺应城市现代化发展需要,开展有规划、有秩序的更新活动。

2.4.1　旧工业区更新成因及现状

1. 旧工业区更新成因

我国正处于后工业社会转型期,经济结构也从生产经济转向服务型经济,第三产业占据主导地位。曾经辉煌的工业区不得不顺应城市发展和经济结构的转型而调整功能和布局。大量工厂从城市的中心位置迁移至边缘地区,或直接在市场竞争中淘汰,留下废弃的厂房与设备,成为一片废旧的工业区。这些旧工业区占据优越的地理位置,拥有独特的建筑造型和结构,是一个时代历史和工业文化的印记,具有独特的文化属性和历史意义。

随着城市迅速发展,城市人口增加致使城市用地紧张。随着城市生活质量的提升,居民对周边环境的要求也逐渐提高。然而旧工业区占据了一部分城市用地,且内部环境差、建筑破旧,对城市周边区域发展有一定的制约,不利于城市形象的提升。出于生态保护、资源节约的目的,为了提高土地利用率,实现土地集约利用,使旧工业区与当地经济、社会、环境、文化相融合,旧工业区更新改造成为必然。

对旧工业区更新改造有利于生产、生活、生态和谐发展。一方面,经济发展、社会和谐、环境友好、文化传承四个因素促使旧工业区进行更新发展;另一方面,旧工业区更新发展也推动了经济发展、社会和谐、环境友好和文化传承(图 2.5)。在经济发展方面,旧工业区的衰落导致工人失业、地区缺乏经济活力、城市发展受到阻碍等问题。在社会和谐方面,旧工业区人流少,容易形成人身安全隐患,提高城市犯罪率,造成社会不安定。再加之,旧工业区环境差,污染严重,影响城市形象的提升。在环境友好方面,旧工业区环境污染严重,城市用地紧张,居民城市生活品质需要提升。对旧工业区的更新改造能够使这些问题在一定程度上得到解决。在文化传承方面,旧工业区具有特殊的文化属性。对旧工业区进行更新再利用,是对工业遗产的保护,对工业精神和工业文化的传承。

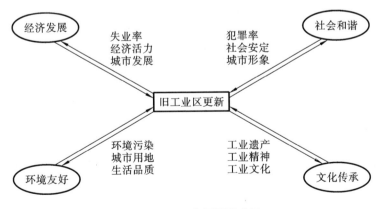

图 2.5　旧工业区更新成因

2. 旧工业区更新现状

20 世纪 80 年代,随着城市化的推进,城市更新在中国成为热词,国内出现密集的旧城改造和新城建设。后工业社会到来之后,国内更是迎来了旧工业区更新热潮。广州设立国内首个专门的城市更新机构,即城市更新局。2015 年,上海和深圳相继出台城市更新相关条例,先后发布了《上海市城市更新实施办法》和《上海市城市更新条例》。各大城市都开始重视城市更新工作,特别是旧工业区更新。重庆也积极开展旧工业区更新项目,特派重庆经济和信息化委员会下设的创意产业发展领导小组办公室对当地的旧工业区改造项目进行监督、指导。我国不同地区相继出台了一系列推动旧工业区城市更新工作深入展开的政策,出台了相关扶持项目和企业发展的优惠政策。我国在旧工业区更新领域的相关政策逐渐完善,陆续建设有关的专业机构,加强对当前各部门更新管理工作的监督管理力度。政府对旧工业区更新项目的规划建设愈发重视。

在更新实践上,我国各大城市都取得了显著成效。北京、上海、广州、深圳四地是较先开展旧工业区更新的城市,制度政策相对比较完善,项目开展相对较为成功。如北京极具影响力的新地标 798 艺术区和以工业遗存和绿化空间为主题的首钢工业遗址公园;又如上海以"艺术、创意、生活"为核心价值的创意产业集聚区 M50 创意园,充满时尚和创意元素的八号桥创意园区,上海唯一跨越三个世纪的造船行业大型博物馆——江南造船博物馆;再如广州由造船厂旧址改建而成的中山岐江公园和城市艺术中心红砖厂;更有深圳外形酷似"水立方"的华·美术馆和素有"文艺爱好者的美好归宿"之称的南海意库。除此之外,还有诸多典型的旧工业区更新项目,如重庆鹅岭贰厂文创公园、成都东郊记忆、昆明金鼎 1919 文化创意园等都是现在年轻人必去的打卡圣地。但整体而言,旧工业区更新项目发展不平衡,建成项目多集中在经济发达地区。

我国的旧工业区更新主要从文化和历史价值的保护利用出发,借鉴国外先进理念,加入文化创意产业,激发旧工业区经济活力。总体而言,我国旧工业区的更新主要有三方面的发展表现与趋势。第一,注重工业遗产的保护利用。工业遗产是不可再生遗产,工业建筑与机器设备破坏了就不再有。第二,重视创意元素的融入。各地的旧工业园区无论是空间布局还是旧工厂建筑都有差异,要利用好差异优势,加入创意元素,进行开发建设。第三,坚持可持续发展。不仅生态环境可持续发展,还要保证旧工业区产业链循环发展,整体运营良性发展。

2.4.2　旧工业区更新项目类型划分

旧工业区更新项目的更新方式经历了开始的土地功能置换、推倒式重建,到工业遗产保护利用再改造,项目的更新逐渐重视对无形资产的保护和利用。对旧工业区的改造也经历了将废旧厂区改造为商业办公区、文化娱乐商业区、博物馆、文化景观公园等。旧工业区更新项目按照更新主体划分为政府主导企业参与、政府引导企业主导、社区居民自主主导、政企合作开发等类型;按照更新目标划分为经济增长、环境治理、文化保护、基础建设四种类型。划分原则不同,结果也不尽相同。谢涤湘和陈惠琪等人在文章中提到,旧工业区更新项目划分为主题博物馆、公共休憩空间、文化创意产业园区、工业博览和商务旅游开发、综合开发几种类型。杨洵也认为旧工业区更新项目有主题博物馆、创意产业园、公共休憩空间、与旅游相结合的商业综合开发四种类型。徐苏斌和彭飞提出工业遗产博物馆、工业遗产旅游、公共空间营造、新兴产业再建、特色教育建筑、新型居住建筑等是旧工业区更新项目的常见类型。同时,程则全也指出旧工业区更新项目可以划分为主题博物馆、工业遗产旅游、文化创意产业园区、公共休憩与主题景观公园。

综合上述文献分析,学者们主要将旧工业区更新项目划分为四种类型:主题博物馆、创意产业园、主题公园、工业遗产旅游。许多文献都将工业遗产旅游作为一种项目类型。本书将旅游开发归入主题公园类型。主题公园以工业风为主题,以创意产业发展为经济核心,兼具休闲和旅游功能,不仅是公共休憩和娱乐的场所,也是游客旅游观光的圣地。由于现有旧工业区更新项目主要通过市场运作,综合上述分析,依据旧工业区更新项目的更新目的、改造形式、开发主体等,将旧工业区更新项目划分为主题博物馆、创意产业园、主题公园三种类型。三种类型的旧工业区更新项目差异分析见表2.2。

表2.2　三种类型的旧工业区更新项目差异分析

项目类型	主要功能	开发主体	改造手法	代表项目
主题博物馆	保护欣赏、研究教育、文化传播	多为政府主导	重保护,少改造	重庆工业博物馆、青岛啤酒博物馆
创意产业园	企业孵化、产业集群发展	政府主导、企业参与	保护与改造并重	S1938 国际创客港、D17 文化创意产业园
主题公园	休憩娱乐、旅游观光	多为企业主导	保护与改造并重	中山岐江公园、鹅岭贰厂文创公园

（1）主题博物馆类型。

上海江南造船博物馆、重庆工业博物馆、青岛啤酒博物馆等都是主题博物馆类型的项目代表。主题博物馆类型是在原厂址上对工业元素进行陈列展示，对旧工业区开展一系列保护利用的措施。保留项目范围内旧工业区的建筑物、机器设备的原样，以最原始的状态展现，兼顾历史价值和美学价值，保留原汁原味的工业风，让人们切实感受到原厂的风貌。此类旧工业区更新项目的目的是最大限度地对旧工业区进行保护利用，以博物馆的形式让更多人了解独特的工业精神与文化。主题博物馆类型的项目主要由政府主导，重保护，少改造。在原有厂址的基础上，加以适当的规划设计，将原厂的工业风貌和工业精神展现得淋漓尽致。主题博物馆类型的项目主要功能是保护欣赏、研究教育、文化传播。

（2）创意产业园类型。

北京 798 艺术区、重庆 S1938 国际创客港、济南 D17 文化创意产业园、成都东郊记忆等都属于创意产业园。创意产业园类型的项目通过吸引创意产业入驻，将创意产业融入旧工业区的开发改造，增加了创意元素，增添了活力。创意产业的引入形成完整的产业链，为旧工业区更新项目的发展提供内生动力。政府引导和市场介入保证了更新项目的创意产业良性发展。创意产业园类型更多的是通过市场带动发展，兼顾对旧工业区的保护和改造，在保证旧工业区的物质形态完好的基础上，加入文化创意元素，使旧工业区形神兼备。创意产业园类型的项目主要功能是企业孵化、产业集群发展。

（3）主题公园类型。

主题公园类型的代表项目有南昌樟树林文化生活公园、广州中山岐江公园、重庆鹅岭贰厂文创公园等。这些都是以工业为主题的公园，让人们欣赏别具一格的公园类型，体会工业建筑的美感，感受工业机器设备的精妙。主题公园类型项目美化城市旧工业区，改善环境，同时为人们提供公共休憩和娱乐的场所。此类项目在原厂址上结合原有工业特色，打造公共休憩空间，满足人们的休闲娱乐需求。主题公园类型以提供公共服务为基本目标，适合当代社会慢生活的理念，是对旧工业区的再利用。主题公园类型项目的主要功能是休憩娱乐、旅游观光，并促进主题产业的发展。

2.4.3 旧工业区更新项目存在的问题

自进入后工业社会以来，各大城市陆续开展了许多旧工业区更新项目。其中比较成功的有北京 798 艺术区、上海 M50 创意园、杭州 LOFT49 创意城市先行区等。但总体来说,我国旧工业区的更新整体效益低下,较少兼顾整体与局部效益、近期与长期效益。具体来说,旧工业区更新项目在规划设计、更新理念、价值利用等方面存在问题。

(1)规划设计方面。

作为建设工程中最重要的一环,规划设计环节决定了整个工程的价值属性。然而,在现有的旧工业区更新项目中,定位、设计、布局规划等方面基本相同。许多旧工业区更新项目模仿甚至照搬其他成功项目,设计千篇一律,缺乏自身独有的特色。不同类型的旧工业区所处的环境不同,具体的改造目标及实施手段也应有所差异。盲目照搬只会导致城市地域特色消失,与文脉断裂。

在规划方面,对旧工业区更新项目的总体定位不明确,主观性强。规划者在进行规划设想时,概念定位和功能定位等缺乏科学研究。规划者兼顾旅游、商业、文化等进行开发建设,也是开展旧工业区更新项目的主要目标。但实际操作中,开发主次不明确,定位模糊。项目核心定位是旅游开发还是文化传承,是挖掘自身特色还是借助人工创造,这些问题在规划阶段就应该非常明确,并在设计和实施中落实前期定位。

在设计方面,部分更新项目经过更新改造后,内部空间与新功能不匹配,空间设计不适应新功能的需求。设计理念与规划定位脱节,设计本身也不尽合理。部分旧工业区更新项目内部空间设计与外立面设计主次不明,要么虚有其表,要么表里不一。内部道路规划也不尽合理,没有起到对人流的导向作用。绿化不够美观,脱离了旧工业区整体定位设想。项目设计改造脱离旧工业区本身优势特征,设计者缺乏整体设计、细节设计、巧思设计的思想,导致更新项目在规划设计方面不合理。

(2)更新理念方面。

我国对旧工业区更新项目进行前期规划设计时缺乏长远意识,忽略更新后期的管理运营。旧工业区更新理念落后,忽略完整产业链的建设运营,尚未建立一套成熟的更新理念。原有更新理念大多集中在前期规划和施工建设期间,较少关注后期市场运营和管理。宏观层面上,缺乏有效的统一组织管理与城市角度的规划,还未形成城市经营管理思想;微观层面上,对旧工业区更新项目的后期运营缺乏合理规划,项目缺乏完整产业链的支撑,难以形成循环的自我调控能力,不利于项目长期发展。

以陕西省西安市的唐华一印有限责任公司为例,其前身为西北第一印染厂。该厂破产后建设成西安纺织城艺术区,艺术家们纷纷入驻,改建自己的工作室。

但如今,该区逐渐走向衰败,艺术家们撤离,大量工作室关闭,基本无游客来此地。该旧工业区更新项目失败的主要原因是在更新改造时,更多注重当时的区域改造,关注表面工程,忽略了对内部产业的打造和长期经营管理。加强后期管理运营和完整产业链打造,能够恢复旧工业区的市场活力,保障更新区域内长期可持续发展。如不加强对后期经营的重视,即便前期经营情况良好,也只是短暂的,经不起时间的考验。

(3)价值利用方面。

我国自然资源丰富,历史文化遗产众多。但我们对这些资源和遗产的认识还不够,重视程度较低,政策不够完善,保护力度较弱。

旧工业区更新是保护利用历史文化遗产的重要途径。应加大对旧工业区的历史、文化、自然资源等的价值挖掘。旧工业区更新项目存在盲目跟风现象,没有充分挖掘自身资源优势,对旧工业区历史文化价值、美学价值和环境可持续价值认识不足。北京798艺术区的成功使其成为更新项目的典型。但更多项目照搬照用,不考虑实际情况,直接套用其他项目的成功做法。各地旧工业区更新项目都大同小异,不具有地标性。虽然现在政府逐渐加强了对历史文化遗产的保护,但是对可开发利用的遗产资源利用度还不够高,特别是非物质文化遗产。旧工业区是一个时代的记忆,是工业文化的呈现。各地工业文化和工业精神不尽相同,应当充分发挥工业精神,将非物质文化发扬光大。在旧工业区的更新项目中,注入工业灵魂,发展独具工业特色的更新项目。

第 3 章　公园城市理念

中共十八大以来,生态文明建设成为统筹推进"五位一体"总体布局和协调推进"四个全面"战略布局的重要一环。这对我国城市生态和人居环境发展提出了更高要求。经济社会发展全面绿色转型也引起我国各行业对自身角色和任务的重新思考。自改革开放以来,城乡人居环境科学在理论与实践探索的过程中提出了适应不同时期需求的多个城市绿色发展理念,在经济社会建设与城市人居生态环境协同发展领域开辟了一条具有中国特色的绿色道路。2018 年 2 月,习近平总书记在视察成都天府新区时作出"突出公园城市特点,把生态价值考虑进去"的重要指示,首次提出公园城市理念。进入新时代,公园城市作为生态文明背景下城市发展新命题,已经成为我国城乡人居环境建设的新理念和理想城市建构的新模式,不断引领着我国城市绿色高质量发展。

3.1　我国公园-城市关系的发展演变

认知公园城市的理念内涵,需要分析公园和城市发展演变的历史脉络,更要分析公园和城市二者关系的发展演变规律。

纵观历史的发展潮流,从为特殊社会阶层服务转向为广大人民群众服务是园林-公园发展的历史主流。公共园林起源于唐宋,但规模和影响有限,主要代表类型包括基于开放性的山水池沼而形成的公共游览地、寺观园林和与宗祠相结合的乡村园林。近代以来,随着租界公园的产生及皇家园林向公众开放,城市公园概念出现。21 世纪以来,城市公园建设获得了极大发展。时至今日,随着我国经济、社会和城市化的不断发展,公园的内涵性质、类型特色、承载功能不断丰富,成为城市宜居、宜业、宜游的重要空间载体。

梳理我国城市规划建设的历史和城市公园的建设历史可以看出,近代以来,我国城市规划建设理念经历了多个发展阶段,而公园和公园系统的发展演变与城市规划建设理念的演变高度匹配。公园-城市关系的发展演变,可以从以下几个阶段具体分析。

3.1.1　古代城市建设时期:"有园林、缺公园"

古代城市建设突出政治统治和军事防御功能,也承担区域性的贸易枢纽功能,规划建设理念与政治统治理念高度融合,强调礼制和等级观念。就园林建设而言,古代城市建设时期可以称为"有园林、缺公园"的发展阶段。我国古代的传统园林以皇家园林、私家园林为主体,部分依托"城邑近郊山水形胜之处,建置亭桥台榭"而发展成公共园林,缺少真正意义上为大众服务的"公园"。

3.1.2　现代城市建设早期:"有公园、无系统"

19 世纪末至 20 世纪上半叶可以概括为我国现代城市建设早期,以上海、南京、大连等城市为代表,城市规划建设为管理服务,理论方法多移植自西方,内容上多强调土地分区、道路市政等基础性的城市设施建设。城市园林绿化建设继承了古典主义规划理念中对城市风貌形象的强调,并不重视居民公共性的休闲游憩需求,也不主动规划构建城市公园系统。

因此,就园林建设来说,现代城市建设早期可以称为"有公园、无系统"的发展阶段。公园绿地在城市中多为点块状空间分布。这一时期并无主动构建的城市公园系统。

3.1.3　计划经济主导时期:"有系统、非引领"

中华人民共和国成立到 20 世纪 80 年代早期的阶段可以概括为计划经济主导时期,城市规划建设为生产建设服务。受大规模的工业化建设推动,以及受《雅典宪章》等当时国际上城市规划理论的影响,城市规划建设多强调围绕工业生产的城市分区和功能配置。

就园林建设来说,计划经济主导时期可以称为"有系统、非引领"的发展阶段。这一时期,我国城市规划受《雅典宪章》的影响,居住、工作、游憩、交通被认为是城市最基本的四大活动。公园成为满足游憩活动的空间载体,公园绿地主要被视作城市建设和居住街坊建设的配套用地类型,公园系统逐步成为城市规划的专业系统之一。但是计划经济主导下,公园系统并不发挥引领城市空间发展的作用。这一时期,为人民群众服务的主导方针得以确立和贯彻。

3.1.4　市场经济带动时期:"有引领、非融合"

从 20 世纪 90 年代到 21 世纪初的阶段可以概括为市场经济带动时期,城市规划建设为国家、区域和城市的经济社会发展服务。这一阶段由经济社会发展诉求带动,受土地、财政影响深远,城市规划建设更强调城市物质空间建设。

就园林建设来说,市场经济带动时期可以称为"有引领、非融合"的发展阶段。这一时期,我国城市规划建设多基于城市经营理念,将公园建设视作城市基

础设施建设的一项内容。由于可以有效带动周边土地升值,公园绿地建设进而成为引领城市发展的重要手段,但是城市和公园的规划建设尚未实现真正意义上的"城园融合"。

3.1.5　当前及未来新时代:"公园即城市、城市即公园"

中国特色社会主义进入新时代。从十九大报告和中央城市工作会议精神可以看出,满足人民日益增长的美好生活需要成为城市发展建设的根本目标,城市规划建设要全面落实"以人民为中心"的发展思想。城市绿地系统和公园体系作为城乡发展建设的基础性、前置性配置要素,是城市公共服务体系的重要内容,更是"诗意栖居"的理想人居环境的关键组成。完善而卓越的城市绿地系统和公园体系,无疑将成为城市人居环境中"最公平的公共产品""最普惠的民生福祉",是满足人民日益增长的美好生活需要,落实"以人民为中心"的发展思想的核心内容。

公园城市理念体现出的"公园即城市、城市即公园",公园与城市将实现多层次、多维度的融合发展,是当前及未来新时代公园-城市关系发展演变的必然路径。

综上,梳理公园和城市关系的发展演变,可以看出公园城市理念的提出,是当前及未来新时代公园-城市关系发展演变的发展方向,是在全面建成小康社会的目标下城乡人居环境建设理念的重要理论创新,也是城市生态文明建设理念的形象概括。

3.2　公园城市理念产生的时代语义

3.2.1　公园城市成为城市高质量发展的新范式和研究的新课题

"突出公园城市特点,把生态价值考虑进去",2018年2月,习近平总书记在视察天府新区时首次提出公园城市理念。2020年1月,习近平总书记主持召开中央财经委员会第六次会议,会议明确要求支持成都建设践行新发展理念的公园城市示范区。公园城市成为成都在城市建设中贯彻落实习近平生态文明思想的全新实践,同时也将成为引领城市发展的重要支撑与展示平台。

随着公园城市理念的提出,人居环境学科领域中城乡规划、风景园林等多专业的研究学者从不同角度对此展开了积极的研究和讨论。中国风景园林学会于2021年制定并发布了《公园城市评价标准》(T/CHSLA 50008—2021)。与此同时,全国多个省市也先后开始了对公园城市的实践探索与建设实施。由此可见,公园城市理念为推动城乡建设绿色发展、实现生态文明建设工作提供了新的发展方向和重要指引,同时开启了新时代中国城市高质量发展的新篇章,对我国城市人居生态环境可持续发展提出了新的发展范式和建设目标,具有先进性与前瞻性。

3.2.2　我国城市化发展模式亟待转型

近几十年来,我国城市化发展取得巨大成就,同时"我们在快速发展中也积累了大量生态环境问题,成为明显的短板,成为人民群众反映强烈的突出问题"。这些问题主要体现在以下四个方面。

一是城市生态环境退化严重,城乡建设用地增长迅猛,城市空间发展诉求强烈,生态空间侵占现象普遍严重,生态服务功能退化。二是城市生态产品供给不足,城市绿地总量仍然不足,生态服务产品供给的数量、类型、品质、特色仍然无法满足人民日益增长的美好生活需要。三是城市自然文化风貌特色趋弱,城市建设普遍存在破坏自然山水格局和历史城区风貌的问题,"千城一面"的现象突出。四是城乡二元结构仍然明显,城市对乡村的反哺带动不足,多数地区乡村发展动力不足,各类设施建设滞后,传统文化逐步消亡。

因此,我国城市化发展模式亟待升级转型,从以规模扩张、经济增长为主,向以人为本、科学发展、城乡协调和优化提升为主转型,亟待推进"治病健体"和"转型升级"两大主要任务。

3.2.3　公园城市理念的先进性

(1)公园城市是习近平生态文明思想在城乡建设绿色发展中的生动实践。

蕴含文明观、自然观、价值观、发展观、治理观和共赢观的习近平生态文明思想是公园城市理念提出的理论基础和价值源泉。公园城市以人民为中心,以建设和谐、宜居城市为目标,注重城市文化传承,并构建绿色、低碳、高效的经济运转模式以实现生态价值在城市发展中的转化。这充分地将习近平生态文明理念用于推动新时代城市绿色转型和现代化建设之中,为从根本上科学认识和践行习近平生态文明思想提供了价值遵循和实践范式。

（2）公园城市是满足人民对美好生活和优美生态环境日益增长需求的理想模式。

随着我国城镇化水平的不断提升，生态空间匮乏、生态系统功能退化、生态产品供给不足等"城市病"成为经济社会高质量发展的明显短板。人民日益增长的对"天更蓝、山更绿、水更清、环境更优美"美好生活的更高需求和迫切期望是当前推动城市高质量发展的最大动力。公园城市理论的提出为生态-城市-人协调均衡发展提供了一种新的发展模式，引导在城乡发展与人居环境建设中厚植人文关怀、推动人与自然和谐共生，通过提供更多优质的生态产品提升人民生活品质、增进人民福祉。

（3）公园城市是积极应对城市发展问题和推动绿色高质量发展的科学路径。

面对目前全球出现的各种环境问题与生态危机，世界各国都在努力探索城市高质量可持续发展的方法。绿色是高质量发展的底色，公园城市强调将城市全域建设成为一个"大公园"，不单纯强调单一的生态保护，而是将城市建设成生命、生态、生产、生活"四生共融"的命运共同体，最终构建一个生态环境、自然环境和人居环境共同发展、实现良性循环的城市生态系统，并注重城市产业结构及生产生活方式绿色转型，从而化解城市可持续发展与环境改善的矛盾，切实解决城市发展面临的困境。公园城市是城市绿色发展的中国模式，也是实现我国城市人居生态环境更高质量发展的科学路径。

3.3　公园城市理念的内涵

公园城市把市民-公园-城市三者关系的优化和谐作为创造美好生活的重要内容，是新型城乡人居环境建设理念和理想城市建构模式。

这一理念和模式着力通过对城市绿地系统和公园体系的布局优化、扩容提质和内涵升级，改善其作为公共服务产品供给的服务品质和均等化水平，建设全面公园化的城市景观风貌，优化城乡关系、完善城市格局、改善城市风貌、提升城市品位和竞争力、满足居民对美好生活的需要，以推动城市发展转型。与城市生态环境建设的相关理念相比，公园城市理念相承于"园"，着眼于"城"，核心在"公"。

我国从 20 世纪 90 年代开展"园林城市"的创建工作，21 世纪以来又逐步推进"生态园林城市"的创建工作，大大提高了城市园林绿化建设的水平。相较于"园林城市"和"生态园林城市"，公园城市则着眼于我国城市化的美丽、健康、可持续发展,公园城市的提出是我国城市建设理念的历史性飞跃,在园林城市、生态园林城市等发展模式的基础上进一步丰富了生态文明建设和绿色发展的内涵。

相较于"田园城市"和"生态园林城市",公园城市理念更突出以下 4 个特点。

(1)更强调公共性和开放性,强调以人民为中心的普惠公平。

(2)更符合城市生态文明建设的需要,适应我国人口多、密度大、规模大的城市化特征。

(3)更突出城市绿地系统和公园体系与城市空间结构的耦合协调。

(4)更强调绿色生态空间的复合功能,能"提供更多优质生态产品",融合更丰富的创新功能,带动城市转型发展。

《公园城市评价标准》(T/CHSLA 50008—2021)明确公园城市是"将城市生态、生活和生产空间与公园形态有机融合,充分体现城市空间的生态价值、生活价值、景观价值、文化价值、发展价值和社会价值,全面实现宜居、宜学、宜养、宜业、宜游的新型城市发展理念"。公园城市的科学内涵是以生态保护和修复为基本前提,以老百姓获得感、幸福感和安全感得以满足与不断提升为宗旨目标,以城市高品质有韧性、健康可持续发展和社会经济绿色高效发展为保障,最终实现人、城、园三元互动平衡、和谐共生共荣。

第 4 章　基于公园城市理念的城市更新

4.1 城市更新实践中公园城市理念的呈现

城市更新过程中,除了保障居民居住安全、完善基本生活配套,在有余力的情况下改善人居环境、提升人文品质也是重要环节,其中公园、绿地的作用不可忽视。

经过多年的发展,国外在人与自然之间的关系、城市尺度的把握方面经验十分丰富,同时国内也在一些新区规划中逐步提高对绿色空间的重视程度。绿色空间已成为不可或缺的组成部分。下面通过对比国内外典型案例的规划手法,探讨城市更新中公园城市理念的打造。

4.1.1 国外城市更新中的公园城市理念的呈现

1.美国波士顿生态城市建设

波士顿是位于美国东北部的港口城市,是马萨诸塞州的最大城市,面积达232.1 km^2。波士顿作为重要的生物医疗中心和高等教育中心,是美国人口受教育程度较高的城市。波士顿凭借其著名的"翡翠项链"——城市绿道、城市交通空间与开放空间的生态耦合而成为世界著名的生态城市,对于公园城市的研究具有重要的参考价值。

1)公园绿道:散落都市的"翡翠项链"

19世纪中叶,在一场保护自然生态和人类生存环境的运动之中,美国人开始反思工业发展对自然体系的生态冲击及自然生境对人类的重要性,开始强调自然美学价值和城市环境的人文关怀。以美国著名景观师弗雷德里克·劳·奥姆斯特德(Frederick Law Olmsted)为代表的景观规划业者借此设计建设了波士顿公园体系。该体系用带状的生态绿地和河流等自然空间将不同区域的点状公园连接起来,形成了贯穿全城的生态休憩廊道网络。该设计以生态的方法恢复了查尔斯河(Charles River)流域的自然生境,从而在水质得到净化的同时增强了流域的雨水调控弹性,城市粘连扩张、生态绿地系统被蚕食和环境污染恶化等问题症结得以疏解。项目的成功实践为城市绿地系统规划开了先河,刘易斯·芒福德(Lewis Mumford)曾在20世纪初提出,波士顿建成环境和绿色空间的协调整合对美国城市发展起到了重要的示范作用。

从波士顿的上空俯瞰全城,可以看到这条绵延 16 km 的犹如精致项链的绿色廊道在繁华的都市之间蜿蜒,被美誉为"翡翠项链"(Emerald Necklace)。该廊道是世界上第一条严格意义上的城市绿道,是波士顿生态和谐的重要标志。波士顿公园体系是奥姆斯特德规划设计思想的完美体现。一百多年来,该体系已经和这个城市绑在了一起,成为当地居民的共同记忆和价值认同。该方案采用线性通道——公园道(parkway)的方式让城市社区与生态环境形成了紧密的联系,从而使周边居民更方便快捷地进入公园体系。公园体系成为居民休憩、游览等活动的共享开放空间。这个体系规划建设中的"自然城市关系格局""开放共享公园理念""应对环境危机的方法"可供公园城市理念在当下规划语境中的实践参考学习。

2）城市交通空间与开放空间的生态耦合

波士顿一直存在着较为严重的交通拥堵问题。作为城市交通主干道的中央大道不仅割裂了波士顿的滨水区、北部区域和城市中心区的沟通联系、空间肌理,堵车还造成了空气污染等问题。为解决这一系列的症结,波士顿开启了"波士顿中心干道/隧道工程"项目,即著名的"大开挖"(Big Dig)工程,将部分拥堵的路段引入新建的地下隧道,拆除高架桥,并在隧道上方通过绿化和公共空间排布等修复原有公路造成的割裂"伤疤",连接不同地块之间的城市空间,提升了城市人居环境品质。

被拆除的中央大道高架桥原址上建成了一条贯穿中心滨海区南北,长约 2.4 km,面积达 1.2×10^5 m² 的生态廊道和连通性景观公共空间,即著名的露丝·肯尼迪绿道(Rose Kennedy Greenway)。不同社区公园连接成都市休憩生态网络,包括了南端的中国城公园(Chinatown Park)、中部的码头区公园(Wharf District Park)和北端公园(North End Park),并挖掘转译自身的多元文化表征,在空间设计中体现中华文化和海港文化等地域价值符号。这一系列举措让居民在高密度的城市环境中方便接触自然空间的同时改善了城市风貌品质,激活了城市公共空间。

如今,能采取这样大规模改造方式的项目相对较少。对于公园城市理念的研究,要借鉴反思的则是做空间规划和城市设计的时候要有战略发展眼光,注重城市建筑空间和生态公共空间的耦合互动,在发展交通的时候尽量避免对城市空间的割裂,要形成交通空间、城市综合体和绿色公共空间融合发展的开放路径。

2. 新加坡"花园城市"建设

新加坡"花园城市"依靠国家法律,以法律为保障。在城市建设的每一个环节,新加坡都规定绿化要"参与"其中;在城市规划中,新加坡明确指出绿化的重要性,严格要求绿地面积、范围,严格管控土地资源的用途和性质,给地面绿化保留充足的空间。除此之外,新加坡针对绿化还出台了《公园和树木法案》《国家公园法案》等相关法律,严格按照法律条例执行并依法进行惩处。正因为依法办事的优良作风,新加坡有着"罚出来的花园城市"之称。在"花园城市"的建设方面,政府起了很好的主导带头作用,加快了"花园城市"的建设进程,加大了环保的宣传力度,提高了城市绿化政策的执行效率。多元化的参与方式和参与结构也发挥了积极作用。新加坡"花园城市"的建设是层层递进的发展,从全民植树到彩色植物运用再到绿色自然廊道,绿化贯穿始终;配合相关法律,始终以绿色发展为导向。不难看出,新加坡自始至终重视绿色生态和全民绿色要求,并且严格监督,严格执行,使得每一位城市居民都对新加坡的"花园城市"建设富有积极性和建设性。

新加坡对于公园城市建设的重视度以及普及范围是值得学习和采纳的。第一,政府起到了积极的引导作用。政府成立专门负责生态绿化的部门、主动规划建设范围,并通过出台法律法规进行强制性约束,为公园城市建设发展提供保障。第二,多方力量积极配合。居民、社区、专家学者参与其中,为公园城市建设提出不同方面、不同角度的对策,更能体现公园城市以人为本的建设理念。

3. 德国鲁尔工业区建设

多年以来,德国鲁尔工业区都堪称老工业区成功转型的典范。原本环境污染严重、规划混乱的老工业区,重振为风景优美、宜居宜业的花园工业区。鲁尔工业区将升级调整产业结构与优化生态环境相结合,通过调整产业结构和布局,改变了重工业区及旧城区环境污染、基础设施老旧的城市形象,美化了生态环境,居民的生活质量得到极大提高,第三产业的蓬勃发展成功让鲁尔工业区成为服务业中心和旅游目的地。面对经济危机的挑战,鲁尔工业区大力开展区域整治,首先发展新兴产业和轻工业,丰富园区内产业结构;其次开发莱茵河左岸区域以及鲁尔工业区北部区域,由于这两个地区的发展较其他地区更为落后,所以这两个地区成了新开发地;同时对自南向北的交通线路进行铺面建设,有利于新区的开发;最后加大对科教文卫发展的推动力度,融入科技技术,促进鲁尔工业区产业结构升级和调整的同时减少污染、综合治理环境。一系列的治理改善使原来的鲁尔工业区摇身一变,成为鲁尔"花园工业区"。鲁尔工业区不仅进行转型升级,还对矿区的生态环境进行了保护修复,把国土整治和煤炭产业升级调整相结合,把保护修复列入建设发展规划中,并成立专业的团队,治理解决老矿区遗留的地质破坏等生态环境问题。现在的鲁尔工业区已成为环境宜人、景色秀美,对外资极具吸引力的地区,就业情况也得到了显著改善。

德国鲁尔工业区的成功转型证实了工业经济发展与生态环境建设也是可以相辅相成的,是践行公园城市建设从"产、城、人"转化到"人、城、产"的实例,有助于产业结构的调整与产业的升级更新。

4.1.2　国内城市更新实践中对公园城市理念的探索

1. 成都市——国内"公园城市"理念首提地

成都市有独特的自然生态本底、深厚的历史文化底蕴,经济持续发展、生活休闲宜居、人居环境品质不断提升、城乡统筹协调发展,已具备较好的建设公园城市的基础条件。成都规划建设公园城市围绕美化"境"、服务"人"、建好"城"和提升"业"四大维度,营造人与自然和谐共生的生命共同体,构建新时代城市可持续发展的新形态,推动城市经济组织方式的创新转变。

(1)围绕美化"境"——营造人与自然和谐共生的生命共同体。

①以保护自然生态要素为前提,统筹山水林田湖草,锚固公园城市绿色空间本底,构建"两山、两网、两环、六片"的生态格局。②以生物视角维系自然生境系统,构建三级生态廊道,保护生物多样性和生态栖息地。③以人民对美好生活的向往为出发点,构建星罗棋布、类型多样的 3 大类 15 小类 50 余种的全域公园体系。成都市全域公园体系见图 4.1。

(2)围绕服务"人"——充分满足居民对美好生活的需要。

①满足居民对高品质居住的需求,优化公共服务设施供给,建构全覆盖、便捷化、"公园+"的 15 分钟社区生活圈,全面提升居住环境和宜居水平。②围绕人群工作需求,以公园化开敞空间组织工作生产空间,打造产城一体、功能复合、配套完善、健康舒适的现代化产业社区。③基于居民休闲娱乐需求和游憩行为特征,结合全域绿色生态资源,充分植入互动性、趣味性等人本化设施与活动,积极营造绿道休闲健身、生态园林游览等游憩场景,全面丰富居民生活的游憩体验。④聚焦居民出行需求,构建"轨道+公交+慢行"绿色交通系统,打造简约健

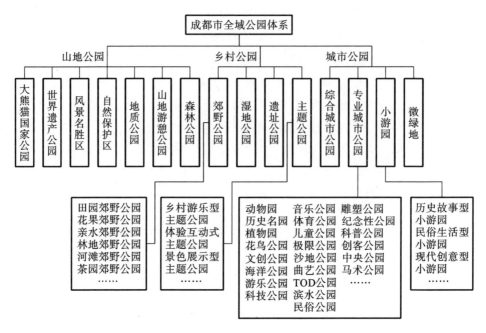

图 4.1 成都市全域公园体系

康的绿色出行方式,同时强化社区绿道建设,构建具有多元体验的步行交通网以及便捷舒适的自行车交通网。

(3)围绕建好"城"——构建新时代城市可持续发展的新型形态。

①在城市总体层面,构建"园中建城、城中有园、城园相融、人城和谐"总体空间格局。②在片区层面,构建嵌套式、组群化布局的城绿交融的空间布局模式。③在社区层面,营造"开门见绿、推窗见景"的公园城市居民生活环境。④在街道层面,营造以人为本、安全、美丽、活力、绿色、共享的公园城市街道场景。公园城市空间布局示意见图 4.2。

(4)围绕提升"业"——推动城市经济组织方式的创新转变。

①围绕实现高质量发展,重塑产业经济地理,创新经济组织方式,以产业生态圈统筹"人-城-产"营城逻辑,打造现代产业链、供应链、创新链。②以"产业生态化"为指导,构建绿色产业体系,推动先进制造业、生产性服务业和生活性服务业的高质量发展与低碳化迭代升级。

2.海河柳林——天津"设计之都"核心区

海河柳林地区规划设计突出"生态之魂、绿色之魂",保护好利用好河流、林

图 4.2　公园城市空间布局示意

地、绿地等生态资源,打造蓝绿交织的生态高地。

(1)以"世界眼光、国际标准"绘就城市"新地标"。

海河柳林地区规划设计借鉴了美国波士顿查尔斯河"缓坡碧水、大开大合"的城河空间关系,对规划布局进行重构,将原规划临河高密度的城市开发建设调整为滨河公园,在片区内部形成 3 km² 连续完整的蓝绿生态空间,通过海河与双城中间 736 km² 的绿色生态屏障直接相连。

该规划段海河是环内最宽、最美的一段,未来将形成 10 km 的滨河步行绿色环路,成为老百姓喜爱的休闲场所。海河柳林地区新建区绿化覆盖率将达到50%,与雄安新区起步区、北京城市副中心核心区绿化覆盖率持平。

(2)重塑海河上游最后 5 km。

海河是这一地区最宝贵的景观资源、人文资源,以海河为主体的滨河沿岸地区景观环境和服务功能的提升,可以作为海河柳林地区的特色资源优势,进行重点打造。同时,作为海河上游的最后 5 km,海河柳林地区是海河上游与海河中游不同城市风貌转换的重要节点,也是天津 72 km"海河风情"承上启下的重要组成部分。

龙宇路将包括天津钢厂、第一机床厂等工业遗存和规划的设计产业核心功能区在内的重要功能片区串接起来,形成区域发展的主要框架。海河北岸的国际设计中心主要围绕海河柳林地区作为天津"设计之都"核心区的规划定位,重点引入高能级的设计产业和相关机构并配置完善和高水平的配套服务设施,使之成为区域发展核心引擎。

柳林生态中心则在海河南岸,围绕规划的柳林公园,在海河上游与中游之间构建城市重要的开放空间节点,整合优化周边现有的医疗康体和设计产业资源,成为带动区域南部发展的引擎。以"两心"为引擎,为推动地区开发奠定良好的基础并提供启动条件。图4.3为海河柳林地区功能分区结构。

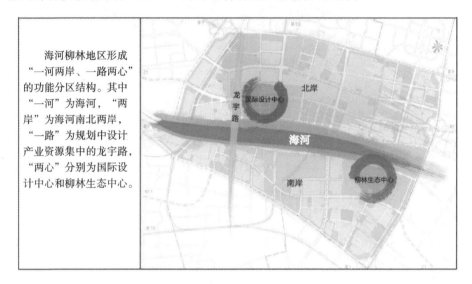

图4.3 海河柳林地区功能分区结构

从上述案例可以看到,目前国内的城市规划、城市更新项目更倾向于城市绿化的完善和相应健康功能的配套,与国外成功的城市公园相比,还未建立完善的公园城市管理与运营机制体系。

4.2 公园城市理念下城市更新的行动路径

城市是"有机生命体",城市更新是城市化发展的必经阶段,要通过补齐基础设施短板,推动城市结构调整优化,解决在城镇化快速推进过程中出现的宜居性、包容性不足等"城市病"问题,使城市发展有温度、居民生活有品质。城市更新的本质在于以内涵集约、绿色低碳为路径转变城市发展方式,建设人与人、人与自然和谐共生的美丽城市。公园城市则是一种城市发展建设模式和形态,以城市绿色本底为基础,将"城市中的公园"升级为"公园中的城市",将生态与生产、生活有机结合,促进人城融合,提升生态价值,推动文化延续,促进产业活化。城市更新战略与公园城市理念都贴切地体现了习近平总书记"人民城市人民建,人民城市为人民"的发展理念。在公园城市理念下开展城市更新,将有助于建设"人、城、境、业"高度融合的现代化新城。

4.2.1　"人、城、境、业"现代化城市的新要求

城市更新行动和公园城市理念互相促进,可在空间、生态、人居、产业四个方面实现有机衔接。以"空间＋生态"为主轴,将公园城市理念引入城市更新行动,统筹"人、城、境、业"整体发展,进而构筑城市发展新格局,促进城市可持续发展,形成现代化城市建设新示范。

城市更新以存量空间更新改造、人居环境改善为主轴,推动空间再造下生态融入和产业更新。在融入公园城市理念之后,可实现"城市＋生态"动态更新与静态营造的结合,基于城市生态系统的优化与重组、层级立体空间重塑,形成城绿相融、城园相融的生态图景,打造城市美丽宜居的空间形态。

公园城市以公园形态与城市空间融合为主轴,主张"先生态而后空间",在生态引领下修复自然生态、挖掘生态产品价值、创造宜居生活、推动产业创新、塑造文化名城,使得城市更新从单纯物质空间建造向以人为中心的场景营造转变,促进城市发展从工业逻辑回归人本逻辑、从生产导向回归生活导向,从根本上提升人民群众的获得感、幸福感和满意度。

在城市更新留、改、拆相结合的混合改造中,可以引进公园城市的发展理念,把建设重点由房地产主导的增量建设,转向以提升城市品质为主的存量提质改造,通过要素转化、功能置换、空间产品生产等进一步盘活资源,实现"人、城、境、业"的高度和谐统一。

城市更新不仅是旧城改造,更是人们生产生活方式的更新。公园城市"人-城-产"的治理理念与此不谋而合,可在城市更新中引入"公园＋""绿道＋"基建新思路,激发消费新场景、新产品,构建产业生态化和生态产业化经济体系,推动新产业、新业态发展。

4.2.2　"人、城、境、业"现代化城市的更新路径

把公园城市"新生态""新空间""新人居""新产业"深度融入城市更新行动,做好"人、城、境、业"有机统一,促进生产、生活、生态系统高度协调,有效增强城市的整体性、系统性和生长性。

以"美好人居"为导向,推进城市更新行动与公园城市建设协调发展。借鉴

成都等地经验,加强顶层设计,协调多部门统筹城市更新和公园城市建设,做好公园城市管理和运营,有效调配各方资源,实现城市发展模式有机融合的高效能治理。以"美好人居"为总体目标,协调城市更新行动和公园城市建设,塑造绿色、低碳、宜居、可持续的城市发展模式。

以绿视率为目标,促进城市生态改善修复及公共绿地提升。绿视率指绿色在人的视野中所占的比例,代表城市绿化的更高水准。要在城市更新行动中更加关注全城增绿,修复山水林田湖草自然生态本底,恢复城市自然生态。对各级城市公园、城市绿带、绿色通道、绿色网络及废弃地进行生态改造,合理优化绿化空间体系,适应城市发展和人民群众对公共绿地的需求。在城市"三旧改造"中,通过土地功能置换或动迁实现存量空间的公园化转型,加快促进城市空间和生态格局有机融合,彰显绿水青山的生态价值,打造产城融合、生态宜居的城市空间。

以城市文脉传承为重心,强化城市顶层设计和特色规划。城市更新行动和公园城市建设不应该是大拆大建或是修修补补,而是要通过全面强化城市设计和规划,完善文化保护和传承体系,夯实城市软实力,提升居民幸福感。在城市更新中要坚持保护优先、合理利用、创新发展,合理确定"三旧"改造中的适改内容,保护街巷风貌和传统肌理,活化历史建筑、工业遗产,保留城市的文化记忆,将"文化味"和"生活味"变成城市的特质和品牌。坚持城市历史文化的活化传承,促进生态绿脉和城市文脉融通发展,构建城园相融的空间布局,建设城市更新数字化体验场景,打造生态、人文、科技协调发展的城市新图景。

以绿色低碳安全为保障,全面提升城市宜业宜居水平。制定差异化的老城与新区规划引导策略,新城实施"公园＋",老城实施"＋公园",有序推进公园城市系统要素建设和提升。把碳达峰、碳中和战略目标紧密融入城市更新和公园城市建设中,注重生态环境改造中的低碳效应,增加生态公园、生态园林项目中的碳汇项目开发,促进高密度人口与大比例蓝绿空间和谐共存。将城市公园的绿地、公共空间规划为韧性城市的组成部分,推动城市生命线安全工程建设,保障人民群众基本生活安全,提升城市的安全韧性和综合抵御能力。

以生态产品价值实现提升城市更新和公园城市运营能力。城市系统是生态系统的一部分,实现生态产品价值是推动"绿水青山"向"金山银山"转化的关键路径。要重视城市生态产品价值的挖掘和转化,开展生态产品信息普查,建立生态产品价值评价体系,打造生态产品与资源环境权益综合交易平台,实现林业碳汇、用能权、水权、矿业权、文旅项目的区域性和全国性交易。吸引社会资本参与

"公园＋""绿道＋"的建设和运营,形成土地增值与生态投入良性互动机制,建立健全市场化运作、可持续的生态产品价值实现路径,为城市更新行动和公园城市建设提供坚实的金融支持。

以标准示范引领为动力,推进美丽宜居城市高质量发展。加大对试点城市在项目布局、资金安排、要素供给等方面的政策支持引导力度,推动城市绿色空间开放、共享、融合,着力解决城市更新过程中的不平衡不充分问题,积极创造可复制可推广的典型经验和制度成果,满足人民群众对城市宜居生活的新期待,促进城市治理体系和治理能力现代化。

4.2.3 "公园城市"下的有机更新规划战略

"公园城市"概念及其本质为城市更新探索指明了方向。依据公园城市思想,坚持"生态变资源、存量变资本"的路径,以共享场景式的城市公园化空间为目标,以"公园化""公园＋""公园绿道"等战略,将生态、生产、生活三方面融入公园城市建设,实现注重区域协调、存量优化的有机更新规划。

1)"公园化"功能区、社区

"公园化"功能区、社区不是继续建造单一的城市公园绿地,是复合利用、共享营造公园功能区、社区体系,可以说是公园中有功能、功能中有公园,公园中有建设、建设中有公园。功能区的公园化更新,通过变"空间中的生产-消费"为"空间的生产-消费",结合公园传承文化、创新型社会业态,以公园为依托激发、培育新业态,营建消费场景,有组织、大规模地激发消费,促进城市向消费性城市过渡。更新后的功能区以良好环境品质,结合使用型消费、购买型消费、视觉刺激型消费、情感体验型消费等城市空间商品形成涵盖服务、业态、环境等的一体化"城市级复合公园"。社区的公园化更新,充分发掘社区中的可利用绿色空间,规划街道、绿道实现通达性和可达性,形成社区的绿色底脉;以环境、设施、业态的复合共享配置,在公园中有机植入多元业态和公共服务,打造"社区中的公园、公园中的社区"。

2)"公园＋"场景营造

(1)公园＋非正规活动,人情化社区。

在公园中复合利用非正规空间,打造服务、设施、环境共享生活圈,营造城市街区公园场景,更新共享公园体系。随意、碎片化的非正规经济活动、非正规社会交往活动和非正规游戏锻炼活动,是老旧社区空间生产资料中的核心资源。

65

老旧社区的更新,从交往、经营、环境、交通等能反映老百姓真正诉求的空间入手,结合碎片化绿色空间,实现涵盖民生服务、交往服务等的服务共享,休闲设施的共享,以及街道和绿化环境的共享,营造零距离"共享"人情化社区。

(2)公园＋民生服务,重燃烟火气。

依托公园、花园、背街小巷等灰色空间,植入缝补、理发、修理、洗衣、废旧回收等民生服务小设施,营造城市"地摊经济"消费公园场景,布局民生服务体系。通过增加固定摊点、玻璃房、遮阳棚等方式实现空间复合利用,增加就业空间供给,重燃城市烟火气。

(3)公园＋全时经济,场景化服务。

在公园中打造全时经济的业态服务,营造城市消费公园场景,布局全时经济体系。挖掘城市特色美食,延续传统业态,以特色店面招牌、铺面整治等发展特色小店商业经济;围绕共享公园,采取临时摊位、固定分时段摊位等方式,以观光市场、流动夜市带动夜间经济,吸引人驻足并带动消费。

3)"公园绿道"网络支撑

结合现状绿色资源本底规划"公园绿道"系统,以自行车专用道、观光电车道、轨道交通、街巷构建公园绿道系统,便于外地人驻足品味、本地人绿色出行。打造自行车专用道,采用高架自行车公园、路面自行车标线、道路彩绘等方式,便于联系城市各功能组团。引入观光有轨电车,采用道路断面改造、交通运营管理系统智能化等方式。注意与区域绿道的联系,构建成体系、成网络的全覆盖"公园绿道"系统。

中篇　技术篇

第5章 公园城市理念下城市更新的运作机制

5.1 形成明确的行动目标

在中国城市发展的历程中,随着经济社会发展与生态建设关系的不断演变,城市发展模式及建设目标呈现渐进式的阶段性特征。20 世纪以来,从"园林城市"到"生态园林城市"等,再到"公园城市",城市绿色发展理念实现了从美化城市、强化城市生态功能的"量变"到构建山水林田湖草生命共同体的转变,实现"人、城、境、业"高度统一的"质变"的历史性突破和重大变革。

与"园林城市"和"生态园林城市"不同,公园城市突破了传统"公园"单一要素的概念,并不是单纯追求城市园林绿化规模的扩大及园林绿化指标的提高,而是统筹考虑生态、民生、环境、文化价值、经济发展等多领域、多类型的综合绩效集成。公园城市作为城乡人居环境建设和绿色发展的新范式,跳出城市建设用地范围内公园空间环境的营造,强调构建公园体系与城乡空间结构耦合协调的"大公园",实现新时代城乡融合、自然和城市高度和谐统一的空间体系,最终将构建山水林田湖草生命共同体融入全域公园城市综合体系。

公园城市作为一种城市发展目标,应当具有一定的规划建设标准和评价指标。在目前的研究基础上,公园城市评价标准可分为定性评价和定量评价两个方面。其中,定性评价应全面考察公园城市建设目标性、原则性措施的落实,即对于绿地完整性、公共游憩性、自然生态性、景观艺术性等方面的判定。定量评价建议按实施的阶段性分为基础指标、推广指标和发展指标进行考核,包含公园体系、花园街区、城市生态环境等方面的评价指标子系统。

在指标系统中,基础指标是公园城市建设达标的"合格线",具有指导规划建设的目的性作用。故在公园城市指标体系总体框架中,分别在公园体系、花园街区和城市生态环境建设三个方面各选取重要的基础指标项构成规划指标体系框架,以期在规划前期帮助制定城市建设目标和明确优化提升项目,并在此基础上结合城市实际条件进行分项细化和补充。

(1)建立城市与重要山水要素的共生关系。

公园城市理念源于对自然的崇尚和对生态的尊重,从"城市中建公园"转变为"公园中建城市",在山水林田湖草的全域生态基底中营造城市空间。然而有的建成区尚未将江山湖海等自然景观资源融入城市开放空间体系。旧城更新过程中,重构城市与自然景观要素的融合关系,打通城市的观山视廊和亲水绿廊,提高山水要素的可感知度和可体验性,是营造公园城市的重要策略。

"公园城市"理念是关于生态文明建设的最新成果,经历了从田园城市、绿色城市、园林城市、森林城市、生态城市到山水城市,再到公园城市的演变,是社会主义新时代和生态文明新阶段关于城市建设发展模式的全新论述。公园城市以生态文明建设为指导,将公园形态和城市空间有机融合,公园与城市将实现多层次、多维度的融合发展,实现在公园中建城市,即利用公园化的生态性基础要素营造城市空间。

　　公园城市的规划建设应在城市范围内,依托各级公园、绿地和城市开敞空间,以绿道为脉络,按照山水林田湖草是一个生命共同体的理念,串联城市公共服务设施、商业休闲区、文化街区、产业片区等功能区块与业态场景,统筹构建系统完整、城乡协调、内外联通的生态绿地网络,形成"公园+"的发展模式。公园城市从单纯的物质空间建造,转变为精细化营造经济生产、社会生活、历史人文和自然生态等多元空间相互融合、和谐发展的人居环境,是"山、水、城、人、文、园"各要素和谐统一、充满活力、协调共生的现代化城市。

　　同时,城市是基于自然环境而存在的。特定的自然条件影响着当地人的生活习惯,形成特有的历史文化习俗。人们根据自然条件和文化建造城市,形成更具特色的城市空间布局。城市空间要素按照构成方式可分为自然景观要素、历史人文要素和城市景观要素。

　　自然景观要素如山体、河湖水体、绿地等,是构建山水城市空间的首要基础因素,需要我们立足于自然,分析城市所处的自然环境的特征并加以精心组织、与自然相协调。对自然山水要素的巧妙利用往往是城市空间的特色所在。千百年来,城市建设都选择有利地形,与其所在的地域特征密切结合,或依山傍水或凿山造园,改善、调节人类建筑群体与自然环境之间的关系,形成独特的山水城市空间特色。

　　历史人文要素指城市居民在生产生活过程中的物质与非物质体现。非物质体现包括地方习俗、生活传统、城市历史、文化脉络、民间艺术等人文因素,历史建筑、历史街区等城市空间可看作其物质载体。历史文化是城市的灵魂,其传承与发扬是城市活力的根本。山水城市历史空间构建注重老街区、历史遗址、历史文脉与自然山水、现代生活的有机结合,既改善人居环境,又保留历史底蕴。

　　城市景观要素指人们在城市建设过程中所产生的物质环境,如建筑、公园、街道、广场等。城市景观要素多以建筑及其周围空间为主,根据其不同的位置、功能、体量、体形等而具有不同的属性。人文景观要素和自然山水环境相互联系,共同构成了山水城市的景观体系。

（2）小尺度介入营造城市微景观。

在维持基本框架不变的前提下，以低冲击、小干预的方式介入，用有限的资金改造多个小尺度公共空间。其切入点可以是拆除违章建筑来修建社区游园，整治公共建筑的绿化庭院，将其向公众开放，对建筑屋顶和垂直外墙进行绿化处理等。由于不需要大型公共资本的投入和大刀阔斧的拆除重建，因此可减少实施阻力，具有较强的灵活性；而且易于形成示范效应，可逐步推广，有效缓解旧城公共空间不足的问题。

（3）将消极空间整改为绿色开放空间。

梳理旧城中的老工业区、旧仓库、废弃设施和闲置地等消极空间，通过场地清理、土地整治、设施改建、绿化种植、功能植入，将消极空间整改为绿色开放空间。一方面盘活了闲置资源，实现了存量土地的再开发和高效利用，另一方面为旧城的"公园化改造"提供了场地，让曾经的消极空间变成充满活力的公共空间。

（4）结合交通基础设施改造构建绿色网络。

在建成区中寻找新的用地来搭建绿网非常困难。然而，结合线性交通基础设施的改造来完成旧城的绿色公共网络构建，是一种行之有效的策略。旧城更新过程中，通过植入海绵城市绿色设施、快道与慢道分离式改造、道路绿带优化提升等手法，将交通基础设施转化为一种集景观效应、生态效应、社会效应为一体的复合性设施，串联沿线周边的公共开放空间，构建一个承载多元城市活动的绿色公共空间网络。

（5）建设有人文文化底蕴的公园城市。

公园城市理念重在人本价值的回归，从"建设城市物质空间"转变为"营造人民生活场景"，创造让人们有归属感和文化认同的城市环境。因此，公共空间既要凝聚地域发展变迁的乡愁记忆，也要彰显新时代的人文精神。一方面，景观小品和街道家具的设计需要融入文化符号；另一方面，规划需要为人文活动或传统节庆提供合适的公共场地。

5.2　制定合理的平衡机制

5.2.1　注重土地利用的平衡

1. 利用土地专项规划编制进行统筹平衡

城市更新专项规划编制主要指导全市范围内城市更新单元划定、城市更新计划制定和城市更新单元规划编制工作。围绕优化城市功能、改善城市环境、完善公共设施和提升城市品质的总体目标，推进土地资源的集约、节约和高效利用，促进经济和社会持续发展。因此，城市更新专项规划的编制调整要围绕以下几方面进行。

首先，要以产业结构优化升级为导向，合理调整城市的功能布局。近年来，由于受到商务成本上升、人口红利逐渐消失等因素的影响，许多城市都面临经济转型的任务，产业结构的优化升级势在必行。这要求在城市更新规划的编制中，要对城市的功能布局乃至定位进行调整，以适应产业结构优化升级的需要。

其次，要以居住环境改善为导向，积极推进旧居住区综合整治。过去相当长时间内，国内大多数城市的更新以拆除重建为主。但由于动拆迁（房屋征收）的周期长、难度大、成本高，这种方式已经无法再采用，并越来越与经济社会的发展需求不相适应。因此，以综合整治为主的旧区改造活动，将显得越发重要。

最后，要以延续历史文脉为导向，注重历史风貌区和优秀历史建筑的保护性利用。历史风貌区和优秀历史建筑是城市变迁和发展的见证，体现了一个城市历史文脉的延续和文化的积淀。多年来，由于保护资金不足、保护措施不力，许多城市的历史建筑都在大拆大建中濒临消失，这不能不引起我们的反思和重视。

为做好城市更新规划的编制工作，必须对土地利用现状进行客观科学的评定。根据《国务院关于开展第三次全国土地调查的通知》（国发〔2017〕48 号），我国已启动全国第三次土地调查工作。这次土地调查是在我国加快推进生态文明建设、实施创新驱动发展战略和支撑新产业新业态发展需要的大背景下启动实施的，目的是落实最严格的耕地保护制度和最严格的节约用地制度。第三次全国土地调查将为今后 5～10 年内我国的城市更新工作打下坚实基础。

2.解决城市更新中房屋征收难题

与传统意义上以拆除重建为主的旧区改造不同,城市更新往往更倾向于以对小块土地或建筑物重新调整用途为主的城市土地再利用,通过旧房整治、改善和重建,使城市再生。从实际操作情况看,这一过程存在两方面难点:一是存量建设用地大都分散在各土地使用权人手中,产权关系较复杂,其中既包括拥有合法土地使用权的权益人,也包括历史形成、占用土地多年的没有合法用地手续的用地主体,对这些土地使用者的补偿安置较为复杂;二是更新项目资金需求量大、占用时间长,更新改造后需多种方式经营,无法通过出售一次性回笼资金。因此,破解这两方面的难题,是城市更新工作顺利实施的关键。

近年来,各地都在征收政策支持和运作机制创新方面探索尝试,取得了许多有益的经验。针对房屋征收周期长、难度大的情况,深圳、广州规定,城市更新单元内项目拆除范围存在多个权利主体的,所有权利主体可通过作价入股、签署搬迁补偿安置协议或协议转让收购方式将房地产的相关权益转移到同一主体,由政府部门确认该主体的开发资格后即可实施地块的更新改造。针对更新改造资金量不足的问题,许多城市采取政府主导、社会参与、主体多元、市场运作的新思路。这样做的优点是:政府主导有利于更新规划的有效执行和更新目标完成的有效管理;主体多元可以有效吸收社会资金,解决资金不足的难题,实现利益共享、风险共担;市场运作是通过政策和运作机制的创新,鼓励运用各种市场手段参与存量土地再开发,形成形式多样的城市更新改造模式。这种模式下的城市更新过程统筹兼顾了参与改造各方的利益,政府与土地开发者、土地使用者可以按照合理比例,共同分享存量土地再开发的增值收益。地方政府还可以通过返还一定比例的土地出让纯收益,形成利益共享格局。一方面可以激励土地使用者积极参与老工业区的搬迁改造,使低效利用的土地价值提升,有效挖掘土地的级差效益;另一方面地方政府也可以推进城市环境改善、公共设施完善和产业转型升级,实现经济效益和社会效益的更大化、长远化。

3.进行城市更新中土地使用方式的探索实践

城市更新包括拆除、改造、整治等多种方式。土地利用不仅仅是单一的新增建设用地和土地出让,还涉及存量用地的再开发问题,存量建设用地与新增建设用地在土地的占用、开发、处置和收益等方面问题。因此,客观上要求政府部门必须采取不同的管理方式,以促进存量土地的有效合理利用。

近年来,深圳、上海、广州等地都在存量土地的再开发方面进行了许多尝试,尽管在做法和政策规定上有所不同,但其核心理念是相通的,都是走政府引导、市场运作、统一规划、联合开发的道路,都是在土地"招拍挂"出让的前提下,丰富供地出让方式。除政府收购储备后的土地出让必须实行"招拍挂"外,土地使用者还可以与他人合作或将土地使用权转让给他人从事经营性开发。这意味着投资者只要严格执行土地利用总体规划和城市建设规划,即可以在市场上以协议方式获得土地使用权。如广州规定:城市更新项目用地范围内土地、房屋涉及多个权属人的,应当进行土地归宗后由同一个权利主体实施改造;旧厂房更新项目,政府收储的,纳入土地供应计划,由政府按规定组织土地供应,允许自行改造的,由原产权人向国土资源主管部门办理补交土地出让金或完善土地出让手续并变更土地权属证书。再如上海规定:以现有物业权利人或者联合体为主进行更新,增加建筑量和改变使用性质的,可以采取存量补地价的方式;城市更新项目周边不具备独立开发条件的零星土地,可以扩展用地方式,结合城市更新项目进行整体开发。

4. 城市更新中土地开发利益分配与激励机制

与传统的征收—出让—收益的土地财政思路不同的是,现代城市更新强调城市更新与土地运营的有机结合。这不仅是模式上的转变,更是理念上的创新。为突破存量土地开发利用成本较高的瓶颈,实现开发成本的平衡,国内外许多城市形成了一些较为有效、实用的做法,其中最具有代表性的是开发权转移和容积率奖励政策。

西方国家在改善公共环境、保护历史建筑和自然景观方面,较多采用开发权转移和容积率奖励的规划控制手段,我国也有不少城市开展了运作机制和奖励机制等方面的探索实践。上海开展了以下实践:针对城市更新中的瓶颈难点,提出尽快制定城市更新的土地二次开发办法,建立政策先导、规划先行、运作多元、部门协同的二次开发机制;针对旧城区、历史风貌区和老工业区等不同更新对象,有差别地选择政府主导、产权人主导、开发商主导等多样化运作方式,建立二次开发土地增值收益分配机制;针对容积率奖励实施效率低、参与方积极性不高的问题,提出增加细化公共要素清单、调整现有建筑容量奖励幅度等解决思路,并提出将容积率奖励与转移机制作为实现存增转化、拆建联动等存量土地减量化战略目标的重要补充机制。广州虽然没有实施容积率奖励政策,但在一些旧城改造项目中也开展了有益的尝试,如将相邻的两个地块捆绑开发,通过对历史

保留价值较低的地块进行高强度开发获得较多的财政收入,再将其用于保护历史保留价值较高的历史街区。

城市更新中土地利用管理的核心是实现土地资源的集约复合利用,难点在于存量土地的二次开发利用。从"大拆大建"到"双增双降"(增绿化率、增配套设施用地,降容积率、降建筑物高度),再到"城市更新",是城市建设中不同时期的现实需求,更是发展理念不断深化的客观体现。近年来,城市更新与土地运营有机结合的新理念得到普遍认同,主要思路是通过挖掘城市低效存量用地潜力,达到"城市建设+产业升级+文脉延续+公益完善"的多重目标。这对土地管理部门提出了更高要求。土地管理工作者唯有不断探索,勇于创新,方可砥砺前行,不负使命。

5.2.2　城市更新中的空间利用平衡——地下空间的开发利用

在城市快速发展、更新的背景之下,城市逐渐具备交通集中、建筑密集等一系列特征。空间利用平衡问题成为阻碍城市化进程的关键因素。为了有效缓解城市的发展压力,促进城市的可持续发展,地下空间开发与利用的地位日渐提升。城市地下空间的开发与利用打破了目前城市发展进程中的空间格局,使其更具立体化,更好地展示了城市形象,为促进城市的可持续健康发展提供充足的动力。

1. 城市更新视角下地下空间开发的意义

现阶段,城市地下空间开发与利用在城市更新层面所起到的积极作用还未有较为明确、统一的结论。结合近年来国内外的地下空间利用的影响来看,其具有以下两个方面的积极意义。

(1)符合区位优势下的二次开发需求。

随着我国城市化进程的不断推进,城市边界规模扩张速度逐渐降低、可扩展范围也逐渐趋向饱和,然而高密度城市的发展需求却仍在不断提升,需要通过更新来拓展城市规模以及提升城市空间品质,因此地下空间开发利用成了城市更新的新一轮浪潮。对于高密度、立体化的城市而言,其更新的重点区域往往集中在城市中心地带,原因在于这一区域的交通条件、经济发展条件的成熟度较高,城市为了追求最大利益回报,选择土地资本二次开发的可能性以及可行性较大。

（2）促进城市功能完善。

在城市更新视角下,地下空间的开发和利用极大程度上促进了城市功能的完善,使得我国城市经济得以稳定发展。与此同时,城市功能的完善为城市居民提供了一个良好的居住环境。地下空间的利用,使得地铁、地下商场、地下商业街、地下停车场等诸多地下工程出现在我国各大城市的建设项目中,极大程度上促进了服务行业的发展。其中,地铁这一工程项目的大规模建设,改善了城市的交通,甚至还带动了沿线地区的城市更新。除此之外,地下空间具有良好的恒温性、恒湿性、遮光性,地下空间的开发与利用在节约能源、减少环境污染等方面具有巨大的积极意义。

2. 城市更新视角下地下空间开发利用

（1）注重功能的合理性。

城市地下空间的开发与利用,重在促进城市的发展与更新。因此,在这一背景下,地下空间建筑项目的设计与建设需要充分考虑功能的合理性,最大限度地保障相关项目使用的舒适性与科学性。功能合理性的保障,具体需要关注以下几个方面。

一是采光。不同于地上空间,地下空间的采光直接排除了自然采光方式,从而使得地下空间的封闭感、暗空间感加剧。针对这一问题,城市规划以及项目的涉及人员可以对建筑入口进行扩大处理,即形成入口广场,从而使得阳光能够最大限度地照射地下空间,与此同时还能形成自然通风,保障地下建筑空间的空气流通,增加建筑空间的舒适感。

二是通风。地下空间建筑的通透性较差,致使其自然通风功能作用低下。若人长期处于这一环境中,身体健康易受影响。对建筑入口进行扩大处理,一定程度上保障了地下空间的自然通风,但其作用有限,也需要采取其他有效的通风措施。例如,可以合理布置通风空调系统来进行辅助通风或者设计下沉式广场、庭院等建筑进行自然通风,以此改善地下空间的通风质量。

三是除湿。地下空间通风困难且接近地下水（或地下潮气）,使得空气湿度较大,容易对建筑造成一定的影响。因此,规划设计人员、施工人员需要从专业角度出发,做好防水、排水系统设计与施工的同时还需要做好除湿工作。

（2）统筹地上地下开发。

①开展地质调查。

为了保障地下空间的顺利开发,需要对开发地区进行地质调查。稳定的地

质条件是确保地下空间开发的关键,而进行城市地质调查工作则是地下空间开发建设的首要任务,有利于更好地开展城市规划。首先,主管部门安排相关工作人员对待开发地区进行地质调查,并根据地质调查的成果进行地下空间开发适宜性评价指标体系以及评价标准的制定,从而更加科学地开展地下空间开发与利用适宜性的评价。其次,在进行地下空间开发与利用适宜性评价之后,根据其结果与相关规划对城市地下空间的开发范围进行合理划分,保障开发范围的安全性与合理性。与此同时,城市规划人员还需要注重拟建地下空间项目所处地质的稳定性、土地利用总体规划及城市总体规划的建设要求。

②编制开发规划。

城市地下空间的开发规划,是在获得政府批准的土地利用总体规划、城市总体规划、控制性详细规划的基础上,根据相关行业标准和技术规范等进行编制的。该规划应与城市战略发展规划、产业规划、防灾规划、环保规划、交通规划、生态环境保护规划等各项规划相衔接,从而更好地保证城市地上、地下空间的协同发展。统筹城市地上、地下开发,是为城市提高建设用地综合利用率的基础,有利于完善城市的功能,进而推动城市的健康发展。

③建设高效空间网络。

城市的更新促使城市空间层级系统逐渐多元化、立体化。因此,在地下空间的实际开发过程中,城市规划人员可以根据不同城市的等级、规模、发展状况等因素来完善和发展城市空间层级系统,进而实现城市空间用地与城市互动之间的高效链接,进一步推动高效空间网络的构建。地下空间是城市更新进程中极为重要的可用资源。加强地下空间建设与地上中心区更新之间的联系有着重大的现实意义。例如,在进行地下空间道路线规划时,一方面需要紧密结合城市的生活道路,即为城市居民提供交通便利性;另一方面则需要确保城市地下交通与城市快速机动交通廊道分离,形成“双快交通”系统,从而更好地缓解城市的交通压力。

④加强人性化的设计。

加强人性化的设计,可以从以下几个方面开展。

一是空间感。一般情况下,地下空间与地上空间在布局、结构上往往具有相似性,多为单中心紧凑型、单中心多组团型以及多中心组团型。而在设计手法上,两者同样具有相同的构成要素,即通道、标志、景观、边界等,需要进行具体分析。对于通道而言,地下空间的通道和垂直交通与城市的公共通道类似,具有开放性和互通性;对于标志而言,城市分为标志建筑和标志景观两种,地下空间的标志则极具多样化,商店、雕塑、装饰、中庭等都可以成为地下空间的标志;对于景观而言,引入下沉广场、下沉庭院等景观,能够有效加强封闭的地下环境与地上空间的连通感;对于边界而言,地下空间的边界即其周边,往往需要经过精心策划才能被感知。

二是人性化尺度。在进行地下空间建筑项目设计时,其空间体积大小应尽量与地上环境的空间尺度保持一致,同时确保比例尺寸符合人体科学。

三是多样空间。在进行地下空间建筑项目设计时,为了丰富其空间结构,可以充分利用玻璃墙、镜面达到对水平空间进行分割与限定的目的,以此形成大范围的视觉通透,减少地下空间的压迫感;还可以通过扶梯、夹层的错落来营造中庭空间的层次感,取得中庭空间在垂直方向上的渗透效果。

⑤创新更新融资渠道。

现阶段,我国城市地下空间开发利用的资金来源以政府投资为主。这一传统且单一的融资渠道容易加大政府的财政压力,进而出现地下空间项目建设资金周转困难的现象。为了进一步解决这一问题,我国应积极创新地下空间开发利用的融资渠道。以广受欢迎的 PPP 模式为例,其作为较新的融资模式,采取政府结合社会资本的融资方式,向社会资本开放基础设施和公共服务项目。将 PPP 模式应用于地下空间开发建设项目,能够有效缓解政府的财政压力,进而更好地推动城市更新。创新、拓宽地下空间建设项目的融资渠道,有利于盘活社会存量资本,还能充分调动从事地下空间开发相关工作人员的积极性,以此促进我国城市地下空间资源科学利用,实现我国城市健康发展。

⑥完善基准地价法规。

完善基准地价法规,对我国进行地下空间开发利用有着巨大的积极意义。在《城市地下空间开发利用管理规定》(1997 年 10 月 27 日建设部令第 58 号发布,2001 年 11 月 20 日根据《建设部关于修改〈城市地下空间开发利用管理规定〉的决定》修正)中,就有针对地下空间开发利用的明确条例。近二十年间,杭州、武汉、南京、南昌等地也分别出台了关于地下空间开发利用的相关制度,为开发城市地下空间提供了法律依据。除了这一系列法律法规,政府还应推进有偿使用制度,以此促进地下空间的合理开发。地下空间作为城市发展更新的重要土地资源,其用地估价方式却并不受重视,存在较大的缺陷。例如,房地产估价规范中虽然有地下空间用权价格的评估方法,但由于缺少实际的评估案例,地下空间用权估价难以得到保障。因此,推进完善的地下空间有偿使用制度就显得极为重要。推进土地有偿使用制度首先需要以城市土地基准地价为指导依据,

在此基础上制定地下空间基准地价,同时还要结合地下空间分布层次、规划用途、建设目的、公共交通便利度等因素。

⑦人防工程建设结合城市地下空间开发利用。

在城市更新的视角下进行城市地下空间开发利用时,还需要注重其与人防工程建设的有机结合,即在满足一般建筑使用功能的基础上,同时满足人防工程的建设需求以及后续的使用需求,以此提升我国城市化建设的质量。因此,在进行城市地下空间开发利用时,需要在做好资源节约、缓解地面压力、改善生态环境污染等一系列工作的基础上,增加防空减灾作用,极大程度上增强城市更新发展的安全性。在实际建设过程中,城市规划人员应注重地下空间的综合开发利用,协调地下空间开发利用与人防工程建设两者之间的平衡性,从而为城市更新提供强大动力。

5.2.3 城市更新中的存量绿化保护与利用平衡

1. 城市更新中的绿化保护现状问题

现阶段,城市更新行动的主要对象是 2000 年以前建设的城市老旧小区、棚户区、危旧厂区等。这些区域建设年代较久远,建筑老旧,设施落后,但也分布大量的存量绿化,甚至古树名木等。

由于缺少宣传和相关的保护措施,居民极度缺乏对场地存量绿化的保护意识;设计单位工作不够精细,往往将设计重点放在更新老旧建筑和基础设施上,忽略了保护和更新利用存量绿化;施工单位在施工作业时简单粗暴,未经许可随意损坏现状绿化。同时,由于老旧小区、棚户区、危旧厂区等分布区域广,环境较复杂,城市绿化行政主管部门对区域内存量绿化很难监管到位。研究存量绿化保护与更新利用路径已迫在眉睫。

2. 存量绿化保护与更新利用路径

存量绿化具有生态环境保护、景观、社会文化教育等多元性价值。存量绿化一般有保护、保留、移栽、移除等几种处理方式。对存量绿化保护价值和利用风险进行评价,按照"应保尽保、协调建设"的原则,构建存量绿化保护与利用路径评价标准,见表5.1。

表 5.1　存量绿化保护与利用路径评价标准

利用风险	保护价值				
	最高	较高	一般	较低	最低
重大	保护	保留	保留	保留	保留或移除
较大	保护	保留	保留	保留或移栽	保留或移除
一般	保护	保留	保留或移栽	保留或移栽	保留或移除
较小	保护	保留或移栽	保留或移栽	保留或移栽	保留或移除
微小	保护	保留或移栽	保留或移栽	保留或移栽	保留或移除

（1）保护。

针对更新区域内留存的古树名木，应按国家相关法律规范或相关规划进行挂牌保护；对于具备生态环境价值、景观价值、社会文化价值中两项及两项以上的老树，除采取保留措施外，还应采取相应的保护措施，严禁移栽、移除。

（2）保留。

对于具有较高保护价值但有一定利用风险，或具有一般保护价值但有较大利用风险，或具有较低保护价值但有重大利用风险的老树等存量绿化，一般采取保留措施。

（3）保留或移栽。

对具有较高保护价值但利用风险较低，或具有一般保护价值但利用风险一般，或具有较低保护价值但无重大利用风险的老树等存量绿化，如不影响更新建设，可以采取保留措施；如与更新建设有冲突，可以采取移栽的方式予以更新利用。

（4）保留或移除。

对具有最低保护价值的老树等存量绿化，其移栽利用价值不大；如不影响更新建设，可以采取保留措施；如与更新建设有冲突，可以直接移除。

5.3　构建有针对性的规划策略

要建设公园城市，营建以公园为代表的城乡公共空间必不可少。这些空间既承载着"天地与我并生，而万物与我为一"的东方思维哲学思辨，是"道法自然"的人地互动规律探索，又是"四面荷花三面柳，一城山色半城湖"的情境追求。需要在承认人类与自然体系存在整体辩证和普遍联系的基础上，认同大自然在地系统对于人类的物质依存价值和灵魂依存价值，追求人与自然的关系拟合。以城市自然山水格局、生态廊道为重要基质确定建筑空间和自然生境的空间组合序列关系，完成

人类居住空间与外界生态承载体系的逻辑空间建构和空间图底关系限定,实现城市、农村、旷野三个生境系统的有效共存和"人、城、境、业"的高度统一。

街道、广场等公共开放空间是公园城市营建的重要媒介和自变量。多样化、多元性的复合开放空间是体现公园城市以人民为中心理念,紧扣"以人为本"核心要义的空间转译和价值表达,也是"大道之行,天下为公"的远古哲思。人人可自由方便地进入具有和谐善治氛围和文化底蕴的公共开放空间,在既有空间肌理和街道界面的格局状态下体现公共空间的不确定性、开放性和共享性,打造一个开展城市生活各项活动,兼具弹性、无等级性和层叠性的场景叙事体系。

以城市公共空间的可达性为推手,凸显空间体验感和归属感,围绕人的诉求感受,实现从城市空间建造向生活场景营造的转变,建构城乡生活可参与、可互动、可阅读、可消费的感知场景,打造宣扬历史文化资源的媒介载体,强调更加繁荣高效的城乡公共空间体系。

公园城市的景观性和愉悦度需求推动人工环境与自然环境相互交融,将自然山水格局和街边花园尽可能地引入生活场景。构建景观节点的网络化格局,使日常生活工作获得足够的景观和生态综合效益,强调更加和谐美丽的城市景观风貌营建,塑造"城在园中,开窗见景"的生活体验性框架。

将活力生活场景和美丽风景诗情作为推动产业迭代升级的媒介牵引,形成城市反哺农村机制,强调互促共生的城乡关系建构,从资源型、扩张型和粗放型的产业结构转向科技型、绿色型和高效型的产业结构,形成环境友好型的增长动能。提升城市品质和核心竞争力,以产业引领为推动"三生融合"的格局转译路径,形成生产创新高效、生活宜居便捷和生态良性循环的公园城市发展格局。

5.3.1　规划原则

公园城市的规划原则需要从公园城市理念的要义和意向出发,结合具体城市的发展实际、建设方法的研究进展、时代发展的态势要求等维度来综合研判,包括以下原则。

(1)人本性原则。

公园城市理念在本质上属于新时代城乡统筹的人本主义路径,要强调以人为基点的发展导向,紧扣人作为体验、审视城乡发展成果及演变阶段的基准要素,突出人在城乡系统中的主体地位,从人的视角、身体尺度和行为特征出发,满足居民在不同发展阶段的需求,创造方便居民交流、交通、生活、工作和游憩的城乡空间尺度形态。

（2）公共性原则。

公园城市的突出特性就是"公共属性"，强调城乡空间的开放共享和普惠公平。公共性原则体现在规划目标、规划取向和规划结果的公共性上，主张面向大众群体，以公众利益为首要考量，注重人文关怀，考虑不同群体的使用感受和细节设计，强化公众参与，坚守公益价值取向，推动城市的"人本主义回归"。

（3）地域性原则。

地域特征和城市特色是对抗"千城一面"现象的有效途径。坚持地域性原则是对城市本底文化和独特历史的回应和尊重，是对均质化和平庸化的反抗，是对在地文化景观和本土地文秩序的质感追求。亟须持续对当地文化元素符号的挖掘整理和创新活化，增强城乡建筑风貌、公共空间的文化内涵感知性和独特地文标识性，引领当地居民的文化价值共情和历史情感共鸣。

（4）生态性原则。

公园城市理念耦合了"绿色生态"的精神意蕴，是人类与自然和谐相处的耦合与互构。生态属性是其最基本的属性内涵和外延认知，是对环境承载量基本阈值的主动坚守和回应，是实现城市永续发展的基本生存逻辑和建构思维。

5.3.2　公园城市的价值导向

公园城市理念的核心特质和价值系统结构更多地体现在生产-生态-生活"三生"空间系统的交融互馈（图 5.1），应打通三者串联交互的网络基质，实现人居环境格局场景的渗透叠加。

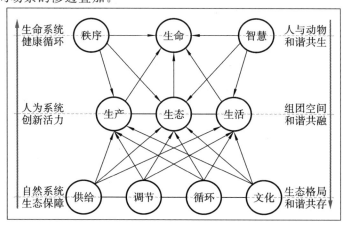

图 5.1　公园城市生态复合功能网络系统

（来源：根据《公园城市的公园形态类型与规划特征》改绘）

公园城市理念着眼于将城乡空间的地缘关系共同体向人与自然相互交融的命运共同体转变。以城市公共空间的街边花园为例,一个 1000 m² 的街边花园作为公共财富,按照古典园林的借景手法,每个路过的居民或周边的居民都可以自由地使用,每个人都暂时拥有这些景观空间财富。但如果这 1000 m² 绿地列入别墅私家花园封闭管理,可以使用的人群自然变为极少数,就丧失了公园绿地的公共性,这样显然不是公园城市理念的追求。

公园城市营建坚持城市发展和生态保护是为了满足居民持续跃迁的价值追求,注重人文关怀和细节设计,应把居民在城乡公共空间中的可参与性、可获得性、开放共享性和均等可达性作为基点价值导向,充分考虑不同人群的使用尺度和习惯,保障各类人群都能享受文明发展福利,减少人居环境内的隐形歧视和不公平现象。

强化公众对政府决策的参与,最重要的是要凸显城市绿色基础设施的公益性,逐渐将城市绿地公园向公众全天候免费开放,并提供相应的公共服务设施和安全保障措施,形成公共财富和居民生活领域耦合的运营管理平台,降低绿地和广场等公共基础设施供需不匹配的错位程度,让城乡生态资源成为实现公园城市"广域开放共享"追求的社会财富。

(1)生产——创新高效。

引导城乡发展由生产空间向生活空间转化,使工业逻辑回归到人本逻辑,引导基础设施、生产力、技术力量和人力资源合理聚集布局,完善创新驱动发展机制,优化经济绿色发展组织方式,实现产业结构的高效优化和城乡经济动能的高质量增长,建构多元复合的生态产业圈层。

公园城市理念的绿色产业意味着通过多元管治主体,以创新低碳的模式技术和高效率的物质转化体系促进经济社会可持续发展,而不是简单地用生态承载力束缚高质量高效益的产业经济模式。比如,绿色高效的产业结构应该是第三产业、第二产业和第一产业呈倒锥形结构形态,以信息、金融、贸易和其他服务业为第三产业的主体结构,以环境友好无污染型、物质能量多层次利用和高效能物质转换再生的工艺技术推动第二产业发展,提高科技产业在第二产业和第三产业中的比重,降低剥离资源消耗型产业的比重,并以农业现代化和绿色农产品助推第一产业高效发展。

推动农民群体与现代农业技术工具的高效对接,以农村就地兼业的方式促进农民增收。与第二产业、第三产业对接融通,聚焦城市发展需求,在城乡互补反馈闭环的过程中提供生态保育、人文科普、郊野旅游、健康养老、置业度假等方面的农村新业态,在农村兼业多元化的语境下实现就地或近地城镇化和农村工业化。厚植于乡村生态文化资源的保育与激活,以高水平的城乡功能协调为支撑,在消费主义趋向下挖掘农村和农民内生潜力,再塑人居环境,在农业多功能化的导向下实现农村空间和旷野空间由生产空间向消费空间的转型突围,重构城乡产业经济地理格局,提升城乡空间绩效,促进三产融合的良性互动。

(2)生态——生态多样。

中国夏商周时期便有人工种植树木的历史。"夏后氏以松,殷人以柏,周人以栗",西汉时期已有上林苑等大规模的园囿出现。人类文明的发展和城市的建设很大程度上依赖所处的自然基底及人类和自然生态的相处模式。不同的自然地理气候孕育了迥异的地域人文生态。不管是九经九纬还是圈层扩张,都以自然山水格局为图底限定,基于特定的营城理念开展人与大地的相互作用。

城市建设发展需要开山填水,难免对自然基底造成一定规模的扰动破坏。而公园城市理念则强调从"园在城中"向"城在园中"转变,维持山水林田湖草的生态系统本底,最大限度地锁定现有城乡自然系统的演化进程和自然资源的生命过程,使人工生态系统具有拟自然生境的基本功能和场域特征。自然演替的生态环境和人工干预的建成环境在城乡视野框架内耦合嵌套,避免生态单元人工化的异质性特征,形成一个良性循环的大地生态架构。

公园城市理念首要的属性就是生态属性。锚固生态底线,维护原生地理,严格划定生态控制线和耕地红线,将全域公园体系作为城乡空间谋篇布局的前置性要素,把公园绿地作为城市支撑骨架和中心主角来发展,建构国土空间尺度的生态网络格局。其中,绿色基础设施是城乡生产生活事件发生的承载物,奠定了城乡空间及人类活动的基本特征。应加强对结构性绿地系统的全域规划管控,保持基于生态承载力的城市开发强度总量平衡,避免城乡空间无序蔓延和黏连扩张,以"城绿共荣"的生态文明发展思维为指引,体现山、水、人、城各要素之间的统筹优化和一体性配置。

(3)生活——生活宜居。

紧扣"以人为本"的公园城市核心要义,增强城乡生活要素的有效供给和动态适应,体现空间复合、人文关怀、宜居适度和管理高效的规划语境,实现城乡生活空间在社会属性和物质属性上的高效契合,让公园城市建设成为满足居民不同需求且兼具服务提升效益的"舒适物"。公众积极参与体验城市发展规划,通过听证会及互联网等渠道参与公园城市发展战略、街边公园选址、方案遴选等涉及居民日常生活品质和未来发展期许的事件决策。遵循公园城市理念评价体系

内各项主观指标,提升公众对公园城市生活的空间效率、舒适度和满意度,形成公园城市规划设计管理和公众参与反馈的全生命周期动态互动机制。

5.3.3 公园城市规划要点

公园城市理念是立足于中国发展阶段和实际国情提出的新的营城模式,着眼于创新、协调、绿色、开放、共享五大发展理念和经济建设、政治建设、文化建设、社会建设和生态文明建设"五位一体"战略布局,是进一步推动城乡协调发展和满足居民日益增长的美好生活需要的必由路径。

1. 宏观层面——城乡融合发展,保护生态基底

(1)开放共享:城乡融合一体化发展。

中国的城市体系是基于以农为本的农耕文明框架发展起来的,而公园城市理念是根植于中国大地,建立在长久以来中国人思维认知和价值追求之上的关系架构。在城乡二元结构明显、城市反哺农村不足、农村发展动能欠缺的"乡村式微"情境下,城市建设用地急剧增加,各种"城市病"不断凸显,部分农村出现人口流失、空心化甚至经济衰退的窘境。需要我们恶补发展"欠账",消除"重点轻面""重城轻村"的发展弊病,重组行政区空间结构,以布局功能优化和资源跨界配置为内生逻辑,以更高标准促进城乡公共设施共建共享和互联互通,构建城乡公共基础服务广泛覆盖的财政支撑网络。深化城乡社会治理体制,以国土空间尺度生态休憩网络建构为图底媒介,推动"山、水、林、田、湖、城、乡、村"人居物质性元素网络内外联动,建构城乡并举、互促共生、协同发展的新型城乡交互关系和系统完整的国土景观风貌。

日本哲学家和辻哲郎在《风土》一书中将自然环境诸元素和景观的合集称为风土(vernacular)。其中,景观包括人类审美视角的人文和自然两个层级。在国内,大家更多地将 vernacular 翻译为"乡土",在西方语境里为"场所精神"(genius loci)。城乡统筹的难点是空间资源的再分配和城乡发展主导权的协调。推动城乡协同发展,开展乡村现代化建设,不仅是为了宜居的空间认知结构,还为了农业文明本底下蕴含的怀乡、乡愁文化价值。

要以国土空间生态体系和区域景观廊道基质为本底,以公园绿地融合、产业融入为触媒构建美丽乡村和特色小镇。创新土地高效混合利用方式,探索建构农村集体经营性用地流通入市交易和宅基地自愿腾退、置换补偿及流通交易机制,增强城乡人口在产业和生态资源上的互动畅通。以农田规模合作化种植、农田"大地景观"呈现和乡村农文旅产业的发展提高农田生态体系的景观和经济价值。以"景区化、景观化、可进入、可参与"为目标,结合人类行为和需求特征,满足人类对乡村空间的价值审美和精神向往,匹配式营造高品质、可互动的城乡生活场景,促进城乡社会和生态网络之间物质、能量和信息的双向畅通,增强国土空间生态支撑系统的结构稳定性,形成生产场景耦合叠加农商文旅体业态的融合发展模式。

（2）生态多样:维持人与自然环境动态平衡。

在 19 世纪 90 年代,香港地区爆发了一场极具传染性的鼠疫。鼠疫集中在唐楼密集且华人居多的太平山地区。后来香港政府深刻反思,开启了太平山地区的改造建设计划,拆除了卫生条件较差且楼群密集的唐楼,留下的最主要成果就是在原来唐楼区域改造而成的卜公花园。历经数百年的沧桑变化,周边建筑数经更迭,卜公花园却一直保留至今,成为当地居民的公共福祉和人与自然互动反思的历史叙事语码。

中国大部分城市已经进入了存量发展阶段,少部分仍然处于快速扩张阶段。无论何种发展方式,一旦不注意城市和自然空间的耦合发展,都会对城乡空间所依存的环境支撑系统造成巨大压力和负面影响,破坏生态系统的景观连接度和下垫面基础,降低水流自然下渗率,增加地表径流,从而导致整个人居环境系统的生态失衡,引发恶性循环和连锁负效应。生态性是公园城市理念的价值图底,而绿色基础设施又以自然空间的功能复合性、生态过程的复杂性和自然资源种类的多元性为特征。要将城乡人工环境系统融入生态本底系统框架,以多因子双评价体系和分类管控措施为抓手,从全域生态山水格局的视野,突破城乡空间和城市内外的格局限制和空间划定,形成连续性、网络性和整体性的城乡"生态空间域"。着力对城乡地域的容积率、建筑密度和建筑高度进行精准管控,将混凝土覆盖的硬质地表向以自然平衡为导向的生态地表(surface of ecology)转换,结合土地复合利用和生态廊道网络,提升城乡人居网络的安全韧性和应对自然风险的弹性,从节点到长线,构建跨越城乡和旷野的国土空间尺度的生态美境。

（3）生活宜居:推动以人为核心的城镇群规划。

从田园城市到生态城市,从园林城市到生态园林城市,城市的发展都趋向高级化和价值最大化。而公园城市涉及生态、经济、文化、空间和政策边界等多种要素,是一个复合属性的价值追求,具有多元动态性、层次性和复杂性等特征。不管是生态网络还是产业分工,都需要从城镇群的层面合理进行顶层设计和规划约束。

不论是城乡一体化、多规合一,还是国土空间规划,都是为了平衡不同领域、

不同部门和行政层级之间利益价值诉求的"最大公约数",从而在复杂多元的社会网络之间达成既定的发展规划目标。建设公园城市,要立足于法定图则,优化落实都市圈的主体功能区战略,发挥城镇群内不同地域比较优势,使"定点造极"模式向"动态组网"模式转型突围,形成绿色产业的合理分工发展机制,建构大中小城市和村镇体系之间错位发展的分工圈层和功能互补的"多中心"产业集群带,同频共振,形成联动互馈的信息物质交互网络和高质量发展动能系统。应以基本公共服务供给制度和户籍制度改革为路径,打破不合理制度壁垒,促进不同城镇区域内人力、资源和生产资料的市场化配置和合理自由流动。推动以提升发展质量为核心,以"人的城镇化"为基点,城乡联动协同的新型城镇化发展战略实施,并以国土空间规划为尺度,以城镇群规划发展为着力点,构建区域生态廊道系统,优化土地开发时序,建立城镇体系空间纠错预控机制和高水平治理应急预留空间,实现系统内的动态平衡和物质、能量高效互动。

(4)创新高效:绿色经济产业合理分工。

公园城市中的"市"的内涵要求及外延认知是优化经济发展组织方式,构建环境友好型产业架构,提升人口和经济活动承载力,促进产城融合和产业链协同,形成高效利用能源和资源的产业经济地理形态。以都市现代农业、先进制造业和现代服务业为着力方向,贯穿绿色发展理念,并在规划中采用混合式开发等模式,实现职住相对平衡和效益叠加。职住平衡的基本内涵是指在某一给定的地域范围内,居民中劳动者的数量和就业岗位的数量大致相等,即职工的数量与住户的数量大体保持平衡状态,大部分居民可以就近工作;通勤可采用步行、自行车或者其他的非机动车方式;即使使用机动车,出行距离和时间也比较短,限定在一个合理的范围内,这样就有利于减少机动车的使用,从而减少交通拥堵和空气污染。

在城镇化和工业化相互交织,内外产业要素互促演变,经济内循环和外循环双轨并行的大环境下,公园城市建设要聚焦产城要素失调的困境泥沼,探索"产城"和"产乡"融合协同发展的优化路径和调控体制。以复合生态圈层为引领,以生态和交通承载力为"天花板",确定适宜的城镇开发强度,使人口集聚程度与产业布局相契合。

2. 中观层面——建构全域公园体系,塑造城园融合场景

(1)开放共享:城园融合塑造公共空间。

公共空间的特点和风格代表了一个城市区域的性格和底蕴。公共空间的发

展代表着一个城市文明的进步阶段。《道德经》中有"埏埴以为器,当其无,有器之用"的论句。一个建成空间本质上是没有实际价值的"器用之无",但空间因为其承载的活动而成为被赋予特殊标识意义的"场所"。公园城市与园林城市、生态园林城市等发展理念相比,着眼于"城",相承于"园",核心在"公"。该理念强调城乡空间的广域共享性、可达性和开放性,建设改造开放式公园,缝合空间割裂和物理藩篱,将公园等公共空间溶解到城乡体系的架构里,释放绿色基础设施的生态共享潜能,推动城市街巷公共空间和公园体系绿楔空间的相互融通。

建设公园城市要从单纯的公园绿地发展向全域生态体系与城市公共空间的无边界(表里)融合发展转变,鼓励封闭管理的公园、公共事务单位大院和封闭小区内部的绿地和公共设施对外共享,拆墙透绿。从围墙绿地走向开放公园,从审美装饰走向生产、生态和生活的价值共生,推动城乡土地资源的集约高效利用,空间语境中意境、画境和生境的统一融合,形成蓝绿交织、全域覆盖、开放共享、去中心化的城园空间网络,将其视为彼此联系畅通的事件发生场域,推动国土空间尺度下的全域景观化和景区化,营造城园交融、城在园中、可互动、可分享、可居可游、可感可及的生活愿景。

(2)生态多样:全域公园体系规划连接。

2018 年获批的《河北雄安新区规划纲要》中,规划起步区的绿蓝空间占比超过 70%。雄安新区以大型郊野公园、城市公园和社区公园体系建构为依凭,以期实现森林覆盖率从 11% 提升至 40%,中心区范围内 3000 m 进森林,1000 m 进林带,300 m 进公园,林荫化道路 100% 和建成区绿化覆盖率超过 50% 的规划目标。雄安新区的发展规划是中国城市的发展样本和坐标导向,具有重要的标度蓝本价值。

公园城市理念寻求从人类活动和自然生活之间找到平衡点,提升城乡生活品质和人居环境质量,推动"城市里建公园"向"公园里建城市"的思维格局转变。引领全域公园体系突破城市建成区域,融通农村和旷野,囊括现有各级各类公园、生态廊道、绿地、原野、森林和农田,把生态空间作为城乡发展的可用性、基础性要素。从人工审美的园林绿地向生态导向、产城融合、场景营造的公园体系升级,从游憩为主向复合价值转型,持续提升全域公园体系的系统性和共享性。

构建全域公园体系,要通过"基质＋廊道＋斑块"等模块的嵌套耦合和序列组合,形成结构稳定、要素齐全、蓝绿渗透的绿色基础设施网络。以大型公园为支撑,以中型公园为辅助,以小型公园、街边绿地和开敞绿楔空间为灵魂,通过生态廊道的架构及生态基质的涵养培育,削减生境系统的分离度、破碎度、景观阻

力和生物扩散阻力,提升系统的稳定性和完整度。在保证城乡建成环境稳定性、异质性的基础上,重拾生态基元和人工单元之间的网络联系,遵循全面覆盖、网络串联、类型丰富、均衡布局、分级配置、特色明显的原则,科学构建全域公园体系(见图5.2)。以各级各类公园为核心,推动相关的公共服务设施、体育运动设施和商业服务配套建设,研究附近居民差异化需求、各类设施承载力和服务半径,持续提升公共服务效能和生态保障功能,形成双向多级的公共服务体系,实现绿地等城乡公共空间财富的综合绩效最大化。

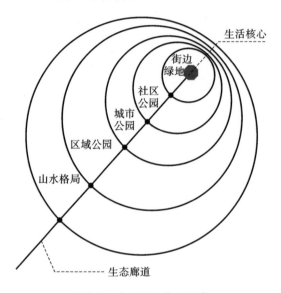

图5.2 全域公园体系示意

(3)生活宜居:地域特色彰显人文荟萃。

芒福德在《城市文化》一书中将"文化储存、文化创造发展、文化传播交流"称为"城市最基本的三项职能",认为"城市空间是文化的容器,文化既是城市发生的原始机制也是城市发展的最终目标"。每一个城市都不是抽象的单独存在,都扎根于独特地域的文化浸润,受到当地的政治、社会、人文、地理、气候等要素的制约牵引,都具有特定鲜明的文化地域性。建设公园城市要充分挖掘当地文化历史的"集体记忆",落实全域各要素的紫线划定,通过现代科技媒介的解码和转译,焕发新的生命力,避免"千城一面"的"城市病",彰显城乡空间及建筑风貌兼具独特性、共时性和历时性的场域特征。

在中国古代的城市建设和发展历史进程中,城市发展主导者一直重视人文秩序空间的谋划和排布。城市用地有"闲地"和"忙地"之分,闲地就是涵养身心和精神教化引领的文化用地和园林用地。而在建设公园城市的大背景下,要以织补还原的方式串接定格在时空维度中的历史碎片,把望山、见水、见绿、记乡愁编码融入城乡空间历史叙述的文本,将地域文化图示作为城市意向感知的具有历史连续性和时间可读性的转译自变量。以异质化需求的匹配为体现人文关怀均等化配置的重要杠杆,将时间筛淘凝练后的文脉活化演绎,为变迁"混沌"中的城乡空间提供可以被感知与阅读的时空线索。促进城市空间的文化意图再现,将公园、广场等城市公共空间塑造成宣扬彰显地域符号、历史风貌、社会善治和时代新姿的媒介。

(4)创新高效:城市设计与经济社会互动互馈。

英国规划学家克利夫・芒福汀(Cliff Moughtin)认为城市设计的目标为"设计城市的发展,这样的城市发展在结构和功能上都应是健全的,并且给予那些看到发展的人以快乐"。不管是城市设计还是整体规划,都应该以人的发展为核心诉求,都应该是动态发展的全域管控,是对城乡经济社会自组织规律的主动响应,而非权威的乌托邦定势,也不应该是静态蓝图的主观浪漫臆想。

建设公园城市需要我们从普遍联系和更广阔的视野来看待城市设计和总规层面的症结,分清主次,对"人、城、境、业"四要素进行论证、整合、推演和优化,统揽城乡空间、人类活动和自然旷野系统等要素,在和而不同之间辩证统一。建立一个兼具内部可反馈调整性和外部总结适应性,且具有延伸性的发展表征的全生命周期规划运行框架。该框架可以随时代的发展进行内部的拓扑调整和变化,形成城市天际线和"第五立面"优美和谐、疏密有致的大美公园城市形态。

要以全域性生态保护和平衡为基点,筑牢生态底线思维,以生态统筹和城乡协同为原则,确立生态保护前置性、约束性和基础性地位,以开发容量、城乡开发边界和生态约束底线为前提,对城乡发展主体的条件、诉求和动能合理评估,将生态文化的保护责任和发展资源在区域统筹的视阈内再分配,创新土地用途统一管控,夯实"多规合一"空间规划治理基石,推动规划审批、政策工具、监督实施和标准技术体系高效无界衔接。

3. 微观层面——优化空间布局、完善服务设施

(1)开放共享:开放式街区增加便利性。

随着以商业精神为核心的城市意识觉醒、商品流通的空前活跃,唐宋交际阶段,中国古代城市空间形态出现了由封闭走向开放的嬗变分水岭。唐末诗人王建对坊市制度的逐渐消解有"夜市千灯照碧云,高楼红袖客纷纷。如今不似时平

日,犹自笙歌彻晓闻"的描述,而宋朝的《清明上河图》更是将城市空间的开放变革和城市经济的发展融合体现得淋漓尽致。这些都在一定程度上验证了城市空间的开放程度与城市文明和经济发展的正相关联系。到了建设公园城市的现代,需要进一步以开放式街区和开放式社群为着力点,持续提升居民对于城乡公共空间使用的参与性、可达性和公平性,推动城市经济社会进一步发展变革。

建设公园城市要把握"公共性"的第一要义,建设开放式的公园及其他公共空间,减少封闭管理的场域,以开放共享的理念强调公共空间与城市社群及公共基础设施的有机交融。鼓励单位大院和封闭式住区内的绿地空间和基础设施对外分时段开放共享,减少因为围墙栅栏的设置而产生的消极破碎空间。开展开放式街区改造建设工作,推行城乡空间"小街区、密路网"的空间规制,加密纵深支路网,打通城乡内部交通系统微循环,提升城乡空间体系的可达性、可获得性和便利性。

(2)生态多样:修控规与全域生态体系协同融合。

《城市绿地分类标准》(CJJ/T 85—2017)于 2018 年正式实施,对城市绿地的分类做了修改。《城市用地分类与规划建设用地标准》(GB 50137—2011)中的 G 大类绿地与广场用地和 G1、G2、G3 绿地实现了有效衔接,为"多规合一"和国土空间规划进一步提供了可操作性。而作为统筹城乡生态系统的"其他绿地"更改为"区域绿地",标志着城乡一体绿地分类体系的建构,生态绿地实现了从"城市"向"城乡"的转变。这一转变和公园城市倡导的全域生态体系是有机契合的,是进一步贯彻公园城市理念,厘清城乡用地标准和类别,统筹推进"三生空间融合"的需要。

在修规和控规层面,要切实推动绿色基础设施、环境卫生设施、公共服务设施和产业配套设施合理配置和提质增效,使公共领域资源逐渐向基层社区单元下沉,打通街道社区末端,推动基层治理单元网格的邻里场所营造和社群自组织能力提升,并以新时期"乡绅阶层"为重点,建构基层单元自治共同体。将自上而下的规划范式和自下而上的反馈系统结合起来,基于实际情况推行"社区规划师"等制度,强化控制线传导和规划引领,并对城乡空间分区、规划单元和生态绿隔区进行分区管控,促进开发边界内外产城融合单元和城乡融合单元的详细规划传导,在城乡微观空间的视阈下实现情境、意境和画境的协调统一。

(3)生活宜居:公共设施合理布局。

上海市于 2016 年 8 月颁布了重在顶层设计引领的《上海市 15 分钟社区生活圈规划导则(试行)》,强调满足多元诉求、公共设施合理布局和社区长效治理的动态规划,充实对步行可及范围内生活空间和生活场景的塑造。武汉、青岛和成都等大中城市也纷纷提出建设 15 分钟生活圈和 500 m 见绿的城市发展目标。究其内涵,都是对在城市野蛮扩张进程中广场绿地等公共基础设施更合理高效配置的宜居诉求。

公园城市理念蕴含了开放共享和生活宜居的思想。要以 15 分钟生活圈和全域公园体系打造为核心,将其落实到居民日常生活层面。织密数据网格,持续优化提质公共设施的生活布局,降低局部过高的人口密度,优化城市空间组织,将城市组团、社区街道和乡土聚落作为突发公共卫生事件等"非常态"时期联防联控的基础组织单元。以生活圈配置清单和配套规划实施传导机制为抓手,以公园绿楔等公共空间为空间几何中心和功能载体,织补公共基础设施全域"动态网络",聚焦提升基本公共服务设施的可达性、覆盖率和完好率。

(4)创新高效:绿色交通优先发展。

公园城市发展的场域特性就是提供绿色可持续的生活方式,以高品质的公共服务为支撑,强化对"轨道+慢行+公交"绿色交通三网融合的最大限度优化组织。遵循公园城市建设地域的实际情况,在公共交通导向发展(transit-oriented development,TOD)的架构基础上,模糊自然、城乡空间和交通网络的明确边界,以"公共交通快线+绿色交通慢网"为导向,打造舒适开放的慢行系统网络(步行、自行车),提升交通空间的景观度和互动体验感。切实解决公交换乘和人车分流等现实痛点,营造生态交通基础上的站、园、城耦合的公共空间生活场景。

对于承载区域内重要经济社会发展任务的大中型城市而言,可以结合自身财政水平和发展潜力状态理性评估,以地铁和城际铁路等轨道交通为发力点,健全都市圈交通基础设施,使交通网络站点与城乡空间融合化发展,发挥综合交通枢纽的多式联运复合效能。以复合开发为导向,将引流聚人的发展红利辐射到更广区域,有效降低交通时间成本,加快不同区域的人员资源便捷流动,实现城内和城乡不同地域的协同互补式的精明增长。对于不具备轨道交通建设条件的中小型城市而言,则要在人行尺度范围内适当开展"瓶颈路"拓宽工程和"断头路"畅通工程,引入城市智能交通系统,加密公交路线和站点,优化路线标识布局,建构慢行驿站网络,提升公共交通站点的可达性和覆盖性。

千百年来,人类即使身处闹市也一直通过营建私家园林来实现"山林之乐"的生活理想,而城乡系统正是人类与自然长期互动下的择优呈现。从南方的私家园林到北方的皇家园林,无论是"闹"中取"静"还是"俗"中求"雅",都是对人和自然相处模式的久远哲思和实践智慧，是数千年来无数的中国人和大地相互影响的思维折射，是中国人"敬天、顺天、事天""象天法地"的朴素自然追求，为公园城市理念的提出和发展提供了深厚的思维土壤和文化底蕴。

同时，任何一个城市发展理念的产生都寄托了特定的历史意志、时代情感和发展诉求，公园城市理念也是如此。但理念的研究和实践不能就概念论概念，而要以当下的发展背景和难题困局为问题导向，聚焦人类社会的可持续发展需求和自然生境的平衡适配，持续提升居住在其间人群的公共福祉，否则公园城市理念的规划落地就会陷入烦琐的技术叠加和迷茫的细节推敲。

良好的生态人文环境作为民生福祉的公共普惠承载，是体现公园城市理念"公共性"价值的认知注记。建设公园城市不是要求脱离城市实际情况大建公园绿地，而要统揽城乡和旷野，应自然之势，在保护现有生态本底和景观安全格局（原生态）的基础上，构建去中心化的多层次全域生态网络格局（新生态）。建设公园城市不等于大量建设新的公园，但如果没有一个相对完善的公园体系作为生态支撑，则会失去公园城市的生态价值基本属性。

5.4 城市更新主体的行动机制

城市是各种资源加以利用、组合形成的整体。城市更新的过程包括城建设施、环境资源和多种行为主体的重新构建，受诸多因素影响。其中，政府、市场和公众三大行为主体影响最大。政府主要通过政策制定和部门参与城市管理来推动城市更新；市场主要通过提供资金和满足城市发展利益最大化来推动城市更新；公众主要通过自身诉求和文化沉淀来推动城市更新。

5.4.1 城市更新的行动主体

1. 政府：代表公共利益的行动者

作为维护公共利益的主体，政府在城市更新进程中，更被认为是第一行为主体，理应发挥首要推动作用。研究政府在城市更新中的行为，可以从中央人民政府和地方政府两个角度分析。

在城市更新过程中，中央人民政府的作用主要是制定国家层面的政策、法律法规，明确城市更新的大方向，其次则是指导监督地方政府城市更新行为。

2014年,《国家新型城镇化规划(2014—2020年)》出台;2015年12月,中央城市工作会议召开;2017年,住房和城乡建设部出台了《关于加强生态修复城市修补工作的指导意见》。可以看出国家已开始从广度和深度上推进全国城市更新,并尽可能提高地方政府的自主决策权,让其选择适合当地、符合实际的更新模式。

地方政府在城市更新中扮演的多是执行者和监督者,一方面贯彻落实中央人民政府的决策方针,按照上级规定落实本地的城市更新工作;另一方面督促政府部门间、市场和公众等多方行为,代表了地方城市更新发展中的集体利益。更重要的是,城市更新涉及部门多、领域广、时间长,具有系统性和复杂性的特点。为规范其中的参与主体行为,实现城市更新的有序进行,需要地方政府在城市更新具体实施方案和施工方式等方面,做好制度和规定上的保障。

2. 市场:体现市场要求的参与者

市场行为是城市建设发展中的基本经济细胞,也是城市更新中不可或缺的参与主体。城市更新中市场行为主体主要有开发商和物业管理公司等。开发商对于土地开发利用和商品住宅建设销售等有着市场运作层面的专业性,尤其在棚改旧改中发挥着重要作用;物业管理公司对于小区的管理服务具备丰富的经验,老旧小区整治改造需要物业管理公司来保障小区的正常运转,在既有住宅加装电梯工作中,有的也需要物业管理公司参与其中。

3. 公众:社会多元利益的诉求者

公众的话语权在城市更新中发挥着越来越重要的作用。目前,群众表达诉求的渠道可以归纳为两种:第一种是"用手投票",利用选举权,推选能够维护和保障自身利益的政府官员;第二种是"用脚投票",搬迁至自己喜欢、向往的城市。现实中,我国公众因为个体利益和诉求的分散化,依靠个体力量与政府和市场合作、竞争、博弈是难以想象的,只有公众间形成有序、团结的组织,才能形成合力,在城市更新过程中取得充分的话语权。

5.4.2　基于行动主体完善城市更新工作的思考

城市更新是城市建筑、规划和环境的更新发展,更是政府、市场和公众三个行为主体之间利益的再分配过程。根据公共管理学和行为主体激励领域的理论研究,政府、市场和公众三者协同配合促成城市更新目标的实现,前提是维护和

保障三者各自利益不受损害,发挥三者各自的作用,达到三方共赢的理想状态,实现城市的经济效益、环境效益与社会效益的共赢这一社会目标。

1. 政府与市场的关系

分析城市更新中的利益结构,可得出三种主要关系:一是雇佣与被雇佣的关系,指的是雇佣者与被雇佣者之间达成某种协议,承担城市更新中的项目;二是多个企业或组织协调配合,协商谈判,分别承担项目中的不同阶段,发挥自身资源优势;三是流程化的协作机制,企业和公众组成的组织间彼此熟悉,默契配合,通过建立一整套成熟的网络体系,实现共赢。我国城市更新实际进程中,前两种关系出现得更多,简单、直接的分阶段合作更具有可操作性,协作机制还不够成熟。

政府和市场之间的关系,大都存在以下两种。

一是制约关系。政府代表的是公共利益最大化,市场行为追求自身利润的最大化。在房地产开发、老旧小区整治改造和既有住宅加装电梯中,双方出发点不同,不可避免地出现不一致甚至摩擦,制约着双方在不同立场下达成一致。

二是合作关系。政府把更多的精力放在政策、制度的制定上,企业则更多关注合理开发、技术支持,双方密切合作。例如在既有住宅加装电梯中,政府出台规范性制度,企业根据公众需求制造符合实际的产品,设计后期运行维护保养模式,共同为公众提供更优选择。

2. 政府与公众的关系

城市更新中公众参与体系是一个由很多要素科学融合作用而形成的系统,而系统之所以长久有效地运转,最关键的是两大构成要素:政府和公众。这两者最普遍的行为是相互之间的配合和对立。因此,要推动城市公共管理中公众参与体系的进步,必须在政府和公众之间建立良性、科学的关系。

一是良性互动的关系。公众的参与首先离不开政府机构的认可,这是首要条件。我国部分城市在出台的政策中也明确鼓励公众积极参与城市更新的所有过程。当前地方政府在行政施政过程中,积极吸收公众意见,主动接受公众的批评指正。

二是建立共识,协调双方利益的关系。政府和公众是两个不同的行为主体,站在不同的立场。政府和公众达成共识是指对城市更新项目有一致的看法,有统一的价值理念和目标追求,协调好双方利益。

三是相互辅助、支持的关系。城市更新的科学发展,离不开公众的参与辅助。政府要鼓励公众的参与,优化行政方式和手段,使城市治理模式更加多元化。公众也需要政府的支持,在政府的正向积极引导下,建立系统、有序的组织。政府的辅助也促进了公众参与的积极性和全面性。

3. 市场与公众的关系

市场与公众在城市更新中存在密切关系,市场对利益的追求在城市更新中需要与对公众的贡献相协调,公众在城市更新中对自身利益的维护,也会与市场利益相冲突。市场与公众之间的关系主要存在以下两种。

一是利益上的平衡。不管是开发商、物业管理公司还是公众,都在努力维护、争取自身的利益,这个过程中可能会损害对方的利益。因此,企业和公众之间应该搭建及时、有效的沟通桥梁,并协调双方在城市更新全过程形成统一意见,实现双方利益的平衡。

二是友好的合作关系。公众需要借助企业的资金资源、技术资源等优势,帮助其实现居住环境的蜕变。企业需要提供公众认可的优秀方案、产品,抢得更多市场,就要求企业能够获取公众的信任,掌握一线真实的数据信息。因此,双方之间的默契配合,也是达成共赢、实现共同目标的根本条件。

5.4.3　城市更新行动主体的有机协同

城市更新中存在两种力:一是政府力,二是社会力。政府力主要起牵头引领、顶层统筹的作用,同时解决统一性问题。社会力相对柔和,利益主体为企业和公众。企业代表当下城市发展中最活跃的经济力量和最有经验的技术执行。公众是城市中的生活者,是城市更新后环境的实际使用者。企业的参与能有效降低城市更新带来的风险,能以较少的资金带来较大的收益,将市场经济注入老旧的城市,使城市焕发活力。公众的参与起到监督管理的作用。允许其有限地参与项目的规划设计和统筹管理,并充分考虑其意见建议,能促进城市更新的实际落地性,使城市更新的价值最大化。

城市更新初期,政府应搭建公共交流平台,允许公众参与项目的讨论。政府的顶层统筹不能覆盖城市更新的方方面面,在长时间的更新过程中有可能出现规划与实际情况脱节的情况。公共交流平台是一个自下而上的反馈渠道,能补全城市更新的缺失点,及时地校准城市更新这条轨道。同时,建立一个更加透明和公开的更新体系,也能有效解决商业开发过量、利益过大的问题。最后,城市

更新不是冰冷的建筑改造,应该是在保护人文历史的前提下进行的物质焕活。城市更新赋予了建筑更深刻的人文内涵,社会、环境、人群三者间的有机融合才是城市更新的目的。

5.5 城市更新中的公众参与

5.5.1 公众参与的必要性

我国的城市建设具有较好的公众参与基础。公众可以充分参与城市建设的决策与实施过程,从而使决策和建设更加全面且能够满足公众的利益,使城市建设更加科学。有效发挥公众参与在城市更新中的重要作用,可以从以下三个方面推进。

一是调整观念。调整政府、专业人员与公众在城市更新中的地位和职能,将公众的意见充分纳入城市更新决策中。在城市建设的过程中,政府应做出相应努力,调整政府职能,树立以公众为主的观念,进一步推进城市更新中的公众参与。

二是增强立法和监督。我国城市更新中公众参与的相关法规和政策还比较欠缺。为了进一步推进城市更新中的公众参与,应该从两个方面入手:一方面要加强法律法规的建设,使公众参与有法可依;另一方面要加强监督,使得公众参与在城市更新中落到实处。

三是建立科学的公众参与体系。在城市更新中,科学的公众参与体系是关键。政府应推进城市更新中的公众参与,在城市更新的决策中,通过调研等方式,充分了解各方的利益需求,从而采取有效的方式协调各方利益,进而实现城市更新项目的总体价值,而不通过牺牲某些相关方利益,来实现城市更新项目的总体利益。

城市更新的最终目标是通过对城市进行改造以改善当地居民的居住环境,提高当地居民的生活水平。可见,公众是城市更新项目最终的使用者和受益者。因此,无论是城市更新的策略制定、建设实施还是运营管理,都应保证有效的公众参与,在各阶段充分听取公众的意见,并在决策结果中充分地体现公众的意见。充分考虑公众的利益需求不仅可以提高规划决策的科学性,而且还能有效地减少项目在实施过程中的阻力,因为决策满足了公众的需求,公众自然接受决策结果并支持决策的实施。

城市更新是一项涉及多方主体重大利益的复杂的社会性工程,在过程中应当提升公众的话语权与谈判能力。提升公众的话语权和谈判能力的首要工作是加强公众在公共项目参与中的权利意识与责任意识。在城市更新的过程中,充分聆听和尊重公众的声音,提升公众的话语权与谈判能力是至关重要的。

但是,仅仅畅通公众参与渠道、广泛接受公众建议是不够的,政府还应为公众提供专业咨询服务,比如让第三方专家介入等,从而提高公众对决策事项的认识,使公众能够正确地评价自身的利益需求,进而增强公众参与的科学性和有效性。只有增强城市更新中公众参与的科学性和有效性,才能平衡城市更新中各方主体的利益,促进城市更新的顺利进行。

5.5.2　公众参与的基本模式

公众参与的重要性已经得到了广泛认可。但不同的公众参与模式会因其各自路径的不同产生不同的效果。

一是自上而下的参与模式。这是一种传统的参与模式,根源是传统的政府管理与决策模式是自上而下的。这种模式是由政府、开发商及实施机构先制定出城市更新的规划决策方案,之后就该方案向公众征询意见。但在实际的操作中,自上而下的决策模式不具备发展公众参与的良好土壤,公众参与往往流于形式。

二是自下而上的参与模式。改革开放以后,自上而下的参与模式受到了市场经济带来的巨大冲击。我国通过学习引入了自下而上的参与模式。但自下而上的参与模式的弊端在于过分强调公众参与的作用,反而削弱了城市更新中公众参与的效果。

三是各利益相关主体之间交互的参与模式。交互的参与模式既不是仅强调决策过程中政府和专家的专业性,也不是片面地强调公众利益与建议的重要性,而是建立有效的参与渠道与机制,使各方交互协调,使政府、专家、投资者以及公众等各方能够在决策过程中充分发挥各自的优势,并将其贯穿于城市更新决策、实施、运营管理等各阶段,从而通过公众参与提高城市更新项目的整体效益。

三种公众参与模式的比较如图 5.3 所示。从公众参与城市更新的背景可以看出,交互式是城市更新最合适的公众参与模式。该模式能够让公众参与城市更新的各个环节,发挥各自的作用。

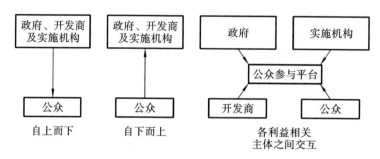

图 5.3　三种公众参与模式的比较

5.5.3　城市更新各阶段的公众参与

1.城市更新项目阶段划分

城市更新是一个多层次、多方参与、建设周期长、投资巨大、极其复杂的系统性工程。以往经验表明,城市更新应该综合考虑各类因素,应对市场要求,引导公共投资,复兴公共空间。可以看出,城市更新是关系社会公众利益的重大项目。

根据马斯洛需求层次理论,随着经济社会的发展和人民生活水平的提高,公众希望通过各种渠道参与公众事务,表达自己对公共服务的需求。四种不同的更新类型对应四种不同的融资渠道。公众的参与水平比较如图 5.4 所示。

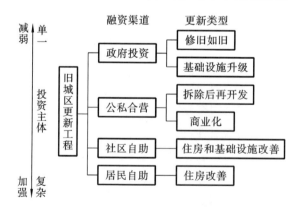

图 5.4　公众的参与水平比较

通过分析,我们可以发现,城市更新项目不同,与其相对应的参与方式、参与深度以及参与效果都存在一定的差异。城市更新项目一般可以分为三种,分别为整体拆迁与重建项目、风貌或历史保护项目以及小规模治理项目。对于整体拆迁与重建项目,公众可以通过听证会、评议会、座谈会等方式参与城市更新项目的可行性研究、规划决策,从而对城市更新项目产生影响。但总体而言,在整体拆迁与重建项目中,公众参与仍然属于较为被动的形式,属于初级的公众参与。对于风貌或历史保护项目,公众可以通过听证会等方式参与决策。但对于风貌或历史保护项目,公众往往缺少相关的知识,因此需要政府组织相关专家为公众提供相应的技术与专业知识支持。然而,由于风貌或历史保护项目属于政策要求,具有相应的制度标准,公众在参与过程中对决策的影响程度相对较小,也属于初步的公众参与。小规模治理项目是指那些更新规模较小,可以由公众按照相关规定自行设计、建造、维护的城市更新项目。在这个过程中,公众能够充分地参与决策、设计、建设及运营管理等各阶段。与前两种城市更新项目中的公众参与方式相比,小规模治理项目中的公众参与属于主动的、深度的公众参与。

不论哪种城市更新项目,都应该保证公众在全过程中的有效参与。公众通过表达自己对公共服务的需求,达到影响政府决策的目的。同时需要强调的是,在交互的参与模式中,组织者能充分调动公众的积极性和主观能动性,从而对决策机制起到积极作用。故政府应该强化服务理念,设计科学的流程,完善畅通的渠道,使得公众的需求与建议得到充分地表达并且能够科学地发挥作用。

设计科学完善的公众参与交互式决策流程的前提是科学地划分城市更新的阶段,在此基础上才能够明确各阶段公众参与的具体流程。因此,结合国内外的研究情况,借鉴项目的生命周期理论,本书将城市更新项目划分为以下七个阶段。

(1)项目建议书阶段。

该阶段的主要任务是提出项目的初步设想,提出即将开展的城市更新项目的初步想法,明确具体的城市更新项目内容与目标。

(2)项目可行性研究阶段。

该阶段的主要任务是核定城市更新项目技术上的可行性与经济上的合理性,评价其对环境与社会的影响。该阶段的工作是项目决策者进行投资决策的主要前提和依据,也是编制项目实施方案的主要依据。

(3)立项审批阶段。

该阶段的主要任务是完成项目立项和审批。该阶段工作的目标是确定项目决策,编制项目任务书。

（4）土地使用权获取阶段。

该阶段的主要任务是完成项目用地的获取工作，其中的拆迁工作是各方利益最容易出现争端的环节。

（5）勘察设计阶段。

该阶段的任务依次包括项目初步设计、技术设计和施工图设计，主要依据立项审批阶段所编制的项目任务书进行具体安排和设计，达到预定的技术要求、经济要求、环境要求。该阶段的目标是设计城市更新项目的施工图纸。

（6）施工阶段。

该阶段的主要任务是完成整个项目的土建和设备安装工作。

（7）使用运营阶段。

该阶段是项目验收后的投入使用阶段，旨在达到项目建议书阶段的设计目标，从而创造经济效益、社会效益和环境效益。

城市更新项目全寿命期阶段划分如图5.5所示。

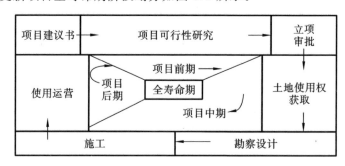

图5.5　城市更新项目全寿命期阶段划分

2.城市更新项目各阶段中公众参与

通过上文的论述可知，城市更新可以划分为七个具体的阶段。这七个阶段覆盖了城市更新的全过程。结合城市更新中公众参与的特点，为便于开展公众参与工作、顺利引导公众参与实施，可以将上述七个阶段简化概括为四个阶段，分别为概念阶段、设计阶段、实施阶段和项目后评价阶段。城市更新是一项长期的工程，由一系列的更新工程组成，始末时间点不一。每项工程依据此流程开展公众参与，便可有序完成城市更新项目。在各个阶段中，公众参与流程的具体设计如下。

（1）在概念阶段，政府可以提前征询公众关于城市改造的建设意愿和建设建议，之后基于社会总体利益的考虑，同时结合已征询得到的公众的意愿表达，制定城市改造的整体建设蓝图，并将建设蓝图及时公示，进一步征询公众的建议与看法,从而做到将城市更新这一密切关系公众生活的决策的部分权利交给公众。媒体宣传使公众了解城市更新的最新规划动向及城市更新的相关情况。公众参与团体由随机抽样或社区选举代表的方式形成,与规划部门就城市改造过程进行详细座谈。规划部门基于此并结合自身掌握的相关情况,设计符合公众利益诉求的城市更新的规划蓝图,以备进一步论证和供公众比选。在融资方面,政府也应充分考虑公众参与的方式,拓宽融资方式,可以有效避免政府财力不足导致的城市更新工程推进迟缓的问题。政府可以根据工程的具体情况,结合公众参与、公众决策的方式,广泛吸纳社会资金,鼓励社会资金积极参与城市更新工程。为此,政府可以给予参与城市更新的企业以税收优惠或财政扶持。在此过程中,政府要及时公示城市更新项目的最新进展与实际情况,与公众进行良好的互动,从而得到公众的广泛支持。

城市更新是一项技术复杂、投资巨大、融资模式创新、涉及多方利益主体、对城市发展与人民生活影响深远的工程。因此,想要使公众有效地参与、科学地决策,政府部门必须对参与决策的公众进行相关知识与背景的培训与指导。经过必要的培训之后,相关专家、各方参与主体便可进行深入的座谈,对备选方案进行逐步论证。在此过程中充分地征询公众的建议,并进行科学的分析,做到尊重公众的利益诉求,并做到及时反馈,从而提高公众参与的积极性和科学性。

因此,在概念阶段,公众的参与方式可以分为以下 5 种:①成立公众咨询委员会,成员由当地居民选出并代表居民向政府机构提出对即将开展项目的建议;②开展民意调查,采用问卷或者访谈的方式获得居民的想法和建议;③成立街道规划委员会,成员来自当地居民,他们针对已经落成的更新项目提出建议;④在规划机构设立公众代表职位,选聘居民到官方机构中监督并服务;⑤成立民间流动机构,成员来自当地居民,跨地区交流经验和想法,有利于提高机构的服务质量。

(2)设计阶段是项目全寿命周期中非常重要的一个环节。它的核心是通过建立一套沟通、交流与协作的系统化管理制度,确保项目参与方之间的沟通,提高协作质量,实现项目的经济效益目标、技术效益目标和社会效益目标。项目方案设计阶段可以采取多种方式使公众参与方案的设计与比选。比如可以开展设计方案比赛,使公众充分发挥才能,切实表达公众的利益诉求;或者政府结合各方利益要求,设计出几套备选方案,让公众参与评价与比选。在评价比选的过程中,要结合多方利益诉求,从多维度对方案进行分析。比如,要考虑不同区域的地理特征、区位优势、旧区优势、城市空间的保留与利用、环境保护、经济发展、拆迁安置问题、教育资源配比等多方面因素,从而满足不同人群的需求,保持健康的社会网络结构。在各方主体开展方案比选研讨会时，要使公众、相关专家、政府部门及开发商的建议得到充分的表达，在利益碰撞中寻求一个能够平衡各方利益诉求的建设方案。在比选过程中，需要切实尊重公众的意见，尤其是在绿化率、光照、停车位等与百姓生活密切相关的决策问题上要充分聆听和尊重公众的意见。当然，对于法律法规中有明确标准的，应以法律法规为准。在比选的过程中，不能忽视对方案的技术性解读，但同时也要注意对技术性问题的解读方式。政府应采取合适的方式便于公众理解并参与决策。

总之，在设计阶段，增强公众参与的形式主要包括：①公众投票，通过电话、海报、电视等媒介宣传项目信息并邀请公众以特定的形式投票，获得公众意见；②技术支持，公众可以借鉴政府或其他非公共服务机构提供的专家意见来选择方案；③参与方案设计，公众通过一定的专业培训，将其想法或者设计想法图纸化；④听证会，由政府组织开展项目听证会，由公众对规划方案设计和目标提出赞同或者反对；⑤沙盘模拟，公众参与项目决策的沙盘模拟，可以扮演与真实角色不同的其他角色，比如担任政府代表、开发商等，从而发表见解。

（3）实施阶段是城市更新项目进行的关键时期。其中，拆迁阶段是重中之重，是最容易引起重大社会问题的阶段。为避免不良社会问题的发生，确保公众利益得到切实的保护，在拆迁阶段，政府部门应该做到及时向公众通报拆迁政策与最新的拆迁动态，使拆迁活动透明化，接受公众的监督，避免对公众利益造成损害，使公众的参与及监督落到实处，从而促进拆迁工作的顺利进行。在项目的实施过程中，公众应当予以积极负责的监督，对政府的管理与企业的开发活动进行有效的监督。对此，政府应该为公众的监督开辟渠道，使公众能够真正有效地参与，比如选聘居民到公共部门工作，开展技能培训，提高公众的专业能力和决策水平，从而提高公众参与质量。政府应该对参与监督的公众代表进行适当的建设工程基本知识的培训，为公众科学参与提供基础；同时，政府为公众的有效监督创造可能，使公众代表能够到现场进行监督。

（4）项目后评价阶段即在项目竣工验收且运行一段时间之后，政府部门组织各参与方及公众代表，对城市更新项目的满意度进行评价。对公众及其他各方的回馈意见进行分析从而做到及时调整，以达到更好的经济效益及社会效益。可以通过设立咨询中心和开通电话热线两种方式扩大公众参与的范围。咨询中心的工作人员负责向公众介绍和解释项目相关信息，相关领域的专家通过电话回答公众问题。

城市更新决策事关多方利益主体，唯有通过制度约束和监督，才能保证每个利益主体都能充分享受城市更新的成果。城市更新决策的制度化,意味着明确规定决策的权力分配、决策程序、决策规则和决策方式。在明确了城市更新规划的本质及目标内涵,界定好相应治理主体权利关系的基础上,需要对传统的城市更新规划工作流程进行针对性的调整,在各个环节落实治理的要求,搭建一个沟通、协商、合作的规划工作平台。城市更新项目各阶段公众参与情况见图 5.6。

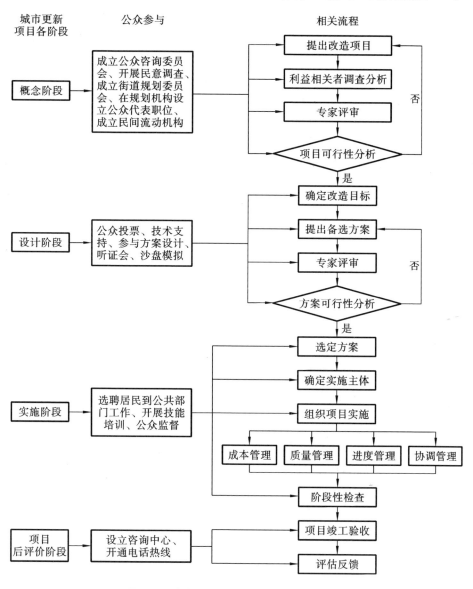

图 5.6　城市更新项目各阶段公众参与情况

105

城市更新需要的是一个公开、透明的过程。城市更新是一个多角度、多层次的参与过程。在实施过程中,公众所代表的外部环境的约束,需在实施的各个阶段有所体现。另一方面,城市更新过程中的每一个阶段都是多方参与的,包括政府机关、咨询单位、开发商、专家、居民等。最终的决策方案是经过多方充分协调、商议、磨合等形成的,能够最大限度满足经济效益、社会效益、环境效益的城市更新项目方案。

5.5.4 城市更新项目中公众参与动态交互决策流程设计

在实行市场经济体制之前,所有的城市更新项目都是经过政府与规划部门的计划和商议后形成的。整个过程中,城市更新项目只在政府、规划部门及其他相关部门之间传递,公众无法介入。即便进入市场经济体制,该过程也仅仅纳入开发商的决策,与之关系密切的公众也无法参与其中。公众参与要求建立科学、严格的公众参与政策和体系,将公众的建议和态度通过科学的途径表达,并汲取其中有益于项目开展的意见和建议。除此之外,应当鼓励公众参与项目的每一个阶段,尤其是项目建议书阶段。这对整个项目的有效实施无疑是影响最大的。因此,建立合理有效的公众参与动态交互决策流程对公众参与的城市更新项目的顺利开展有着重要的实践意义。

公众参与下的城市更新项目决策,本质上是一种面向冲突解决的复杂大群体动态交互决策。最终形成的可接受决策方案,均是在大群体决策主体对多个既定备选方案不断地比较、研讨、协商和修正的基础上,最大限度地消除决策成员之间的冲突所形成的。建立一套规范的公众参与下规避冲突的动态交互决策流程,就是将冲突测度与冲突协调有机结合,实现两者最大限度的耦合,以此保证各阶段形成冲突性最小的方案簇。具体动态交互决策流程描述如下。

根据城市更新项目的四个阶段设计公众参与程序,设计包括多属性决策指标体系与意见改进在内的问卷调查方案。采用集传统问卷调查、听证会、现代社交网络等多种方式为一体的公众参与形式,发放问卷、搜集信息。在此基础上,构建公众参与下城市更新项目决策冲突测度模型,通过量化大群体决策的冲突度,反映冲突水平的高低,并将其作为方案可行性的判断依据。充分利用建设性意见,设计若干冲突协调策略,结合决策冲突性特点,有针对性地制定具体的优化方案、协调方法和协调程序等。最后,构建冲突协调仿真模型,预测各种冲突协调策略可能产生的效果,选择冲突化解的最佳方案。

公众参与的城市更新项目中的复杂大群体动态交互决策流程如图 5.7 所示。

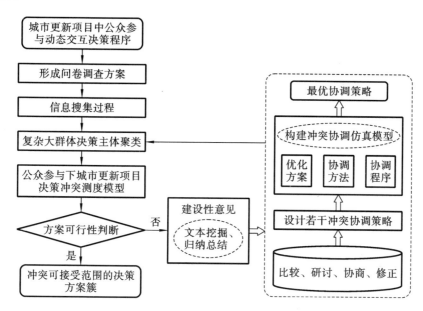

图 5.7　公众参与的城市更新项目中的复杂大群体动态交互决策流程

公众参与的城市更新项目中的复杂大群体动态交互决策流程分为两个阶段：第一阶段，通过收集公众参与的评价信息对城市更新项目各方案进行审核，对严重不合格的方案进行剔除，对不达标的方案进行修改，其中充分利用了参与者的评价信息及其意愿；第二阶段，对通过审核的方案进行公众参与下的评选，对参与公众之间的不同利益冲突进行聚类并在小组内部进行协调，在满足一定评价标准的条件下，得到满意度较高的最优方案。动态交互决策方法体系主要包括动态交互流程以及动态交互决策模型。动态交互决策模型建立在动态交互流程的基础上，动态交互流程体现在动态交互决策模型中，二者密不可分。

第 6 章　公园城市理念下城市更新的评估体系

6.1　城市更新项目的评价方法

6.1.1　评价的理论基础和主要方法

1. 城市更新项目评价的特征

(1)评价主体的多元性。

由于城市更新涉及居民、开发商和政府的相关利益,为保证规划评价的科学性,必须吸收具有广泛代表性的人员参与,以使各方面的利益都能得到反映。只有权衡了各方的价值意愿,评价才可能符合公平、合理的原则。其中,政府、开发商、公众、规划师是主要的参与者。

①政府。

在我国,政府在城市更新中处于主导地位,是政策的制定者和实施者。政府虽然在城市更新的项目中不一定承担设计任务,但是作为项目的委托方或审定者,对实现既定的发展目标负有责任。

②开发商。

对于城市整体而言,城市更新应当兼顾经济效益、社会效益和环境效益,往往与开发商的目标产生较大冲突。因此在城市更新过程中与开发商保持沟通和交流,能够更好地控制和引导城市更新项目的实施。

③公众。

公众习惯于被动地接受项目策划及设计的结果。随着民主制度的推进和公众参与技术的发展,公众已经开始关心城市变化,并逐渐参与到城市更新的过程中。

④规划师。

在城市更新规划方案的设计过程中,规划师经常扮演着多重角色,诸如分析者、项目的管理者、研究者,这些角色要求规划师必须掌握综合知识和专业知识。另外,规划师必须协调不同主体之间的沟通,既要满足政府的要求,又要听取公众的意见,同时还要遵循职业道德。

(2)评价的层次性。

城市更新项目从立项、拆迁到实施的周期较长,加之设计阶段、实施阶段以及项目后评价阶段的侧重点各有不同,因此将城市更新的评价分为三个层次。

第一层次是对规划方案本身及其过程的评价,涉及的内容一般包括城市更新的目标是否明确、完整,在经济上是否可行,是否同时兼顾了社会效益和环境效益,以及在实施方面政策支持的力度等。由于城市更新的目标不同,在不同地区,这一层次涉及的内容也有所不同。

第二层次是对城市更新计划实施的评价,涉及的内容包括项目实施情况与规划方案的出入程度,对原居民的安置情况,改建区内城市景观的改变状况,居民对改建计划的认可程度等。

第三层次是对城市更新带来的长远影响的评价,主要涉及城市更新计划实施5～10年内各要素的稳定情况,包括城市文脉的延续性、附近居民以及拆迁居民的社会归属感、项目对于周边地块的经济影响等问题。由于涉及的时间段较长、范围较广,这一阶段评价要求基础资料完备,必须参考各方面的统计数据。

2. 主要评价方法

城市更新项目的评价方法,有些来自社会学领域,有些来自经济学领域和政策分析领域。尽管每种方法或理论都有其局限性,但是它们的基本概念仍然值得肯定和借鉴。

(1)成本效益法(cost-benefit analysis)。将规划中的成本和收益分别量化,尤其要对非市场交易的无形成本加以量化。只有明确成本后,方可通过成本控制来解决规划项目的实施成本问题。

该评价方法操作步骤如下:首先,确定规划实施影响的范围,归纳城市建设的成本和收益的主要影响因素;然后,量化成本和收益,二者都包括直接、间接和无形的部分;最后,通过数据分析收益与成本的比值及回收期。

(2)德尔菲法(Delphi method)。兰德公司于1946年推出的德尔菲法是用于预测和解决复杂问题的一种技术。它是一种定性分析方法,主要通过问卷的形式进行较为正规的集体调查,一般采用格式化的调查问卷,并在某一调查组织者的直接引导下进行。德尔菲法被认为是一种引导多元化的专家群体共同讨论涉及多方面复杂问题的有效方法。

6.1.2　城市更新项目评价框架

通过上述对城市更新理论和实践的梳理以及对评价特征的分析,初步建立针对城市更新项目经济、社会以及环境三要素平衡的多元化、多层次的评价框架。城市更新是对错综复杂的城市问题进行纠正的全面计划,涵盖的内容十分广泛。旧城改造是我国最具代表性的城市更新活动。因此,为保证评价框架更具针对性,在选取评价因子时以旧城改造涉及的因子为主(见图6.1)。

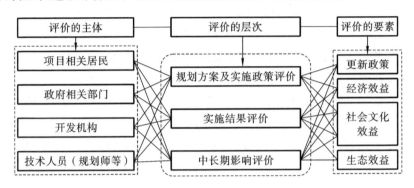

图 6.1　城市更新项目的实施框架

1. 规划方案及其实施评价

(1)更新政策评价。

评价的主体可以是研究机构或政府的政策研究部门;评价内容包括对宏观政策的评价(即城市更新的目标是否明确、完整等),以及对于该项目的税收优惠政策、拆迁补偿政策、居民安置政策的预期实施效果评价。

(2)经济效益评价。

经济效益是衡量城市更新方案是否具有市场可行性的主要标准。城市更新的模式不同,投资的主体也有所不同。我国城市更新的投资主体主要包括政府、政府下属的开发公司、外资等。

评价的方法主要是成本效益法;评价的主体可以是政府、专业咨询机构或规划设计单位;评价的指标主要选取与地价相关的各类经济指标以及拆迁补偿指标。通过成本与收益的比较,可得到方案的经济可行性结论(见表6.1、表6.2)。

表 6.1　方案的建设成本估算

地块编号	地块性质	地块总面积/m²	基础设计建设费/元	绿化造价/元	拆迁补偿费/元	土地出让费/元	土建安装费/元	开发商运营费/元	配套设施费/元	税收优惠/元

表 6.2　方案的规划预期收益计算方法

地块编号	地块性质	地块总面积/m²	容积率	规划建筑面积/m²	总预期市场售价/元

（3）社会文化效益评价。

以社会评价标准反映和比较人的需求满足程度与生活品质的高低,已得到社会越来越多的认可。城市更新项目在社会文化方面最具吸引力的本质及特征因素往往是不易度量的,与特定的时间、场合以及评价者的主观判断密切相关。因此,城市更新方案的社会文化效益评价主要是从使用者角度进行的主观性评价(表 6.3)。评价过程如下:首先,建立评价的目标体系;然后,利用目标达成矩阵法确定评价因子及其权重(表 6.4);最后是问卷调查和整理,对专家进行问卷调查(可采用德尔菲法对方案分别打分),并由研究组统一整理评价结果(表 6.5)。

表 6.3　社会文化效益评价的主要因子

文化性	与周边区域的协调
	社会网络的延续
	历史文化遗产保护
	文化活动
可达性	服务半径
	交通衔接
	指引标识
舒适性	建筑风格协调
	景观可亲近
	尺度宜人
社会公平	拆迁安置
	公共服务设施配套
	居民对拆迁的认可度

表 6.4　目标达成矩阵决定权重

	目标一	目标二	目标三	总得分
因子一	++	++	+	++++
因子二	−	0	+	0

113

续表

	目标一	目标二	目标三	总得分
因子三	＋	－－	＋	0

注:①＋＋为能十分有效达到目标;＋为能有效达到目标;0为与达到目标无关;

②－－为对达到目标有一定的阻碍;－为对达到目标有很大阻碍;

③横向为目标,纵向为选择因子,根据最终得分选取评价因子并确定其权重。

表 6.5　城市更新方案的社会文化效益比较

	方案 A1	方案 A2	方案 A3
因子一	＋＋	＋＋	＋＋
因子二	＋	＋＋	＋＋
因子三	＋＋	－	＋
因子四	＋＋	－	＋

注:①＋＋为能十分有效达到目标;＋为能有效达到目标;0为与达到目标无关;

②－－为对达到目标有一定的阻碍;－为对达到目标有很大阻碍。

(4)生态效益评价。

生态效益是指生态环境中的各物质要素在满足人类社会生产和生活过程中所发挥的作用。生态系统比较复杂,因此本节所界定的生态效益评价为定量与定性相结合的评价,评价主体为设计者或专业评价机构。本节在选取评价因子时,借鉴了同济大学朱锡金教授于1997年提出的"自然度"概念中所包含的部分因子,具体如表6.6所示。

表 6.6　生态效益评价的主要因子

水	水体的洁净度
	水岸处理
	水声与水形
植物	绿化率
	植被多样性
	植被区域性
	绿量
土壤与填挖方	
日照指标	
噪声处理	

续表

生态廊道和基质	
交错地带的处理	

　　评价过程如下。首先,计算可量化的指标,主要包括绿化率、绿量、填挖方、日照指标等。不同于环境生态学上严格的计算,对于生态效益的评价根据城市规划自身的特点及规划指标只进行粗略计算,以求在总体上满足方案比较的要求。然后确定定量指标和定性指标的权重。这一过程与社会文化效益的权重过程相似。最后进行问卷调查和整理。同样可采用德尔菲法让评价者对方案分别打分(定量指标为实际值,因此主要对定性指标进行打分),最后由研究组统一整理评价的结果。

2. 城市更新计划实施的评价

　　城市更新计划的成功实施需要有力的政策支持以及综合考量各种规划方案的效益,而各相关主体的价值观、沟通交流及政策执行力度会对城市更新计划实施产生重要影响。我国在城市更新中出现的问题大都在此阶段形成,因此这一阶段评价可称得上是政府、原居民、开发商等相关主体相互监督的过程。

　　从我国城市更新的实践来看,对于城市更新计划实施的评价主要考虑经济效果、拆迁安置情况、规划管理情况和历史文脉影响等,虽然在方式、方法上与规划方案及其实施评价类似,但是指标的选取则主要从城市更新引发的问题的角度出发,评价也更具有实际的参考价值(表 6.7)。同时,也不能简单地根据实施结果是否与方案一致来评判规划实施的成败。

表 6.7　城市更新计划实施的评价因子

经济效果	土地利用情况(是否存在土地闲置等投机情况)
	各类物业的收益及实际使用效率(商业的品牌入住率、商品房的销售状况)
	外部经济效益
拆迁安置情况	外迁居民工作生活便利程度
	补偿安置标准的满意度
	公共服务设施的配套程度
	拆迁安置住房的质量
	拆迁过程的合理性(是否强制拆迁等)

规划管理情况	一书两证审批过程中刚性指标的突破情况(容积率、公共绿地、配套设施等)
	方案设计中软性指标的控制情况(建筑立面、色彩、形式等)
	违章建设的处罚力度
	改造完成后的物业管理情况
	施工过程对周边居民的影响情况
历史文脉影响	居民的归属感和社会网络情况(包括搬迁居民和周边居民)
	对于文物及历史街区的保护情况
	城市肌理是否延续

3. 远期影响的评价

需要进一步指出的是,远期影响的评价应建立在对整个城市更新计划分阶段的跟踪调查以及建设档案的收集与归纳的基础之上。通过对整个项目的回顾,可发现更多问题及解决方法,从而为以后的城市更新计划提供更多的参考。

综上所述,城市更新项目的评价是一项系统工程,不仅需要建立完善的评价体系,健全相关的规划审批制度,而且需要设计阶段到实施阶段各个主体的相互协作。城市更新的评价应当着眼于长期的要素平衡,促进经济、资源环境与社会需求三者协调发展。

6.1.3　参考《公园城市评价标准》

《公园城市评价标准》(T/CHSLA 50008—2021)(以下简称《标准》)由中国风景园林学会组织制定,于 2021 年 10 月正式颁布,2022 年 3 月实施。

为深入贯彻落实习近平总书记 2018 年提出的公园城市理念,引导各地规范有序推进公园城市建设,中国风景园林学会于 2019 年率先立项制定《标准》。《标准》明确了公园城市的内涵和建设重点,构建了公园城市评价指标体系并设置三个评价等级,以期通过指标指引公园城市建设的重点内容、通过等级评价指导各地根据其自然资源与社会经济实力,合理设定公园城市建设的阶段性目标,量力而行、尽力而为,循序渐进实现公园城市美好愿景。

《标准》围绕公园城市建设主要内容和重要目标构建了完整的分级分类指标体系,具有普适性、差异性、前瞻性、实用性等特点,并体现了四大创新:一是理念创新,引导城市尊重自然、保护自然、顺应自然,并基于自然资源禀赋科学规划、合理建设、绿色高质量发展;二是机制创新,建立人、城、园三元互动平衡、和谐共生共荣的发展机制;三是模式创新,因地制宜地采取"公园+"或"+公园"的精准模式;四是治理创新,构建"规划、建设、治理"全过程评价体系。

《标准》的主要功能:一是贯彻落实国家大政方针,提供践行习总书记公园城市理念的理论支撑和技术指引;二是引领行业创新可持续发展,强调了绿色生态空间在国土空间规划中的基础性、前置性要素地位;三是给各地城市一把"尺子",通过对标评价、摸清家底,基于《标准》指引有序推进公园城市建设,促进城市螺旋式提升,最终实现人、城、园和谐共生、永续发展的终极目标。

《标准》主要内容包括:总则、术语、基本规定、评价内容及计算方法、等级评价五个部分。

《标准》作为首部面向全国的具有普适性、可操作性的评价标准,解决了在新时代背景下公园城市规划、设计、建设和治理过程中所面临的发展目标不明确、实施路径不清晰等重要问题。当前公园城市建设已逐渐成为各地推进城市高质量发展的重要抓手,《标准》的实施将对各地建设高质量可持续发展的现代化城市、打造美丽宜居魅力家园提供决策依据与方法指引。

围绕人、城、园三元素,按照"规划—建设—治理"全生命周期统筹的逻辑,《标准》提出了 7 个重点建设目标,并且围绕 7 个目标分类设置了指标,如图 6.2 所示。在具体指标选择上,一是对接国家大政方针与未来发展目标,在与现行相关标准规范、政策文件充分衔接的基础上,体现先进性;二是注重与国际经验的同步接轨,确保前瞻性;三是基于对地方实践探索的总结、凝练,体现创新性和可实施性。

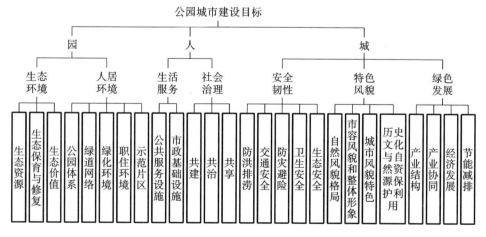

图 6.2　7 个重点建设目标

"生态环境"版块从生态资源、生态保育与修复、生态价值3个方面构建指标体系,旨在引导基于生态资源禀赋和环境质量的摸底评估,以终为始,以生态价值转化和提升为目标,明确生态保育与修复的内容、空间分布和实施优先序;"人居环境"版块聚焦于为百姓营造健康舒适、美丽宜居的生活与工作环境,主要从公园体系、绿道网络、绿化环境、职住环境和示范片区5个方面构建指标体系。

"生活服务"版块聚焦于百姓上学难、看病难、出行难、停车难、买菜难、运动难等民生问题,从公共服务设施和市政基础设施构建指标体系。"社会治理"版块以构建和谐善治社会为终极目标,落实国家治理能力现代化的战略要求,从共建、共治、共享3个方面设置指标体系。

"安全韧性"版块从防洪排涝、交通安全、防灾避险、卫生安全、生态安全维度评价城市对突发事件的抵御能力与灾后自我恢复能力;"特色风貌"版块则旨在引导各地城市内外兼修,在城市规划建设和管理全过程中注重城市个性特色的彰显、历史文化的保护与传承,着重强化城市个性与地域特色,突出历史人文内涵和时代特色风貌,围绕自然风貌格局、市容风貌和整体形象、城市风貌特色、历史文化与自然资源保护利用4个方面构建指标体系;"绿色发展"版块围绕产业结构、产业协同、经济发展、节能减排构建指标体系,引导城市走高效、绿色、低碳、循环、可持续发展道路。

《标准》借鉴中共中央、国务院批复的《河北雄安新区规划纲要》,设置"蓝绿空间占比",引导各地城市强化对各类绿地、水域等生态空间、生态要素和生态资源的统一保护。针对全国各地普遍存在乡土植物推广应用不足的现状,首次提出"园林绿化工程项目中乡土植物苗木使用率"指标,以引导各地园林绿化等主管部门将生物多样性保护落到实处,确保乡土植物苗木本地生产、就近保障供应。基于对成都等地实践探索的总结分析,设置"公园化生活街区示范区""公园化功能区示范区"等独创指标,引导城市由点到面,逐步推广践行公园城市理念,实现高质量可持续发展宗旨目标。

为使《标准》对各地公园城市建设具有普遍指导意义,编制组充分考虑不同地区、不同城市的气候条件、自然资源、社会经济水平等的差异性,将公园城市评价指标分为基础项和引导项两类。基础项为必须评价的内容,是公园城市应满足的底线要求;引导项为指引未来发展和提升方向的内容,引导各地实现更高的目标,并且突出地域特色和城市个性。

《标准》将公园城市建设目标设置为初现级、基本建成级、全面建成级,主要考虑公园城市是城市发展的终极目标,不是一蹴而就的。各地城市可通过对标自评,摸清家底,清楚地了解自身处于什么样的层级水平,再根据其自然资源与社会经济实力,合理设定公园城市建设的阶段性目标,量力而行、尽力而为。不同等级公园城市的评价内容相同,但针对不同层级的同一评价指标,其类型定位和目标值则不尽相同。总体而言,随着等级升高,建设内容与要求也越来越高,基础项的数量递增,引导项则递减;对于各等级评价中基本定位不变的指标,随着等级升高其阈值有所提高。

在充分考虑数据资料可获取的前提下,与"园"(大自然)密切相关的生态类指标,如"耕地与永久基本农田管控""林木覆盖率""生态保护红线管控"等,以市域为评价范围,聚焦构建城乡一体化的大生态格局,保护山水林田湖草生命共同体;与"人""城"密切相关的指标"公园绿地服务半径覆盖率""园林式居住区比例",则突出人本性和城市建设治理需求,以城市建成区或城镇开发边界为评价范围。

关于评价阈值,多方参考借鉴国内现行政策和相关行业技术标准规范中普遍认可的评价标准值,本着三个基本原则确定:一是评价数值有依据,增强权威性;二是体现公园城市的高质量高要求,并与"十四五"规划、2035 年远景目标等规划发展目标相衔接;三是源于成都等先行先试地区的实践探索及研究,保障可实施性。

采用定量和定性评价相结合的评价方式。资料核查内容包括卫星或航空遥感影像、统计资料;涉及专家评分的指标,明确要求专家组成员均不少于 5 人,且包含所有相关专业;与满意度密切相关的指标,《标准》提供了调查问卷样例,供各地参照执行。

国外城市规划建设重视可持续发展理念,重视生态环境、人居环境保护和功能提升,重视"人"在城市规划建设中的重要作用,提出了"国家公园城市""花园城市""自然中的城市"建设目标与路径,并将这些理念融入城市规划建设发展目标和指标体系。《标准》在编制过程中,充分借鉴、吸纳国际经验,将生态保护与修复、公共资源的公平共享、公众参与等思想纳入标准评价指标,确保了标准内容的前瞻性和先进性,并形成了可用于指导中国城市实践的标准化文件。

《标准》在制定过程中,虽然借鉴吸收了部分先行先试城市的实践经验,但相关指标和阈值仍然需要更多城市在公园城市建设实践过程中予以检验。通过标准实施,摸清不同地区、不同经济水平的城市开展公园城市建设的各项指标底

数、未来发展目标等,以实践经验优化标准提出的指标和阈值。编制组也将结合《标准》在各地公园城市建设中的贯彻实施情况不断修订完善,使《标准》成为公园城市建设规划和实施方案制定、实施成效评估与实施路径调整完善等的理论与技术支撑,为各地建设高质量可持续发展的公园城市、打造美丽宜居魅力家园提供决策依据与方法指引。

6.2 城市更新规划中的体检评估

6.2.1 《国土空间规划城市体检评估规程》的出台

规划实施评估是城市规划建设管理中的重要环节,经历了从早期实践探索到逐步确立制度的过程。党的十八大以来,中央对健全规划实施评估制度提出新的、更明确的要求。在国家层面,随着我国规划建设管理体制改革的深入,自然资源部、住房和城乡建设部基于不同的工作侧重点分别在全国组织开展了城市体检评估工作。2019 年 5 月,中共中央、国务院印发《关于建立国土空间规划体系并监督实施的若干意见》(以下简称《意见》),明确提出建立健全国土空间规划动态监测评估预警和实施监管机制。自然资源部采取"边编边试"的方式,组织编制行业标准《国土空间规划城市体检评估规程》(以下简称《规程》)并于 2021 年 6 月发布,完成了国土空间规划城市体检评估的建章立制工作。与此同时,住房和城乡建设部以评估城市建设和运行为重点,在全国开展城市体检的试点工作。

6.2.2 城市体检评估中公园城市理念的体现

(1)生态文明理念彰显与落实。

围绕生态文明背景的高质量发展,强化自然基底和自然地理格局,分析耕地和永久基本农田、生态保护红线、城镇开发边界等底线管控,统筹协调农业、城镇和生态,优化国土空间格局。

(2)以人为本价值理念落实。

以人民为中心,提升国土空间品质和价值,满足人民对美好生活的向往。一是强化专题研究及人口普查成果运用,摸清人口规模、结构、空间分布、流动关系以及设施配置等情况;二是公众全过程参与,完善公众意见的表达机制;三是注重人的切身感受,注重城市物质空间形态的同时,更加关注人的切身感受。

（3）国土空间治理效能价值理念落实。

强化风险识别与管控,应对风险加剧和不确定因素挑战,向治理型规划转变,应完善与提升规划设计管理理念,区域协同发展,从而优化社会治理能力。

6.2.3　城市体检评估的体系构建

《规程》提出三个层级治理、三个方面体检、六个维度指标、六个核心内容、五个关键附件、多维诊断方法的体检评估体系,确定了工作的基本框架(见图 6.3)。

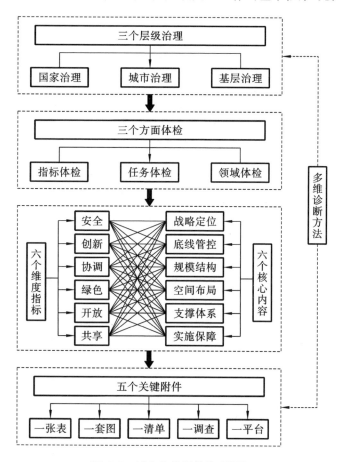

图 6.3　城市体检评估体系框架

1. 提出三个层级治理:国家治理、城市治理、基层治理

城市体检评估的内容要回应各方治理的关切,方能为各方所用(见表 6.8)。

按照一级政府、一级规划、一级体检、一级事权的原则,在国家治理层面,聚焦国家战略,评估区域协同、城市发展目标、底线管控、资源使用效益、规划传导等工作的落实情况;在城市治理层面,聚焦总体规划实施过程中的民生问题、支撑体系、城市品质、政策保障等内容;在基层治理层面,通过将工作下沉到街道社区,开展调查分析,关注人民群众感受,聚焦街区治理的短板和市民的真实需求,提升规划建设与居民实际需求的契合度。

表 6.8 三个层级治理的重点

	治理内容	国家治理重点	城市治理重点	基层治理重点
1.战略定位	1.1 实施国家和区域重大战略	●	●	—
	1.2 落实城市发展目标	●	●	—
	1.3 强化城市主要职能	●	●	—
	1.4 优化调整城市功能	●	●	—
2.底线管控	2.1 耕地和永久基本农田	●	●	—
	2.2 生态保护红线	●	●	—
	2.3 城镇开发边界	●	●	—
	2.4 地质洪涝灾害	●	●	—
	2.5 历史文化遗产保护	●	●	—
	2.6 全域约束性自然资源保护(包含山水林田湖草沙海全要素)目标落实	●	●	—
3.规模结构	3.1 优化人口、就业、用地和建筑的规模、结构和布局	—	●	—
	3.2 提升土地使用效益	●	●	—
	3.3 推进城市更新	—	●	●
4.空间布局	4.1 区域协同	●	●	—
	4.2 城乡统筹	—	●	—
	4.3 产城融合	—	●	—
	4.4 分区发展	—	●	—
	4.5 重点和薄弱地区建设	—	●	—

续表

	治理内容	国家治理重点	城市治理重点	基层治理重点
5.支撑体系	5.1 生态环境	●	●	●
	5.2 住房保障	—	●	●
	5.3 公共服务	—	●	●
	5.4 综合交通	—	●	●
	5.5 市政公用设施	—	●	●
	5.6 城市安全韧性	—	●	●
	5.7 城市空间品质	—	●	●
6.实施保障	6.1 行动计划	—	●	—
	6.2 执法督察	●	●	—
	6.3 政策机制保障	—	●	—
	6.4 信息化平台建设	●	●	—
	6.5 落实总体规划的详细规划、相关专项规划及下层次县级或乡镇级总体规划的编制、实施	●	●	—

注:"●"为本层级治理重点;"—"为非本层级治理重点。

2. 提出三个方面体检:指标体检、任务体检、领域体检

《规程》提出了对六个维度指标和六个核心内容的体检,同时在附录 C 要求梳理重点任务完成清单,在实践探索中已形成较为稳定的三个方面体检:指标体检、任务体检、领域体检。

(1)指标体检:刚弹兼顾、动态监测。

指标体系是各城市开展体检评估工作的重要抓手。《规程》围绕安全、创新、协调、绿色、开放、共享六个维度,提出包含 6 个一级类别、23 个二级类别和 122 项指标的城市体检评估指标库。各城市体检评估指标体系由基本指标、推荐指标和自选指标构成。基本指标和推荐指标均来自《规程》指标库。基本指标是与国土空间规划紧密关联的底线、用地、设施、管理类指标,为必选项。在基本指标的基础上,可结合本地发展阶段选择推荐指标,也可另行增设与时空紧密关联、体现质量、效率、结构和品质的自选指标(见图 6.4)。通过"规定动作＋自选动作",既突出中央统一底线管控,也具有较好的地方适应性。

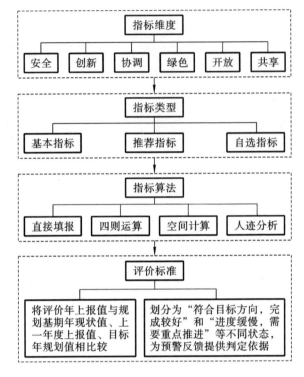

图 6.4 城市体检评估指标体系及其评价

指标体检监测指标的实施情况,分类评价年度指标的完成情况,对与规划导向不一致的指标进行及时预警,并探究原因。在实践中,值得注意的是避免"唯指标论",即将体检工作重心放在年度指标是否达标的绩效考核上,而忽略对数据变化背后的作用机理的探究。同时,规划目标的实现也是一个动态过程。年度体检不仅应关注当年指标达标与否,还应结合领域体检的专题研究综合判断变化趋势,建立动态反馈机制,加强对规划实施过程的路径指导和弹性调控。

(2)任务体检:清单管理、实施督察。

对总体规划任务进行分解,并且每年开展任务体检,是对总体规划编制、实施的重大改革创新。总体规划获得批复后,按照内容全覆盖、任务可量化可考核的原则,将总体规划近期实施工作分解成规划编制、重大项目、专项行动、政策法规等任务,明确实施主体、任务和时限要求。每年按照时序要求有计划有步骤地推进,并开展实施督察,大大增强了总体规划的实施性和权威性。

(3)领域体检:衔接规划、面向应用。

常态化的年度体检是"有限的体检",每年有侧重,不能追求大而全,避免承受不能承受之重,最终难以坚持的情况。领域体检与总体规划编制主要内容衔接,以总体规划文本为基础,对内容进行高度整合,不求面面俱到,形成《规程》所确定的战略定位、底线管控、规模结构、空间布局、支撑体系和实施保障等核心领域,按照"主要成效—问题挑战—政策建议"的结构进行专项分析,每年结合当年特点适当增减。

领域体检的核心内容和指标体检的六个维度指标之间不是一一对应的关系,更多表现为一对多或多对一的关系。领域体检中的一个综合性判断,往往需要多指标交叉分析或指标体系外的数据分析来说明。领域体检的核心内容的设置是建议性框架。政府可结合每年重难点工作任务,对框架或每个领域的具体分析内容适当调整,让体检评估真正成为政府治理城市的抓手。而六个维度指标体系框架相对稳定。长期收集积累指标,逐级汇总之后便于国家掌握全国城市宏观运行情况和开展横向比较。

3. 提出五个关键附件:一张表、一套图、一清单、一调查、一平台

城市体检评估成果体系包括"1＋5＋N","1"即 1 个体检总报告,以领域体检为基础形成的文本,"5"是"五个一"的成果附件,"N"是若干个专题报告。"五个一"中指标体系"一张表"分析全部体检指标实施进展,空间发展"一套图"分圈层研判"人、地、房、业"核心要素可视化变化情况,重点任务"一清单"详解近期重点任务完成进度,居民满意度"一调查"获取居民对总体规划实施和城市工作的年度评价,体检大数据"一平台"形成多源数据互为支撑、互为补充、互为校验的"体检一张图"数据信息库。

6.2.4　城市体检评估的多维诊断方法

面对日益庞杂的城市巨系统和瞬息万变的信息流,城市体检评估应注重新技术和新方法的综合运用,采取多层次多维度、全要素多主体、重思辨可验证的技术方法,确保体检评估结论科学合理。

1. 整体分析和局部透视相结合

市级城市体检评估以评价市级、区级实施状态为主,按照"分区、分级、分类、分项"思路,分析各类空间要素的规模、结构、布局、效益等情况;同时将关键指标、设施建设和实施任务下沉至街道(乡镇)和社区,建立面向街区生态的城市中微观尺度体检诊断技术,详细剖析各类要素、设施的布局均衡性、服务基层生活

有效性、资源利用高效性。针对某一特定地区（如重点功能区、产业园区、城乡接合部、区域跨界地区），可开展专项问题的深入分析，将全市整体分析和局部地区透视相结合。

2. 传统数据和时空大数据相结合

传统数据具有权威性，时空大数据具有空间统计灵活性、实时性、连续性，甚至唯一性的特点。应有效整合多源数据，以空间坐标为基底，结合区域—市域—区—街道（乡镇）—社区（村）等不同尺度，建立数据空间标准化和多尺度融合处理算法，汇入基础信息库。从数据空间尺度关联、多维统一口径、时序连贯可比等方面，对国土空间法定数据、统计调查数据和时空大数据实现有效融合，深化完善多尺度、多维数据融合关键技术。多源数据相互比照、相互校验可以对同一个问题进行更为综合客观的分析，使体检评估结论更具权威性，如分析人口规模，可以用统计数据、手机信令数据，以及居民用水数据、用电数据进行综合判断。

3. 单要素特征描述和多要素交叉分析相结合

城市发展中的问题相互关联、互为因果。对单要素的趋势性分析往往不能得出科学全面的判断，考察多要素之间的互动关系、匹配性、协调性更为重要。人、地、房、产、业、绿、水、能、流、钱等多要素交叉分析有利于深入挖掘城市发展面临的不平衡、不协调和不可持续的问题及其原因。

4. 纵向历史分析和横向城市比较相结合

城市体检评估指标和发展特征分析基于历史维度、横向比较和发展阶段，以有利于准确评价城市发展状态。年度体检以评价一年的变化为主，但针对一些基础性要素的分析，可以观察更长时间周期的变化。在横向城市比较方面，选择在城市规模、性质等方面相近的城市开展比较研究，并考虑不同的发展阶段和政策、文化环境。

5. 案例解析和实施环境分析相结合

城市体检评估过程中，除了全局数据分析，更需要针对体检评估中反映出的一些涉及面广、难度大、需要大力改革创新的领域进行典型案例解析，挖掘问题背后的机理，寻求解决问题的深层路径。存量更新的瓶颈主要体现在制度政策、标准规范、审批流程上。利用城市体检评估工作平台上报,建立市级协调机制,推动有关政策的出台。

6. 客观评估和主观评价相结合

将数理分析的客观评估与居民的主观评价相结合,找到契合点和差异点,修正体检结论,体现人本关怀。这种主客观比较分析有利于掌握居民需求和城市治理之间的匹配度,提升规划建设服务居民实际需求的能力。

第7章 公园城市理念下城市更新的关键议题

7.1 旧城更新与旧城保护

中国正处在快速的城市化进程中,城市更新不可避免。但中国又是一个具有悠久历史的文明古国,很多城市都拥有极富历史文化价值的历史街区与建筑。在快速城市化的背景下,这些城市普遍面临着大规模旧城改造与历史文化保护的尖锐冲突。如何处理好"保护"与"发展"的关系已成为当前旧城更新亟待解决的问题。

7.1.1 旧城更新与旧城保护的基本概念

1.旧城更新

旧城更新是城市的一种自我调节和自我完善的功能,目的是综合解决城市发展问题,满足居住者的物质、精神、文化、环境的各种需要,维护城市生态平衡,实现城市的可持续发展。

2.旧城保护

旧城保护是指对城市中具有价值的历史建筑进行保护。城市中的历史街区和历史建筑是人类不可复制的文化遗产。我们作为历史遗产享用者,有义务和责任保护和延续这些人类的文明,并将其发扬光大。城市中的历史街区和历史建筑也是城市历史性文脉不可缺失的环节。它隐藏了大量的城市文明发展信息。从历史的观点看,作为人类文明遗产的继承者与受益者,对其尊重、保护和可持续利用是延续文明基因的最好方式。专业角度的介入是城市发展引领文化自觉的重要途径。

7.1.2 旧城更新的发展历程

1.旧城更新的历史背景

工业革命在带动城市快速发展的同时,也给城市带来了一系列的问题:人口密集、交通拥挤、环境恶劣、住房紧张等。两次世界大战给一些西方国家带来了巨大的创伤,许多城市遭受了毁灭性的破坏。大规模的逆城市化导致了城市中心区的逐渐衰落。为了挽救城市命运,恢复城市经济,改善城市环境,西方国家率先开展了大规模的城市更新运动。

2. 旧城更新的发展概况

在"简单性原则"为主导的科学理论的影响下,城市被简化为居住、工作、游憩和交通四大功能区。受"形体决定论"的影响,早期的城市更新普遍经历了大规模、激进式的发展阶段。城市的传统街区被大规模推倒重建,取而代之的是整齐划一的现代化住区和以汽车为主导的交通设施。然而,焕然一新的城市面貌却使人们觉得单调乏味、缺乏人性,而且还带来了大量的社会问题。对此,简·雅各布斯从社会经济学角度对大规模改造进行了尖锐的批判。她在《美国大城市的死与生》一书中提出了"多样性是城市的天性"的重要思想。她认为,大规模地推倒重建在一定程度上摧毁了有特色的建筑物、城市空间及城市文化。她主张进行不间断的小规模改建,并提出了一套保护和加强地方性邻里区的原则。著名的建筑理论家克里斯托弗·亚历山大在《城市并非树形》(1965 年)一文中,从心理学和行为学角度对城市的复杂性进行了进一步的阐述。他认为,城市并不是一个直线发展的简单的树形结构,整齐规矩的形体规划否定了现状的复杂性。此外,柯林·罗、E. F. 舒马赫、阿摩斯·拉普卜特等也都从不同立场、不同角度对大规模推倒重建的更新方式进行了严肃的思考,并不约而同地主张小规模、渐进式的改造方式。自此,西方国家的城市更新运动逐渐转向小规模、分阶段的谨慎渐进式的开发模式,强调规划应首先考虑"人的需要"和"适宜技术",重新确立人在城市中的主导地位。

与西方国家城市更新运动的开展背景有所不同,中国的城市更新始于 20 世纪 80 年代,是伴随着城市化的高速发展,对旧城的功能进行调整,对城市空间进行再利用的过程。中国的许多城市既有历史遗留的沉重负担,又有发展过程中必然出现的严重障碍。城市自身的复杂性和特殊性决定了中国的城市更新不可能跟着西方走。然而,认识的不足加上观念上的一些偏颇,中国的不少历史城市依然在走西方早期城市更新过程中推倒重建的老路。旧城更新非但没有解决原有的城市问题,反而破坏了原有城市的空间结构和社会网络,给城市带来了非常棘手的社会问题、经济问题。为此,吴良镛先生在《北京旧城与菊儿胡同》一书中,就从保护与发展的角度提出了有机更新的概念,即更新应包括改造、整治和保护三个方面的内容。旧城更新必须遵循城市发展的固有规律,以新替旧。从有机更新走向新的有机秩序,才是旧城发展的正确方向。

7.1.3　旧城更新与保护的途径及模式

与中国相比,西方国家普遍已完成城市化历程。其城市更新经验告诉我们:城市更新不仅仅是房地产开发和物质环境的更新,历史文化及邻里社会的保护同样重要。

1.旧城更新与保护的途径

保护是一种使城市和谐、持续发展的概念。旧城更新的关键是新的建设如何与城市已存在的环境统一,如何在继承和弘扬城市既有肌理与历史文化遗产的同时,赋予其新的时代精神与功能,使之适应城市当前与未来的发展。在经历大拆大建的失败后,西方国家对旧城更新采取了更加明智和审慎的态度,并在实践中逐步摸索出四种途径(4R 模式),即重建(reconstruction)、整治(rehabilitation)、开发利用(redevelopment)和整体保护(reservation)。

(1)重建。

尽管大规模推倒重建式的城市更新曾因对旧城的严重破坏而广受诟病,然而有限度地重建仍然是旧城更新的重要手段。重建模式主要应用于那些功能不适应造成土地闲置或基础功能严重损毁、已经不具有保留价值或保留条件的城市地区或建筑单体。重建的目的是去旧立新,使这些地区的城市空间重新焕发活力。虽然对这些地区的改造是去除大多数原有城市要素,并代之以新的城市要素,如对残旧建筑物或基础设施的拆除重建等,但这并不等同于对城市历史肌理的彻底消除。相反,重建或新建建筑必须注重对城市原有历史肌理和文化特色的传承,并注意保持与周围环境的整体和谐。

(2)整治。

从城市更新角度看,很多历史性地区或历史性建筑的要素可以被一分为二:一方面在整体结构上尚可使用、仍在继续承担一定的城市功能;另一方面其内部因素已经出现某种不适。整治是借助现代技术和手段去除不适因素、增加现代功能、提升环境品质的过程,如对残旧建筑物进行必要的保养和维修,以防止其老化;或根据发展需要,对旧城结构进行或多或少的改变等。整治必须同时考虑两个因素:优化城市生活和维护城市特色。

(3)开发利用。

开发利用强调对旧城的活化和再利用,因为历史文化环境作为一种独特的资源是不可再生的,但却是可开发利用的。特别是对于那些有着悠久历史的城

132

市来说,历史文化的痕迹往往无处不在。要使这些珍贵的历史文化遗产真正成为现代生活的一部分,绝不能只是简单地把它们放进玻璃罩中保护起来,而是要考虑如何更好地去利用它们,如何采取丰富多彩的形式挖掘它们应有的价值。而这本身也符合城市可持续发展的要求,毕竟保护只是手段,发展才是目的。

(4)整体保护。

整体保护是旧城保护的最高级别。其对象一般是那些具有特殊历史意义、文化价值或美学特征的历史街区。历史街区又称历史文化地段,是指在城市历史文化中占有重要地位,代表城市文脉发展和反映城市地方特色的地区。其判别标准一般包含 3 个要素,即历史真实性、生活真实性与风貌完整性。历史街区是城市历史文化的载体,是一种重要的文化类型和文化资源。对它们的保护应是对包括原住民在内的建筑环境、文化环境与社会环境的整体保护,其意义远超对个体历史建筑或环境的保护。整体保护的首要目标是在保护历史街区风貌完整性的基础上,改善其居民的生活条件,并保持其发展活力,使这些历史街区成为继续"活着的城市",而非了无生机的"城市博物馆"。

除了历史街区,整体保护有时也会被运用于整个旧城。对旧城的整体保护往往适用于那些年代悠久、具有丰富历史文化资源的城市。如罗马很早便以政府立法形式对其罗马古城的帝国大道、罗马市政厅、万神庙、古罗马斗兽场、君士坦丁凯旋门等进行整体保护。而城市的发展需求和现代功能,则由在罗马古城附近修建的新城——新罗马承担。罗马这种保护旧城、发展新城的做法,有效解决了发展与保护、现代与传统的冲突,被许多城市效仿。

在上述 4R 模式中,重建是一种耗资最大、最激进的方法,一般只适用于城市中遭受严重破坏或者基础功能已经丧失的地区。但无论西方国家还是我国,这种大拆大建式的旧城更新都曾对城市造成不可逆的破坏,因此在实践中要谨慎使用这种方法。而整治、开发利用、整体保护则是更加温和、更加审慎和更加经济的城市更新途径。与重建相比,这些方法往往能够以较少资金取得更好效果,同时还可减少拆迁安置等带来的社会问题。然而城市更新是一项复杂的系统工程,在实际操作中,往往需要多元途径才能达成目标,因而整治、开发利用、整体保护等手段常常被综合使用,只是根据实际情况其侧重有所不同而已。

2.旧城更新与保护的模式

旧城更新与保护是城市建设中棘手的难题之一,而城市更新的运作模式特别是资金筹措更是突出难点。西方国家在这方面的实践对我们颇有启迪。

(1)运作模式。

城市更新必然涉及利益调整。如何协调公共利益、商业利益以及原住民之间的利益,是城市更新过程中必须解决的问题。西方国家城市更新运作模式经历了 20 世纪 70 年代的政府主导型,到 20 世纪 80 年代以公私伙伴关系为前提的市场主导型,向 20 世纪 90 年代以公、私、社区三方伙伴关系为基础、更加注重社区参与和社会公平的多方协调型的转变。

城市更新是公益事业,是高风险投资。政府在城市更新中的作用至关重要。政府既要牢牢把握旧城改造的方向,防止各种投机行为对历史文化街区的破坏,又要充分吸取公众意见,使城市更新真正实现促进城市发展、满足人的需求这一最终目标。西方国家的普遍做法是政府与民间合作、有限市场化运作,即由政府主导,制定城市更新规划与政策,引导、激励私营企业参与城市更新建设,而社区则发挥从咨询到参与的作用。如美国就明确规定,旧城改造必须充分保证包括建筑和土地租用者、所有者以及相关经营性企业等在内的多方利益群体的参与。而这种多方伙伴关系在实践中也被证明是一种"自下而上、上下结合"的更具包容性的更新模式。

(2)资金筹措。

旧城更新耗资巨大,资金筹措十分重要。从整体上看,在 20 世纪 70 年代,西方国家的城市更新资金主要来自中央政府的财政拨款,由地方财政进行必要的补充,但这往往使政府背上沉重的财政负担而显得力不从心。到 20 世纪 80 年代,西方国家主要通过出资入股,与选定的一家或多家私营公司成立专门从事旧城改造的城市开发公司(urban development corporation),由政府担保帮助其从银行贷款取得旧城更新所需的主要资金。进入 20 世纪 90 年代,以英国为代表的国家政府逐渐从直接设立城市开发公司的行列中淡出,转而通过设立专项资金和设置投标门槛,激励地方政府建立多方伙伴合作机制,撬动更多社会投资进入城市更新领域。尽管在不同时期,西方国家筹措城市更新资金的方式不同(表 7.1),但总结起来主要有以下几种。

表 7.1 西方国家城市更新的运作模式与资金来源

	20 世纪 70 年代	20 世纪 80 年代	20 世纪 90 年代
运作模式	政府主导型	市场主导型	多方协调型
资金来源	主要来自中央财政,地方财政进行必要补充	以社会投资为主(企业、私人等),政府提供少量启动资金	以社会投资为主,政府提供一定补贴

续表

	20 世纪 70 年代	20 世纪 80 年代	20 世纪 90 年代
主要特点	自上而下,福利主义	公私合作,市场主导,自上而下	三方合作,社区参与,自下而上,上下结合

一是建立专项基金。第二次世界大战中,法国城市遭受严重创伤,战后城市破败建筑约占 80%,其中大部分是具有 100 年以上历史的老建筑。1945 年法国政府设立国家住宅改善基金,专门用于改善这些地区居民的居住条件。

二是进行辅助融资。对于历史街区保护和私有传统建筑的改造由政府提供辅助融资的便利,如法国设立的促进房屋产权贷款,就是专门用于鼓励房产主对私有传统建筑进行改造的低息贷款。

三是提供直接补贴。由地方政府向私有房产主提供房屋修缮补贴,鼓励其根据政府要求对房屋进行改造,并将改造后的住房出租给原有居民。如法国的住宅改善奖金、意大利的房屋整修补贴等。这种方法可以在政府资金有限的情况下,最有效地调动社会力量自我改造家园。

四是以政策优惠吸引社会投资。如对旧城改造和开发给予一定的税收、贷款等方面的政策优惠。

事实上,在实际操作中,上述方法常常被配合使用,如法国旧城更新中的社会住宅开发就是非常典型的例子。社会住宅是法国针对低收入家庭所建造(或改造)的住宅。这些住宅的建设(或改造)主要由私人投资承担,政府给予一定的支持,包括:降低增值税(从 19.6% 降低到 5.5%);给予造价 5%~10% 的国家补贴;提供低息贷款等。所建社会住宅只能用于出租。由于得到国家的财政补贴和优惠政策,其建造成本远远低于一般商品住宅。

对于租户来说,由于低收入家庭本身还享有不同程度的住房补贴,实际需要交付的房租很低;对于经营社会住宅的私营企业来说,尽管从事的是公益事业,利润空间较小,但由于申请社会住宅的家庭源源不断,企业承担的投资风险小、收益稳定;而对于政府来说,则以较低投入达到改善居民生活的目的,从而实现了"三赢"。

7.1.4　旧城更新与公园城市理念的融合

1.旧城更新趋势

旧城的氛围在一定程度上反映的是所在区域的生活氛围。这种氛围给人的

熟悉感和依赖感,就是所谓的"烟火气"。旧城恰恰是这一股"烟火气"的主要载体。在城镇化已进入下半场的今天,优美的生活环境和完善的设施配套显然已经成为现阶段人们对美好生活的追求。反观现实,对于旧城来说,这股"烟火气"的背后却透露出混杂的城市功能、复杂的道路组织、杂乱的沿街店铺等一系列城市问题。日趋紧张的人地关系矛盾引发了人口流失和资源错配。所以旧城是产、城、人三者矛盾最突出、最复杂且最具象化的地区之一。

　　针对普遍存在的旧城城市问题,如果说更新是现阶段改善其风貌、提升居住品质的有效途径,针对旧城的更新,则是点对点落到实处的具体实施。公园城市理念"公共＋生态"的理念,很好地匹配了旧城更新的需求,从生态宜居角度定制个性化的城市街区,从本质上实现对旧城的生活场景化营造。

2. 公园城市理念下更新路径探索

　　从顶层设计角度来看,应重点围绕城乡生态格局的优化,在划定生态保护红线的基础上,统筹协调发展和生态的关系,自上而下地推进绿网、绿道、绿点建设。

　　从实际操作层面来看,应围绕"公共＋生态"的理念,营造绿色舒适的城市生活,自下而上地进行潜力挖掘和诉求反馈。因此,公园城市的营造,应凸显开放和绿色特性,以"公共＋生态"为前提,挖掘城市历史文化底蕴和更新改造潜力,划分公园化更新单元,确定各类更新单元的公园化设计重点,在明确城市生态格局下探索丰富的公园化城市街区与人的互动方式,从生态资源要素、基础设施配套、新经济新业态、公园城市机制等方面,激活街区潜在价值。

7.2　城市更新与土地集约利用

7.2.1　土地置换是调整用地结构、实现城市土地集约利用的重要手段

　　集约利用土地的关键在于进行城市土地的优化配置,以便用等量的土地投入取得尽可能大的产出,或者以尽可能少的土地投入取得等量的产出,亦即通过土地资源的最优配置和最佳使用,形成一个土地利用空间布局适当、土地使用结构合理、土地利用效率和综合效益最高的城市土地集约利用模式。为了实现优

化土地利用的目标,最佳的途径是在企业改制和城市土地使用制度改革的基础上,转换土地使用功能,调整土地利用结构,将利用率低和综合效益差的土地置换出来,重新配置。土地置换是调整产业结构和土地利用结构,实现城市土地优化配置集约利用的重要手段。

7.2.2　城市更新中土地置换的理论基础及内涵

1. 土地置换的理论基础

土地作为城市生产和消费的最基本要素,不仅是城市活动的载体,同时也是社会经济活动中不可缺少的资源,具有稀缺性、区位性、不可替代性及永续利用性。因此,人们必须要合理地利用每一寸土地,提高土地集约利用程度,优化土地配置,使土地利用效率达到最高。土地置换是城市经济、社会、生态环境等综合作用的产物,是一项复杂的系统工程。对它的研究涉及城市地理学、城市经济学、城市社会学、城市规划学、城市生态学等诸多学科的观点和理论。

(1)城市产业结构与土地置换。

根据配第-克拉克定理,随着城市经济的发展,城市产业的发展要遵循第三产业在国民收入和劳动力中所占比重会逐渐增大的规律。在产业不断变化中,用地结构发生改变就会导致土地的置换。第三产业是一个庞杂的混合产业集群,它的发展也标志着城市的经济发展状况。随着第三产业的发展,城市功能趋于软化。城市的产业结构与用地结构有密切联系,在用地结构及功能分区上,体现为城市中心更容易形成集聚度高的商业中心。不论是城市功能分化的实现,还是落实城市产业结构的调整,土地置换都是主要手段。同时,土地置换又为城市产业结构的调整提供了政策保证,实现资源优化配置,推进产业结构的合理化和高级化发展,促进了城市功能的不断分化。

(2)城市地域结构与土地置换。

城市地域结构是产业结构在地域范围内所反映出的空间效应,能够引起城市功能组织在空间上发生分化。这种分化体现为空间形态的各种变化。伴随城市的发展,城市职能导致的分化也不断进行。土地置换刚好可以促进城市功能的分化,改变城市形态,以形成合理的城市功能分区为目标,提高土地集约利用程度,使城市中存在的一些不合理用地现象得到明显改善。同时,级差地租可以促使中心区产业不断向外围延伸。此时,区位收益高的商业地域占据其应有的中心区位,商业用地、住房用地的收益明显高于城市工业用地。同时,政府在经

营土地方面,会充分考虑使用者对土地的偏好,而使用者倾向于选择城市的中心区位。城市的中心区位首先考虑规划为商业用地,其地价最高;其次为住房用地;再次为工业用地、农业用地及其他用地。

(3)城市生态平衡与土地置换。

城市生态平衡是城市居民与城市环境之间相互作用达到的一种动态平衡。城市中心区发展过程中,会出现工业区集聚、大量人口过度集中导致的交通拥挤以及其他生态失调问题。土地置换是针对这一系列影响城市生态平衡的问题而采取的城市更新策略。为了给城市居民提供更好的生活环境,提高城市生活质量,提升居住空间,土地置换旨在实现城市生态环境平衡,通过提高城市土地的相对供给量降低城市生态经济成本,提高城市生态经济,使城市土地的利用量减少,进而为后代节约土地,加快促进城市空间和生态格局有机融合,推动生态经济平衡、平缓、稳定地发展,打造产城融合、生态宜居的城市空间。

2. 城市土地置换的内涵

城市不断发展,对土地需求也大幅增加,而土地的供给量却十分有限。要解决社会发展需要与土地需求的供应矛盾,就需要对城市土地进行重新规划和集约利用。城市土地集约利用促使城市土地容积率的提高、产业布局更加合理,以及城市土地经济供给量相对增加。为有效解决城市各产业部分用地需求夯实基础,有利于发挥各部门的生产效益,进而提高城市经济的总体发展水平。而城市土地优化配置推动了城市产业适当集中和城市内涵式发展,城市土地利用结构完善,城市土地利用效率得到提高。这也正是城市土地集约利用的重要内涵。

1)城市土地置换的原则

(1)以城市总体规划为主要依据。

城市土地置换要以城市总体规划为主要依据,在城市规划、土地利用规划等宏观政策下引导和调控城市土地置换,在建设用地总量不变的前提下进行合理有效的置换。我国土地市场体系尚不完备,在市场利益驱动下,容易诱导城市土地置换进入误区。因此必须加强城市总体规划的作用,以便城市土地置换走上正确轨道。城市规划作为一种人为主动的干预方式,对置换后的土地用地性质及开发强度给予宏观调控,发挥了城市土地置换的积极作用。通过政府调控进行城市资源空间组合优化,不仅可以优化土地利用结构,调整城市用地布局,保证城市土地的合理置换,而且可以实现城市土地资源配置的动态平衡,从而推动城市发展。

(2)政府主导,公众参与。

　　城市土地置换是一项多方主体共同参与的工程,但是土地市场常常由于利益问题而被垄断,使得土地资源没有得到合理分配,并且在利用过程中缺少对社会、公众利益的考虑。如果由政府主导,就可以在一定程度上弥补这种缺陷。因此,以公共利益为主,政府主导,公众参与,共同进行,显得十分重要。在政府的领导下,统一制定市场规则,充分发挥市场的主体作用,调动各方面积极性,协同各部门单位开展相关工作,在科学论证的基础上,除了维护土地权利人的合法权益,考虑获得利润,还要让公众参与进来,建立公众监督的市场机制,以实现社会协调、长远发展。

　　(3)遵循城市发展脉络和城市更新规律。

　　在城市更新的过程中,城市土地置换作为一种有效手段,为城市发展提供了必不可少的土地资源。城市土地置换要遵循城市发展的规律,否则将会导致城市建设用地的粗放及不合理利用。城市发展脉络为城市土地置换提供了大致方向。在这个基础上,城市土地置换提高了城市土地资源的集约利用程度,使城市土地被高效合理地利用,促进经济社会持续、稳定、协调、健康地发展。

　　(4)科学合理,因地制宜。

　　城市土地置换要科学合理,因地制宜。在对城市现有的基本情况进行充分调查和研究的基础上,合理地制定宏观政策,科学编制规划并实施,注重城市商业用地、住宅用地和工业用地等的合理分配,对城市土地资源进行优化配置。城市土地置换不是在新区进行土地开发,而是在城市现有土地上进行合理的整治和改造,要对原有不合理用地进行重新规划和利用。因此,要充分利用现有土地资源,杜绝无效置换。在规划的同时要遵循因地制宜的原则,对能够突出城市特点的、具有民俗特色的建筑和文化遗产要保留,发扬人文精神,尊重公众意愿,做到以人为本。

2)城市土地置换的特点

　　(1)与经济结构密不可分。

　　改革开放以来,经济建设迅速发展,城市更新为社会环境带来了巨大的变革,而城市产业结构与用地结构不可分割,产业空间分布情况在变化的同时,势必会令用地结构也发生相应变化,这就导致了城市土地置换。城市土地置换与产业置换相对应,体现在位于市中心地区的大量工业企业迫于环境压力迁至城市郊区,原有土地被置换为以商业、保险、金融、信息为主的服务性行业用地。

(2)与土地使用制度改革密切相关。

我国城市土地使用制度改革的主要内容之一是将土地配置机制管理与市场调节相结合。其对城市土地置换的影响可从两方面来说明：一是旧城改造是推动城市土地置换的重要因素，置换的大量产生正是由于旧城改造的不断推进，计划管理的统一规划、统一开发、统一管理的原则对此有一定的促进效果；二是受土地使用制度改革的影响，市场调节下的土地供求强力驱动着城市土地置换的发展，旨在追求土地资源的效益和价值的增值。

(3)具有发展动态性与相对稳定性。

由于城市发展过程的动态性，城市土地置换发展同样是一个无休止的发展过程。城市土地优化配置只能保持在一个暂时合理的状态。城市是不断发展的，经济因素、社会因素、文化因素等都在不断变化，那么暂时维持的平衡状态也会被一次次打破，最终导致城市土地置换动态前进发展。城市土地置换是伴随城市更新的进程不断进行的，并使城市始终保持动态平衡和相对稳定性。

(4)类型多样，渠道广泛。

城市用地的功能复杂必然导致城市土地置换具有类型多样的特点，因为众多的使用性质可以有多样的置换组合类型。实际操作涉及众多的土地使用单位和众多的置换情况，会出现诸如工业用地置换为商业用地、居住用地置换为市政用地、办公用地置换为金融用地等情况。

近年来，实行土地使用制度改革使土地使用权的出让、转让、出租等步入正轨。土地流转方式的转变必然会导致城市土地置换变化，从而给城市土地置换带来多种途径，如转让、出让、城市综合开发、企业兼并、以地入股、用地互换、自我改变用地性质等。

(5)自发产生与政府调控并举。

城市土地置换是自发产生的。其驱动力源于人们在经济发展以及土地使用制度的改革中对土地资产的价值获得了新的认识，以土地资本获得更多利益。但市场运作的基本动力是追求利益的最大化。它决定着城市土地置换倾向于将收益低的土地置换为收益高的土地，而绿地、广场、体育场等公共用地可能由于难以产生可观的经济价值而被摒弃。同时，我国实行的是土地的社会主义公有制，因此必须以人民群众为基本出发点。政府必须积极对城市土地的使用配置进行干预，充分显示政府调控城市土地置换行为的力量。

3)城市土地置换的模式

国内外大量经验表明，要想城市土地置换顺利进行且圆满地实现置换目标，关键就在于合理的城市土地置换模式。由于各城市的发展状况及发展目标不同,并不存在标准的城市土地置换模式。一个完整的城市土地置换模式包括以下内容:城市土地置换的组织;城市土地置换的收益与分配;城市土地置换的利益补偿问题;置换土地的再开发。

(1)城市土地置换的组织。

城市土地置换的组织包括政府、公众与开发商。它们分别是政策力、社会力和经济力的代表,同时也是城市土地置换所涉及的三个最主要利益主体。城市土地置换要想成功,必须将这三者的力量相结合,处理好三者间的关系,创造多赢稳定的格局。

政府一般会成立组织,积极参与并调控城市土地置换。同时,该组织也是城市土地置换能否顺利进行的前提。以城市开发公司为例,它在整个项目中起到控制和监督的作用。要做好置换前的准备工作,诸如基础设施建设、土地整理、土地收购等,并与开发商保持合作关系,维护双方的共同利益。政府通过城市土地置换促进城市更新和城市的进一步建设,而开发商在项目中获得利润。

公众参与通过监督和评议等手段,使每个普通人对项目的实施发表不同意见,在项目过程中发挥自己的能力。这样可以为项目的顺利进行提供强有力的群众支持。公众参与应在阳光下进行,所有环节都可公开。项目实施要尽可能扩大公众参与面,接受公众的相关建议与意见,接受民主监督,尊重公众抉择。项目实施完毕后,要进行项目评估,广泛采纳公众意见和建议。

开发商的参与也是项目成功的关键。开发商在整个城市土地置换中占据着十分重要的地位。城市更新是一个耗资巨大、复杂的系统工程。城市更新中的城市土地置换秉承了这样的特点,涉及的建筑拆迁、安置,公共设施配套及各种利益补偿等问题都需要消耗大量资金。而开发商有强大的资金作为后盾,抵抗风险的能力也相对较强。这些成为城市土地置换顺利进行的经济基础。开发商不仅能为项目提供资本支持、经济保障,还能减轻政府的资金负担,使政府的效能得到充分发挥。

(2)城市土地置换的收益与分配。

从各个经济利益主体之间的关系来看,公有制条件下市场经济的城市土地置换开发收益分配的首要问题是明确国家和土地使用者之间的分配关系。为提高城市土地置换的效率,应允许土地使用者在土地增值收益中占有一定的份额,促使土地使用者合理高效地使用城市土地。为了公平起见,政府会利用相应的税收机制抑制置换过程中产生的非经营暴利。

在规范的财务税收制度下,土地使用者积极参与市场活动,转换土地利用方式,对土地利用结构进行优化,或对土地进行开发投资,使土地发生实体变化,提高城市土地配置效率和利润效率。城市土地置换收益分配关系如图 7.1 所示。

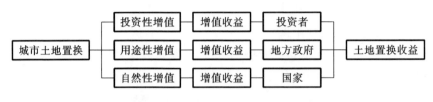

图 7.1 城市土地置换收益分配关系

(3)城市土地置换的利益补偿问题。

我国用地布局较为混乱,工业用地和居住用地交错繁杂。这是我国老工业城市亟待改变的用地布局现状。这里将补偿对象分为单位和个人加以分析。

①对单位的利益补偿。

城市土地置换过程中,虽然国家可以自由处置存量土地,但是在传统经济体制下,国家与国有企业存在不可分割的利益关系。国家为了保护企业的既有利益,不得不在土地收回的过程中给予一定补偿。以下是常用的三种方法。

一是对土地现有的用途性质进行评估。当前是哪种用地就按照哪种用地来评估,忽略置换后的用途可能带来的经济效益和增值效益,土地补偿标准视评估结果而定。这主要是因为城市土地置换是为了促进公共利益,推进城市更新,促进社会建设,所以与普通商业置换有明显不同,不可相提并论。对于当前阶段用途性质不明显的土地资源,要以长远发展为目标,可以在适当情况下采取必要的制度和行政措施。

二是采取以地补地的方式。具体来讲,就是结合城市产业布局调整和人口结构规划,在适当时期将政府在改造地区外储备的土地与改造地区内的单位用地进行等价交换,以此作为土地补偿,并赔偿一定的搬迁费用。这种方式对于政府或开发商来说有以下好处:首先,可以避免原用地单位在置换过程中趁机增加补偿要求、提高补偿额;其次,减少项目实施过程中强行收地的矛盾,保证土地的及时供给及再开发的快速进行;最后,由于储备土地是政府在适当时期通过适当方式获取的,用储备土地进行补偿可以大大减少对原用地单位的货币补偿。同时,对原用地单位来讲,以地补地的方式能使原用地单位快速重建,恢复生产。

三是充分利用暂时闲置的被置换土地。原用地单位可以合理利用暂时闲置的国家用地。当政府对该用地进行收回时,如果该用地还未出让或改造,政府可以按照原利用方式继续获得相应的利益,创造其所含的经济价值,甚至可以租赁给原占有该地的单位。这种做法可以节约大量资金,并充分利用闲置土地,不需要新的投资便可盈利,值得鼓励和推崇。

②对个人的利益补偿。

相对于集体利益,个人利益的补偿没有那么复杂,这里主要是指对被置换的居住用地中房屋所有权人的利益补偿。最常用的方式有两种:一种是按市场价补偿安置;一种是异地产权房屋安置。前者是对拆迁房屋的建筑面积和房地产市场进行评估后,对房屋所有权人给予一定补偿,可以补偿跟拆迁房屋同等价值的产权房或直接给予货币补偿。后者是在"拆一还一"的基础上,对条件符合的被拆迁人或房屋承租人,以被拆迁房屋的建筑面积为基准,适当增加地段级差面积,在应该安置的面积内不考虑差价问题。两种方式要根据实际情况而定,在具体情景下,适当考虑给予被拆迁人拆迁奖励费和周转补偿费,从国家利益不受损害出发,确保群众利益得到最大保障。

(4)置换土地的再开发。

置换土地的再开发是土地置换的最后环节,也是最重要的部分。由于企业之间差异明显,对于不同企业应采取不同方式进行搬迁、改造。具体方式如下。

一是实施"退二进三"。"退二进三"是我国旧城改造的成功经验,同时也是我国大部分工业企业进行土地置换的成功经验。按照市总体规划及环境保护为主的原则,工业用地置换要服从功能布局的优化调整,有步骤地将市中心污染严重的工业企业进行外迁,原厂址可以用于第三产业、绿化、交通、居住区等的开发建设。第三产业是扩大就业、改善城区的趋势所在。因此,工业用地置换主要向以第三产业、绿化、交通等为主的公共服务设施用地发展倾斜。

二是实施"退二进二"。为适应区域发展和经济建设的需要,要适当保留工业用地,尤其是主导产业,加强工业技术改造。如果原工业用地富余,可将多余用地规划为商业用地或住宅用地,或进行招商引资,将其开发成其他产业,同时引入循环经济理念,逐渐加大环保型产业份额,努力向实现企业成功转型迈进。

三是实施企业改制。改变土地在企业、集团内部的用途配置,提高土地利用效率,减少对城市环境的污染及破坏。

四是将无法维持下去、效益差的企业关闭,宣布破产,释放其占有的土地,使土地得到更有效率的利用。

7.2.3 城市土地置换实施的基本思路及驱动力分析

1. 城市土地置换的实施途径

城市土地置换的实施途径大致可分为两种。一种是从城市发展目标出发，充分考虑城市综合发展指标，整合和调整城市功能，实行相应的宏观策略。这种途径主要针对不同省市之间或者同一城市不同行政区之间的区域性指标置换。前者是特殊情况，后者主要体现在城市发展进程中对新城（区）工业区以及行政中心的建设，对城市土地置换而言是一种新的尝试。另外一种是从加强城市集聚度的角度出发，以达到增强城市核心竞争力的目标，争取发挥原有土地价值，在有计划的前提下对城市建设用地实行整理后的集中节约开发，强化城市核心区结构。城市的旧城改造通常采用这种途径。

2. 城市土地置换的基本思路

1) 城市用地合理配置

实践数据显示，单位面积的商业用地经济效益产出最高，单位面积的工业用地经济效益产出最低。在城市土地置换过程中，政府一般将人口密度高、交通便利的土地优先划分为商业用地，将土地单位面积产出经济效益较低的工业部门迁至人口密度相对较低的区位地带，如城市的郊区，因为郊区土地的价格相对较低。以下是城市用地区位的合理配置。

（1）商业用地的合理空间分布。

商业用地的空间体系分布状态很大程度上取决于城市商业用地的分布情况。商业用地空间分布体系就是指商业区、商业集群或商业网点在地域中的对应位置、分布形态及相互之间的各种关系。该体系在城市发展过程中不断形成并加以完善。过去，商业区多倾向于集中在交通发达的市中心位置，可以有效地吸引过往的密集人群进行消费。但由于城镇化步伐加快，城市规模不断扩大，人口迅速增加，仅仅位于市中心的商业区已经满足不了人民日益增长的物质需求。这就促使城市的其他地段也开始形成新的商业中心或低一级商业区，逐渐形成商业体系。它的形成过程伴随整个城市的发展，不断改变、不断演化。在这复杂的过程中，政府起着重要的宏观调控作用，市场的调节也在维持着整个体系的平衡。

商业用地的空间分布受多种因素制约。人口、交通、购买力等均可以影响商业用地的空间分布状态。这就促使商业网点的选取综合考虑种种可能影响商业布局的因素。同时,为了商业用地空间分布的长远发展,必须依托城市的发展历史,立足于发展现状,预测未来发展的趋势,将三方面有机结合,旨在建设更有层次的商业用地体系,在空间范围内实现更合理的布局结构。商业的目的就是追求最大超额利润。这与产品的销售量密切相关。因此,商业用地空间分布通常的指向原则如下。

①区位易达性原则。商业网点要想吸引人群消费,首先要处于便捷的位置,使人们不用花费太多时间便可到达。这就要求商业网点选择交通便捷、人流集散方便、广阔的区位。

②接近 CBD 原则。CBD 具有强大的消费吸引力,而商业活动具有明显的扩展延伸性,进而可以影响其周围的商业网点。产业的集聚效应会为商业带来大量的利润,因此商业中心的建立会为周围的商业网点带来更多的消费者。

③接近购买力原则。没有购买力或购买力不高的地区很难形成大的商业中心,而购买力的高低一定程度上取决于人口数量的多少以及他们对消费种类多样性的需求。这就要求商业中心尽可能选择与城市人口重心接近的区位,符合居民消费水平,能够满足居民消费喜好,尽量接近各种不同的消费区。

④最短时间原则。人们倾向于选择离自己更近的商业网点进行消费。但随着交通的发达与便捷度的提高,居民对其所要到达商业网点的时间有了更高的要求。一般情况下,居民会选择其三十分钟以内便可到达的商业中心消费。

(2)工业用地的合理空间分布。

工业用地空间分布的影响因素如下。

①由于产业结构的调整,城市经济不断发展,工业企业在旧城的地位岌岌可危,一些位于旧城中心地区的工业企业向城郊和边缘地带迁移。第三产业发展迅速,逐渐取代部分工业企业。

②一些新的生产力设施大多布置在开发条件较好的郊区。这里面积宽阔,地价低,可以完善工业企业所需的各项基本配置。人口密度低,可以有效地避免对周围居民造成的不良环境影响。

③新兴工业,如电子技术、激光、光纤通信、新能源、生物工程等工业部门发展迅速。这些工业部门前景广阔,代表了未来工业的发展方向。新兴工业较传统工业而言,扩散范围更广泛,促进了城市功能的地域扩散。因此,新兴工业要结合自身的产业基础和发展条件,在避免一哄而上、浪费资源的前提下,合理选择布局重点和发展方向。

在我国维持经济稳定、持续发展,提高制造业、工业竞争实力,谋求高新技术产业的宏观背景下,工业用地的空间分布应遵循以下两点。

①因地制宜。产业结构的调整必然导致城市用地结构的调整。对产业空间布局和比例进行重构的分析其实就是对产业空间结构体系的分析。这意味着影响城市空间分布的因素是多方面的,会受到经济、政治、生态、文化等各种制约,没有特定的模式。要综合考虑这些制约因素并加以分析,立足实际,按照具体情况选择合适的方案,根据不同地域范围内的不同圈层调控其对应的产业空间分布,因地制宜地确定合适的工业用地空间分布结构。

②确定科学合理的工业区位分布。我国建造了具有一定规模的新型产业园区,以工业为主导,将其命名为经济技术开发区、高新产业技术开发区、工业产业园区等。这些园区在不断发展的过程中,职能也在不断完善。工业园区的建立可以说是为了适应当前城市经济的快速发展以及工业城市的加速转型。新建的工业区以新兴产业为主,占地比较集中,容易形成一个大的产业集群。这样也有利于城市用地的合理分布。严格按照相关城市规划政策,改变原有的不合理的工业企业杂乱无章的建设情况,建设与旧城协调、配合且具有一定水准的产业园区,并科学合理安排各功能相近的产业园区的位置及规模。

(3)居住用地的合理空间分布。

居住用地的区位选择受交通和环境影响巨大。交通是否便捷、环境是否舒适等是判断居住条件是否优越的条件。过去,我国的居住用地很大程度取决于非市场性因素。随着经济的发展,生活水平的提高,在如今的市场机制下,居民对居住位置也有了更高要求。居民对住房的选择受多种因素影响,除了便捷的交通,其他内在条件也很重要,如居住面积、物业费用、周围基础设施的建设、未来子女入学等。同时,这些因素也促使居住用地偏向交通便捷、环境良好、学区方便以及商业、餐饮业等基础设施配备齐全的区位分布。

(4)交通用地的合理空间分布。

交通是城市空间的重要支撑体。交通用地的合理空间分布能够较大地提升城市土地结构效率。交通用地的合理分配是城市土地资源得以优化配置的关键。这就要求现代城市道路不仅要确保居民安全,还要快速、便捷、通达性高,保持城市环境的洁净与美观。因此,在对交通用地进行规划时,要结合综合性与科学性,力求以最短时间、最少行程快速地完成运输目的,道路功能要清楚明了、系统分明。在城市总体布局中,交通用地一定要根据城市规模和性质来决定,且要考虑未来城市交通发展规律,交通干线要普遍、均衡分布。交通用地与居住区要协调发展。要实行交通先导战略,使交通用地与居住区之间形成相匹配的交通走廊。交通走廊可逐渐外延,主要街道要向各方位辐射,构成一个空间合理的城市交通路网结构。

(5)主要公共设施的合理空间分布。

公共设施主要有以下几类:一是绿地、广场等供居民活动的开放场所;二是具有重要地位的行政办公用地大楼;三是机场、火车站等大型建筑,集散大量人流;四是形象突出、体量巨大的体育场馆、剧场等。这些公共设施的空间分布要符合以下要求:首先要符合公共设施本身的要求,如配备有相应的停车场或开放性场地等;其次,符合城市规划对这类公共设施位置所提出的要求,如城市的地标要代表这个城市的公众形象,选址要突出、明显,并与便捷的交通相结合。

2)置换的实现形式

(1)产业置换。

当产业结构进行调整时,在空间上就会体现为生产要素的重新整合与配置。土地生产要素不同于具有移动性的资金、劳动力等要素,有其固定的位置。产业结构调整在空间上的体现是土地利用结构的变化。

我国部分城市功能衰弱、经济活力丧失的重要原因之一就是产业结构不合理。对一些资源型的老工业城市而言,第二产业在产业结构中所占比例严重过大,对城市环境造成了大量的污染。同时,工业大量占用城市土地导致城市发展第三产业及其他高新技术产业的空间过小,基础服务设施落后,严重影响城市经济发展。通过产业结构调整,将第二产业置换为第三产业,传统工业置换为新型工业,效益低的产业置换为效益高的产业,控制城市功能的老化,解决土地产出效益低、环境污染等问题,将资金逐渐向第三产业转移,平衡产业结构,土地利用结构趋于合理化。

(2)土地利用机制置换。

我国城市土地长期实行的无限期使用制度导致土地资源利用效率低下、结构扭曲、浪费严重。因此,要保证土地置换的顺利进行,就要改变土地使用机制。一要制定长期的土地利用计划。二要对土地实行有偿使用。这样既可以对土地利用的空间布局进行宏观调整,又可以为城市更新筹集一定的资金。三要健全土地市场,转换土地配置机制。不仅要建立科学的土地市场体系,还要建立合理的土地市场制度,包括确保土地市场公平竞争以及确立土地市场的竞争主体。必须先对竞争主体产权进行界定,在土地出让方式上,尽量使用拍卖方式。因为市场的核心是竞争,这样可令土地的价值更加明显。四要规范土地市场管理。

充分利用市场经济下的各种手段,用法律、行政去消除城市土地的隐形市场,营造一个公平、透明的环境,使城市土地朝着健康稳定的方向发展。

3)置换的方向

(1)打造商业中心。

过去,工业企业占据了城市中心,对城市中心造成大量污染,同时也阻碍了产业发展。在经济产业结构不断调整、城市不断转型的今天,第三产业的快速发展使其在产业结构中所占比重不断增加,对原有土地配置也提出新的要求。城市中心的黄金地段应大力发展商业,增强中心商务区功能,发展金融、信息、保险、零售、商贸等服务性行业。这些行业效益高、污染小,能够大幅度提高土地价值。同时,商业用地的经济效益较之其他建设用地而言,回报率和收益率最高。如果将城市中心的黄金地段置换为商业用地,可以更好地实现其土地价值,使土地效益最大化。

(2)建设高品质居住区。

近年来,房地产业发展迅速,许多位于城市中心的工业区被迁至郊区,原有用地上建立了新的居住区。这也是我国城市常用的土地置换办法之一。人们的物质生活水平不断提高,对居住环境也有了更高要求。要吸引更多消费者在某区域工作、生活,进而购买住房,必须满足人们对住房的多项要求,如住房品质的优劣、小区内生活设施是否完善、周边基本服务业是否齐全,同时还要满足人们生活上的各种需求。因此,在对原有用地进行规划时,选择适宜地块进行优质小区的开发和建设是城市更新中土地置换的一个重要方向。

(3)建设城市开放空间。

在城市更新过程中,人们更加重视开放空间。开放空间不仅是居民茶余饭后的休息、活动场所,也是一个城市举办各种大小型活动的开放性场所。有效地组织开放空间的景观,不仅能改善生态环境,还能够提升城市整体的形象和品质。因此在土地置换过程中,人们会利用科技手段,将原有工业或其他产业厂房全面拆除,治理原有用地可能存在的土地污染,建设全新的、适应城市发展的开放空间。它可以是大型的现代广场,也可以是充满朝气的绿地公园,或者是供人观赏的人工湖泊等。开放空间为人们提供了休闲和户外公共娱乐活动的场所,拉近了市民间距离,同时提升了城市整体的生活品质,改善了交通,使城市更具活力、更具生命力。

(4)建设公共设施。

当前,人们对科教、文化、体育、医疗保健等需求不断增加。城市要增加公共设施的建设,加强城市内部文体服务功能,尤其是体育设施。经调查,有些小城市甚至不具备体育场、体育馆等场所,体育器材、设施更是寥寥无几。公共设施的建设能够使城市形象得到迅速提升,并带动服务业、教育业、旅游业等行业的快速发展,振兴经济。国内外许多案例对破旧的厂房或仓库进行改造,将其打造为全新的,具有休闲、娱乐等功能的新型社区。它们不仅吸引了众多的消费者,使消费者的身心得到放松,同时也为城市带来了大量的盈利,甚至成为国内外著名的景观、建筑。

3. 城市更新中土地置换驱动力分析及产生的影响

土地置换伴随着城市发展,是城市不断更新、不断完善的方式和手段。它的动力来自城市发展的需求,主要有政策驱动力、经济驱动力和社会环境驱动力。这三种驱动力分别由不同的因素组成(表 7.2)。这些因素都直接影响了城市的土地置换。

表 7.2　土地置换的动力因素分析

驱动力	因素	影响机制
	宏观经济发展	经济周期更替
	宏观调控	
政策驱动力	政策法规	行政力
	城市规划	
	区位	时间效率
经济驱动力	土地价格	级差地租
	产业发展	产业聚集和结构调整
	社会结构	人的聚集与阶层的分异
	宗教信仰	活动空间的分异
社会环境驱动力	文化类型	
	风俗习惯	行为价值的评判
	历史	

1)驱动力分析

(1)政策驱动力。

政策驱动力源于政府行为和决策过程中的主张和导向,是关乎城市能否进行土地置换的直接因素。在城市发展过程中,可能会出现规划布局不合理带来

的土地利用效率低下,市区内工业企业破产倒闭后导致的土地闲置,不科学的规划导致城市盲目建设,土地资源浪费严重,以及土地法制不健全、后续管理和审批不规范导致的国有土地资产流失等问题。这些都是因为政策的疏忽。城市作为一个经济体,表现出对土地置换的迫切需求,驱使城市进行土地置换。土地置换涉及城市的多方利益和公共利益。政府作为城市的代表,要主动发挥其组织引导能力,通过对城市规划的编制实施、土地管理法的制定,对土地市场进行宏观调控、规范引导和管理,保证土地置换能够合理、有序地进行。

(2)经济驱动力。

土地价值规律是城市进行土地置换的根本原因。伴随着经济的发展,土地置换呈现周期性:当城市经济高速增长时,土地置换体现为由农业用地向城市建设用地置换;当经济发展进入稳定增长期,城市的土地置换由外延式转向内涵式,填充式的城市空间优化提升了置换土地的综合经济实力,并更好地体现了其自身价值。在市场经济的调解下,级差地租对土地置换起到了能动作用。在城市内部,级差地租差异显著。一般来说,城市中心繁华地段的商业用地价格要明显高于位于同一地段的工业用地价格,可见工业用地收益在城市中心远不及商业用地,存在比较经济劣势。同时,位于城市中心寸土寸金的地块,其巨大的升值潜力和经济效益吸引了众多开发商投资。开发商将工业用地不断从城市中心迁出,在原工业用地上逐渐建设商业区及住宅楼等收益较高的建筑。

(3)社会环境驱动力。

社会环境驱动力的因素包括社会结构、宗教信仰、文化类型、风俗习惯、历史等因素。关于城市内部的土地置换,最典型的是将工业用地置换为商业用地或住宅用地。而工业企业从城市中心迁出不仅是因为其占据着城市的黄金区位却没有匹配的市场收益,更是由于其在城市中心造成了严重扰民和环境污染。传统企业的发展一旦超出用地的资源承载力和环境承载力后,便会产生空气污染、噪声污染和土壤污染,同时伴随着重金属污染,化学工业品及有机化合物、无机化合物污染等。这是环境对城市用地不合理的"自然反馈"。当反馈信息被居民接收后,居民会向企业提出抗议,企业不得不治理污染。而治理任务的严峻和难度的加大以及居民对生活环境要求的日益提高,使这些企业纷纷向外迁出,寻求更适合发展的区位。

2)产生的影响

城市中不断发生着社会生产与再生产。城市建设过程不可避免地涉及土地资源配置的问题。劳动力、土地、资本作为生产三要素是相互联系、相互影响的。

这三要素在现实中分别对应着就业与人口迁移、空间布局及产业布局三个方面。土地置换通过土地征用、土地的增值调整、土地整理等机制对土地进行布局、结构、密度的优化调整,进而影响区域城镇结构、产业布局、城镇化等内容。

　　另外,土地置换对社会文化资源是有影响的,特别是对社会环境系统的影响。进一步讲,从社会角度看土地置换,土地置换对促进城镇经济发展、缩小城乡差距、增加就业机会等社会发展目标的实现具有一定的贡献。

7.3　城市更新与绿色基础设施

　　绿色基础设施(green infrastructure,简称 GI)概念由美国保护基金会和农业部林业局组织的"GI 工作组"于 1999 年首次提出。此后,以美国为代表的西方国家对绿色基础设施进行了大量的研究与实践。佛罗里达州绿色通道、马里兰州"绿图计划"、西雅图绿色基础设施等项目的成功实施,推动了绿色基础设施在全球范围内的建设发展。我国相关研究起步于 2000 年初。2009 年进入快速发展期后,研究成果显著,研究内容多集中在 GI 概念及理论发展综述、西方实践项目引介、GI 规划与评价方法探讨等方面,研究细分度相对较低、学科交叉融合不足、与我国具体国情结合不够。

　　2015 年召开的第四次中央城市工作会议指出,我国城市发展已经进入新的发展时期。城市发展主题由高速的规模扩张转向规模扩张与质量并重。内涵发展导向下的城市更新成为我国城市建设的主要内容。绿色基础设施作为一种重要的发展理念和规划手段,能有效控制城市无序增长与蔓延,改善城市生态环境,提升空间质量,治理快速粗放发展产生的"城市病",引导城市可持续发展。这正与我国城市更新的目标诉求相契合。因此,将两者结合起来进行深入研究探讨具有现实意义。

7.3.1　城市更新视角下的绿色基础设施内涵与类型认知

1. 绿色基础设施与城市更新

　　应用语境不同,绿色基础设施的含义存在差异。普遍较认可的概念是由各种开敞空间和自然区域相互连接形成的绿色空间网络。从功能上讲,该网络既有为野生动物提供迁徙通道、维持清洁空气与水源的生态功能,又有满足人们居

住、工作、购物和休闲需求的生活功能；从性质上讲，该网络既是绿色空间网络，又是战略性的土地保护方法。

城市更新是城市发展进入中后期阶段的主要内容。相比城市发展初期围绕经济效益与政绩形象所进行的"实体"建设，城市更新更关注城市"虚体"空间及生态、社会、经济效益的协调统一。绿色基础设施理论与实践的不断拓展，不仅强化了其生态意义，提升了其在土地资源保护方面的价值，也逐渐凸显了其之于城乡融合发展的作用。同时，绿色基础设施也成为驱动城市更新的绿色工具和有效手段。

2. 城市更新视角下的绿色基础设施内涵

一方面，绿色基础设施作为一种规划理论，主张优先划定需要保护的非建设用地来控制城市扩张、保护土地资源，通过"精明保护"和"精明增长"来获取空间综合效益。另一方面，作为一种工程技术统筹方法，绿色基础设施强调运用低影响交通、城市溪流恢复、雨洪管理等技术策略来化解当今城市面临的各种"城市病"和生态危机。除此之外，作为连接城市各种开敞区域的绿色基础设施，应积极回应城市生活需求，为多样活动提供功能场所。同时，绿色基础设施作为一种景观媒介，可以帮助地方和区域获得新的发展动力。因此，城市更新视角下的绿色基础设施内涵可概括为战略框架、支撑系统、功能场所、景观媒介。

（1）引导保护和开发的战略框架。城市化进程加速了土地转化速度，绿色空间被建设用地替代，自然系统趋于破碎化，城市边界无序蔓延。绿色基础设施源于土地利用危机。与传统被动的绿色空间保护不同，绿色基础设施是一种兼顾人类与自然之需的积极方式，强调社区的开发需求。建立一个整体性、战略性和系统性的绿色网络，使得生态敏感性强、资源价值高的区域得以保护，同时又为未来的发展预留空间。

（2）提供生态服务的自然支撑系统。由多样生态系统构成的绿色基础设施是支撑人类系统和人类环境的根本基础。维护和构建野生动植物栖息地，提供洁净的空气和水源，解决城市热岛效应、臭氧消耗、空气污染和城市洪涝灾害等环境问题，是绿色基础设施作为自然支撑系统所提供的重要生态服务内容。同时，绿色基础设施的技术途径在城市和基础设施生态化等方面同样具有突出的优势。

（3）满足城市生活需求的功能场所。绿色基础设施除提供生态服务外，也是人们重要的生产、生活空间。作为连接自然区域和开敞空间的网络系统，绿色基础设施为城市居民亲近自然、户外交往、消遣娱乐、沉思放松等生活需求提供了场所。国内对绿色基础设施作为城市生活"发生器"的功能认知不足,由此出现了"不好用"的城市公园、可望而不可即的"视觉绿地"、消极失落的荒弃用地等功能单一、无人问津的绿色空间。

(4)促进区域持续发展的景观媒介。媒介反映了事物之间的普遍联系性。绿色基础设施作为城市重要的构成要素,其实施建设将关联城市发展主体和使用者、经济资本与社会文化、运营管理的模式和机制等。因此,它不是"一种孤立的努力行为",也不是"一种暂时的解决方法"。这种将人、资源、资本等关联在一起的媒介作用,将促使新的模式和机制的产生,由此形成城市与区域发展的新动力体系。

3. 城市更新视角下的绿色基础设施类型

从构成内容来分,绿色基础设施包括湿地、野生生物保护地等自然区域,郊野公园、荒野地等受保护用地,森林、农田等生产性土地,以及城市公园和绿道等开放空间。从实施类型来分,绿色基础设施包括:场地尺度层面的生物滞留系统、人工湿地、雨洪管理等途径和类型;城市尺度层面的滨水区和河道岸带、城市绿色廊道和绿色斑块以及乡村和特殊人居环境。基于"西雅图绿色未来研讨会"所提炼的城市绿色基础设施结构的"五大网络系统",结合城市景观特征及城市更新的主要空间对象、土地利用类型,城市更新视角下的绿色基础设施类型可归纳为以下 5 类。

(1)传统的开放空间体系。绿色基础设施强调整体性和连接性,强调自然区域应与城市开放空间进行有机连接,形成多类型整合和多功能复合的网络系统。因此,传统的公园、广场、游乐场、步行道、露天剧院、公共艺术设施等应成为绿色基础设施的重要构成要素,并建立紧密连接,增加新的功能。

(2)基础设施的保护廊道。在传统绿地规划中,城市交通道路、市政管网、泄洪通道、高压走廊等基础设施的防护绿地占比较高,但是其功能往往较为单一。在城市更新视角下,规划通过对基础设施生态化改造、对防护绿地景观化改造,在不影响基础设施功能的情况下,提升生态和生活服务功能,将其建设成重要的城市绿色廊道,并使其有效参与绿色基础设施网络系统构建。

(3)城市溪流和城市森林。对老城区原有河道的恢复及水系治理是城市更新的一项重要内容。水质提升、驳岸整治、植被恢复、人工湿地建设有利于重塑城市生态和绿色滨水生活空间,并为城市雨洪管理提供支撑。城市内的自然林地是重要的动植物栖息地,是具有"海绵"功能的绿色斑块。一定规模的树林植被能创造适宜的微气候,缓解城市热岛效应,净化空气,发挥碳汇作用,营造社交空间。作为重要的绿色基础设施类型,城市溪流和城市森林不仅可以维护生物多样性、提升空间品质,还促进城市旅游、"户外课堂"等产业的发展。

(4)棕地与低效存量用地。在收缩城市中,重新整合城市棕地一直是城市更新的重要议题。根据欧洲国家的经验,生态治理可挖掘棕地的生态系统服务潜力,具有阻止生物多样性丧失、调节微气候、适应气候变化、促进城市环境健康发展等功能。大量老旧机关用地、城中棚户区等城镇低效存量用地的更新改造是城市更新中又一重要内容。将这些土地的发展利用与绿色基础设施建设结合起来,既可优化提升城市生态网络系统,又可满足城市增长需求。

(5)学校与遗产保护区域。如何加强连通性是城市更新中绿色基础设施建设的一大难点。学校是城市重要的开敞空间和高绿化覆盖率区域,可作为城市重要的绿色斑块纳入城市绿色基础设施构建。同时,将城市中分散的自然遗产、人文遗产作为绿色基础设施类型进行有机串联,既可增强城市绿色网络的空间连通性,又可以提升系统综合服务功能。

7.3.2 绿色基础设施与公园城市共生系统构建

1. 规划设计原则

绿色基础设施规划前期,综合运用跨学科知识对场地现状进行充分调研与评估,保证规划与实际相结合。绿色基础设施的建设不仅要提升城市的生态环境,还要尽量增强亲民性,提高城市土地综合利用价值。

绿色基础设施不应当是冷冰冰的系统。应基于区域维度对其进行全方位考虑,解决工程设施环境评价、土地协调利用、环境污染综合治理等重大问题。城市未来的发展规划应当以"绿色"为城市发展的底色,模拟自然的生态秩序与生态格局,恢复自然的生境结构,将现有不合理的"灰色基础设施"通过景观生态的手段重新组合并使其融入在地特色。

2. 系统构建策略

(1)构建生态群落,保障生境安全。

过去的城市建设多从人的视角出发,忽视对动植物的考虑。同时,污水排放、废物处理不当等问题也随时威胁着生态系统的稳定。构建良好的生态群落是维持生态平衡、保障系统可持续发展的必然选择,也是完善生态系统的基础保障。为了实现公园城市的建设目标,绿色基础设施内部应当达到良好的生态联通。可以对区域内的动植物情况进行评估,衡量生态的完整性。

公园城市理念倡导对生境的保护,通过绿色基础设施的建设,整合区域绿色空间网络,提升山水林田湖草的完整性,为动植物提供适当的栖息空间,并结合当地气候和动植物生长习性,适当引入物种,保障生物的多样性及其生态安全。

(2)提升连接能力,满足人居需求。

在公园城市的建设过程中,应当重视绿色基础设施的布局。当今城市建设对景观的破坏较为严重,绿色生态的效益无法发挥。因此需要提高绿地斑块的集中度,扩大绿地斑块的集中范围,提升道路的流畅性,针对部分人均绿地不足的区域加大整改力度,如在缺乏绿色空间的区域增设公园和绿地广场,也可以通过开放部分专用绿地的方式,允许市民分时段共享部分内部绿地。将公园进行"溶解",使公园融入居民的日常生活,打破公园边界感,突破传统绿地范围,才能满足居民的实际需求。

绿色基础设施中的连接廊道作为一种线性要素,在系统中非常重要。公园城市的建设恰恰也需要从地区资源出发,寻找不同空间要素的有效连接,形成统一完整的空间体系。随着绿色基础设施系统的构建,公园城市理念将得到推广,常见的策略有增强绿地之间的联系、优化公园的服务半径、适地依托水系增加防护带等,还可以在提高连接度的基础上增强斑块建设,整合破碎化的小斑块。这些都有利于生态系统发挥作用。

(3)平衡矛盾关系,适应动态变化。

绿色基础设施建设的过程就是自然与城市设施融合的过程。需要掌握主动权,实现恢复、保护与开发的良好协调,平衡好两者的关系。传统的工程实践通常对自然进行约束、限制和破坏,将其与设施完全隔离开来。但在绿色基础设施规划中,应当构建生态与技术高度统一的主动性规划方法,如人为引入或适当管控食物链、设计自然型活动场地、提高生物多样性等。

在旧城中,人与地的矛盾格外凸显,绿化率极低、楼间距较小、公共服务设施不完善等问题比比皆是。可以从总体布局入手,通过有机改造的方式解决绿地不足的矛盾。在街道方面,要在统一绿化面积标准的基础上,根据实际情况统筹考虑,如可以将干扰较为严重的绿地改造为广场,并使其通过连接廊道与其他斑块进行联通,以形成完整的绿化体系。

(4)融入地域特征,激发公共效益。

在绿色基础设施介入城市生活的过程中,应关注其"在地性",即深挖地域文

化特征,将其赋予绿色基础设施,使其不仅拥有生态效益和社会效益,还具有强化展示作用和教育作用。要结合区域的文化内涵,创造更有针对性的文化资源体系。在当今社会大力倡导生态文明建设的契机下,配合一定新媒体宣传的绿色基础设施建设,必将成为激活片区居民关心社会事务的催化剂。

3. 实施途径与管理机制

(1)实施途径。

在建设绿色基础设施的过程中,土地的获取是第一步。在城市中,土地的用地属性以及权属关系纷繁复杂,除已建设用地外,其他的大多属于农业用地,如耕地、林地、水面、废弃土地等。在现行的土地获取框架中,获取土地的方法灵活多变,常见的如土地置换、交易、协议转让、有偿征地等。可结合这些方法研究制定完善的补偿机制。在绿色基础设施建设完成后,其原有生产活动不受影响。

积极主动地制定土地获取政策是为进一步建设绿色基础设施排除障碍。可以考虑给予从事山林、水体等资源保护和生态修复的主体一定的补贴或者奖励。这样才可以促使更多的人支持绿色基础设施的建设。

(2)管理机制。

国内外有许多可以借鉴的针对绿色基础设施的管控做法,如美国的公共土地基金,英国伦敦皇家公园的政府基金机构等。小城镇米尔顿·凯恩斯(Milton Keynes)也拥有自己的公园基金。其收入源于房地产开发公司的剩余资金,用于平衡地产开发建设对城市的破坏。作为"世界上最适宜居住的城市",温哥华有一个超过120年历史的公园委员会。该组织有权从地方征税中获取更多的绿色基础设施建设经费,而不用过多关心预算和政治上的强制要求。

不难看出,资金与管理结构的相对独立可以大大提高机构的工作效率及收入,对于管理对象的管控也可以更加有针对性。因此,为了配合绿色基础设施的建设,应当成立国家性的组织与机构,方便跨行业、跨地区协作,协助政府制定更加合理正确的策略,推广优秀的实践范例,开展相应的教育培训和管理培训。

7.3.3 绿色基础设施建设驱动城市更新的路径思考

绿色基础设施建设具有多方面的益处:包括生态环境方面的维护生物多样性、进行碳回收、减少洪水、净化空气等;也包括经济价值方面的促进商业发展、增加旅游收益、提升房地产价值;还包括社会文化方面的保障健康利益、维护并连接文化景观等。根据城市更新在生态、空间、经济、社会、文化方面的"环境改

善、活力提升、价值激发、正义彰显、特色塑造"五大策略目标,绿色基础设施建设
驱动城市更新的路径可从构建绿色网络、重塑空间魅力、重构发展动力三方面
展开。

1. 构建绿色网络

(1)构建绿色网络,保障城市安全格局。

快速城市化导致城市无序蔓延。城市变成一个高度人工化的刚性实体,人
与自然割裂。这种"人造"城市环境既丧失了为教育和休闲提供永恒共享资源的
能力,也不利于居民的精神健康和身体健康。孤立的公园和绿色斑块难以充分
发挥生态功能。因此,需要以连通性为关键原则,构建由中心控制点、连接通道
和场地连接而成的绿色空间网络,保障城市安全格局。

(2)制订发展框架,优化城市空间结构。

"精明增长"仍是城市更新背景下城市发展的首要目标和诉求。在城市发展
过程中,城市空间结构常被破坏,致使空间混乱拥挤、公私用途交错、土地权属复
杂等。通过绿色基础设施类型要素的识别与连接,以构建绿色空间网络引导城
市空间结构优化是绿色发展背景下城市更新的重要手段。同时,绿色基础设施
规划应关联社区发展,帮助社区确定保护的优先次序和新的增长开发区域,并充
分利用已有设施,鼓励创造更紧凑、适于步行的社区。

以下以刘化厂区更新改造项目为例。项目位于永靖县刘化厂区,与永靖县
主城区距离较远,周边环山,拥有良好的自然景观。项目用地包括东北部的厂区
和南部生活区。主厂区及三〇厂一直处于生产状态。生活区人口老龄化严重,
居住条件较差,周边市政配套公服设施不足。多处住宅楼被列为危楼,整体居住
环境较差;工业配套建筑仍有半数以上保持运营,但本项目范围内已存在大量废
弃厂房及仓储办公用房。同时,刘化厂区所在地的排洪沟因建设年代久远,后期
缺乏治理维护,洪道淤泥堆积,缺乏景观属性,严重影响刘化厂区主入口形象。
改造主要采取以下措施。

①本区域新建建筑设计遵循与地形地貌、环保、经济、美观相结合的原则。
运用新中式徽派建筑设计处理手法,采用江南水乡式景观布置,以先进的设计理
念,在满足各个建筑物功能要求的基础上,力图将建筑设计成环境秀丽、以人为
本、宜居宜养的高品质联排生活社区。

②本次改造将 14437 m^2 的老旧危房拆除,对整个厂区进行提升改造,改造
建筑面积达 137073 m^2。本次改造目标有:充分提升立面形象,对刘化厂区的特

色工艺和历史建筑进行重点保护;对厂区环境进行全面整治和优化,使刘化厂区的历史文脉、工业风貌得以较为完整的保存、延续和展现;以刘化工业历史文化为起点,融合科技特色,汇集刘化工业博物馆、青年文创、专项休闲运动、餐饮、住宿、工业遗址、绿色能源、会展产业,打造主题突出,特色鲜明,配套设施完善,集文化展示、休闲运动、体验娱乐为一体的工业文化创意产业园。

③在保留原有河道的基础上引入水系,使原有河道重新焕发活力。在河道区域设计跌水景观,使得整个景观层次丰富。通过缓坡草坪、悬挑平台、慢行步道景观营造整体设计的层次感,利用台阶的设计和缓坡草坪的设计消除河道两岸原有的高差。参差不齐的台阶与座椅结合,既美化了整体景观效果,又便于人们休息观赏。悬挑平台设计在跌水景观区域内,为人们更好地观赏跌水景观服务,在满足人们观赏跌水景观需求的同时也可以作为交流平台。河道景观的设计使得整片景观充满活力与生命力。

④依托于靖煤集团刘化公司老厂区场地进行整合规划,打造靖煤集团文旅、康养相结合的养老基地。完善功能格局,兼顾本地居民与外地游客。各功能区的功能组团布置延续刘化产业特色,形成"居住+医养服务"板块和"文旅产业+产业服务"板块,重构片区特质。

整个项目以排洪沟串联景观廊道,形成两岸廊道系统,有利于提升基地环境品质。项目包括住宅、康养、工厂三个大片区,满足居民居住、餐饮、购物和休憩的需求,以景观公园形成多个景观节点,统称"一轴三片多节点"。刘化厂区更新改造项目前后对比如图7.2所示。

(a)改造前实景   (b)改造后效果

图7.2 刘化厂区更新改造项目前后对比

2.重塑空间魅力

(1)强化生态治理,盘活低效存量资产。

对低效存量土地等资源的高效、高质利用是城市更新的重要内容。新的空间规划视角下,使用土地需综合考虑经济绩效、社会价值、生态效益。特别要加重社会价值及生态效益方面的权重。绿色基础设施建设引领低效土地利用发展的步骤如下:首先运用连通性原则,构建基于大环境分析的生态网络,将具体地块发展纳入城市整体空间结构考虑,以确定其增长开发的框架;其次,以生态技术为手段,构建生态化的城市基础设施,解决城市雨洪管理、设施功能单一等问题;最后,结合文化景观与配套设施的生态节点建设,解决城市更新中人居环境品质差、配套设施不足等问题。

(2)空间复合利用,重塑城市空间魅力。

城市空间常被高架路网、市政管廊、泄洪水渠、停车站场等"灰色基础设施"割裂,由此产生了大量消极空间。如何运用生态手段将这些"灰色基础设施"生态化,促使"灰、绿"融合,并借助景观塑造、路径引导、设施植入等策略,强化空间复合利用,提升空间活力,将"失落"空间变成"魅力"空间,是绿色基础设施建设驱动城市更新需要思考和解决的问题。以下以兰州市天水路高速出入口城市更新项目为例。该项目位于兰州市天水路北口高速出入口处,西侧为黄河河道,用地为城市公园及荒废绿地,周边存在大量城中村棚户区及 21 世纪初修建的多层高密度小区,且均未配建停车设施。该项目的城市更新规划坚持以城市绿地景观为核心的设计原则,充分利用地下空间,整体布置停车设施,根治周边居民的生活难点、痛点。地下车库在紧急情况下可作为城市道路的补充,一定程度上补齐了区域交通短板。地下一层连片设置社区配套设施,功能涉及全民健身、公共阅读、儿童游艺、老年人临时就餐等,为构建和谐社会、打造文明社区创造了有力的基础条件。地上空间保留城市公园属性,优化生态景观配置,利用地下通道、桥下绿地、立体绿洲等方式,统一原有的割裂绿化景观,提升片区的休闲景观属性。项目前后效果对比如图 7.3 所示。

(a) 改造前实景　　　　　　　　　　　(b) 拟建项目效果

图 7.3　项目前后效果对比

3. 重构发展动力

(1)激发公众参与,重构多元发展主体。

绿色基础设施既是一个空间网络,又可作为一个过程,能满足多利益需求。政府主导、企业开发是长期以来城市快速扩张的基本模式。这种粗放式的、经济驱动的发展模式暴露出很多问题。绿色基础设施不仅要解决生态环境恶化、利益分配不均、空间正义缺失、文化归属混乱等问题,还需要多方配合支持。绿色基础设施媒介性的发挥,提高了公众参与规划建设的热情,也激发了越来越多独立于政府与企业的组织机构、社会个体形成协作共建的多元主体,参与城市更新。

(2)诱导经济创新,促进传统产业转型。

城市更新的重要内容是城市产业的更新以及传统功能的活化。城市经济业态关联城市人群需求,既要满足本地居民的生活需求,又要积极吸引外来人群,为外来人群提供服务。绿色基础设施作为城市高品质的绿色空间,是城市生活的重要舞台。生活需求与绿色空间的融合促进,将激发传统功能产业升级,催生文创公园、森林餐厅、滨水画廊、湿地课堂等新型业态。

(3)形成绿色触媒,提升空间土地价值。

绿色基础设施的媒介作用表现在提升周边区域空间与土地价值。绿色基础设施建设带来的城市空间环境改善、休闲场地和配套设施完善、多样的使用人群和新型业态,将吸引越来越多的投资者,从而提升区域经济价值。较之"深港城市/建筑双城双年展""上海创意设计产业展"等事件触媒,作为"绿色触媒"的绿色基础设施具有更为长久的时效性,可促使区域持续更新和受益。高线公园沿线新建和改建的项目众多,许多著名建筑师都在此一显身手。而在三期北端的火车站,10 hm² 的哈德逊园区(Hudson Yards)城市改造项目一期已完成。这里成为时代华纳、美国有线电视新闻网(CNN)、蔻驰(COACH)的新总部,纽约时装周活动也在此举办。新项目的建设以及由此带来的一系列改变,将进一步提升城市形象,形成城市无形资产,促进城市空间土地持续增值。

长期以来,我国规划编制多关注建设用地,对绿色空间为主的非建设用地以被动保护为主。保护与发展的矛盾一直未得到很好的平衡协调。绿地系统规划常随着城市发展一变再变。图纸上连续、明确的绿色网络在现实中变成了高度破碎的绿色斑块,城市生态危机日益严重。绿色基础设施不仅为未城市化的土地资源提供了先保护后开发的理念,同样也为高度人工化的城市建成区提供了可操作的方法。绿色基础设施建设作为引导和驱动城市更新的绿色途径，既是基于城市问题与更新诉求的积极探索，也是 21 世纪可持续发展理念下的重要选择。

国内对绿色基础设施内涵、功能的认知还不够全面，在规划设计和实施管理层面仍采用传统模式。绿色基础设施要真正成为城市的生命支撑系统，驱动城市更新，切实有效地引导城市可持续发展还有很长的路要走。至少，在认知层面，应由功能单一的绿色空间认知转向整体性、战略性和系统性的方法认知。在规划层面，应由单一尺度规划转向多尺度融合规划，并形成一套基于综合目标实现的规划流程。在设计层面，应由关注形态的传统空间设计转向基于生态技术的提升设计，恢复城市的生态服务功能。在操作层面，应寻求与现行各层次规划的渗透融合；创新投资建设模式，鼓励公众参与；平衡保护与发展，建立长效监管机制。

第 8 章　公园城市理念下城市更新的基本策略

8.1 立足生态文明建设，以城园融合为导向拓展无边界公园

1. 不断完善城市公园体系的建设

基于公园城市背景的城市更新设计，首要推进的部分是城市公园体系的不断完善。城市公园体系属于城市基础设施体系的重要部分，以绿色铆钉的形式对城市的形态予以锚固，同时也是对传统模式的突破性优化。对自然生态本底的保护是城市公园体系建设的基本前提，凸显地域风貌以及彰显城市个性则是其内在的价值追求。城市公园体系的完善务求实现配置的层次化、分布的均匀化、功能的完善化、类型的齐全化，让身处其中的居民于出门时见绿，在步行中入园。

2. 不断优化绿色共享空间的布局

首先，秉持绿色福利全民均等化享受的理念，不断优化绿色空间布局。居民不论身处城市何处，见绿的距离不应超过 300 m，见园的距离不应超过 500 m。广大居民在较短时间内即可到达绿色共享空间。其次，立足于合理增量，全面提升绿色共享空间的质量。大量的实践探索表明，在现有城市园林绿化建设基础上，通过科学的空间规划，按照横向以及纵向并举的方式进行空间的增加，是切实提升绿色共享空间的有效途径。具体而言，即横向上以复绿、补绿、增绿进行科学的生态修复，纵向上以屋顶、桥体等立体绿化增加绿色空间。最后，不断推动公园管理模式的创新探索，务求管理兼具专业化与精细化，能够做到精准高效地提供对应服务。

3. 构建起织补城市绿色空间的绿道绿廊网络

林荫路是绿道绿廊网络的基础单元，同时也是营造优美线性空间的重要组成部分，能够织补绿色空间网络。应当对其予以推广。一是要紧扣《城镇绿道工程技术标准》(CJJ/T 304—2019)，将城市绿道打造为连接自然生态与人文底蕴的纽带，在保护以及合理利用的基础上，建设环境亲和型的城市廊道体系。二是要充分挖掘绿道绿廊对城市多元功能的串联优势，让绿道绿廊促进城市生态景观鉴赏、娱乐休闲、安全防护的深度融合,形成优势互补、整体效益最大化的良好局面。三是把绿道作为直达不同规划区域的"交通干线"。居民可以通过城市绿道便捷地步入绿色共享空间的不同部分。

8.2　积极转变营城理念,以人居合宜为目标开展场景营造

1. 为居民营造舒适便利的生活环境

公园城市建设应从健全城市功能要素方面入手,扎实推进职住平衡。首先,要积极营造公园般的职住环境,密切结合居民日常生活的需要,在居住区内科学地配置充足的绿色共享空间,使之成为居民在忙碌的工作之后开展休闲生活的第三空间,同时亦不能偏废对其工作环境的优化。其次,建立旨在方便居民出行、与环境融为一体的绿色交通系统,不断优化街道路网结构,大力发展低碳出行的交通工具,并辅之以绿色健康出行方式,建设层次与密度均科学合理的道路网系统。最后,打造布局均衡、辐射范围广的本地居民生活圈,构建基于信息化的社会生活服务平台,对其予以技术支撑。

2. 强化城市安全韧性

基于公园城市背景的城市更新设计需要对安全韧性这一要素予以充分的重视,切实增强公园城市抵御相关灾害与威胁的能力。具体而言,可从以下路径入手:一是建立健全城市综合防灾体系,始终遵循"安全第一"原则,充分发挥其防灾避险的功能,如城市绿色共享空间可作为应急避险与安全隔离的重要场所;二是大力推行"海绵城市"理念,结合城市的实际特点,最大限度地实现城市滨水区域的涵养功能,辅之以科学的透水铺装,强化海绵体功能;三是在城市中积极倡导绿色生活,从广度与深度两个层面推进节能减排,如采用绿色材料进行城市建设,推广清洁能源汽车等。

8.3 依托文化创意驱动，挖掘地域资源以提高人文审美情趣

1. 依托历史文脉，深入挖掘人文底蕴

对于公园城市建设背景下的城市更新设计而言，文化元素的自然融入尤为必要。特别是在当前人们物质生活水平显著提升的背景下，人们精神层面的需求骤增，对文化性内容的需求日益增强。故而，公园城市建设必须依托所在城市的历史文脉，深入挖掘其中的人文底蕴，给绿色共享空间增添丰富的文化韵味。为此，在公园城市建设的规划阶段，即应为文化元素预留充足的发展空间，针对部分较为珍贵的区域文化资源，可在其基础上直接进行设计，使其更为自然地融入城市生态环境。再者，应以城市文化品牌的打造彰显城市的人文气质，提炼本地文化元素，在对其予以保护、传承的同时进行创新利用，使得居民得到身心的双重体验。

2. 积极融入现代文化元素

现代文化是在历次技术革命基础之上发展起来的，具有时代特性。不同的区域因经济发展方式、生活方式的差异，会产生具有区域特质的现代文化。对于公园城市建设背景下的城市更新设计而言，以场景营造的方式融入现代文化元素，是一条行之有效的路径。这就要求依托文化创意驱动。设计时需要考虑为文化场景提供完备的基础设施。与此同时，还应考虑现代文化元素同传统文化元素、整体城市布局之间的内在协调性。

下篇 实践篇

第9章 公园城市理念下城市更新实践的成都经验

9.1　公园城市建设下成都市城市有机更新体系

2020 年国家出台"十四五"规划,"实施城市更新行动"首次出现在国民经济和社会发展五年规划中,标志着城市更新上升为一项国家行动。成都市近年来积极地开展城市有机更新工作,同时按照建设美丽宜居公园城市的要求,突出公园城市的特点,构建了较为完整的城市有机更新体系。在《中国城市繁荣活力2020 报告》中,成都市与北京市、上海市、广州市、深圳市被划为第一方阵,属于"均衡型高活力城市"。

9.1.1　城市更新历程与总结

成都市从 2000 年开始有计划大规模的城市更新主要分三段历程,以城市更新模式的转变引领城市不断发展提升。

1. 东调工程(2001—2006 年)

东郊工业区曾是全国闻名的老工业基地,用地规模约 40 km²,是以电子、机械、仪表工业为主体的大型工业区,拥有无缝钢管厂、发动机公司、量具刃具厂、前锋电子等 160 余户工业企业。随着国家经济体制的转变,2000 年东郊工业企业平均负债率高达 70%,企业发展困难重重。同时,由于城市建设的扩展,东郊工业区已成为城区的重要组成部分。因此,成都市于 2001 年作出了东调工程的决策,以工业企业的搬迁来实现该区域的城市更新。

(1)规划先行,调整功能定位。

成都市按照规划先行、"退二进三"的策略,将东郊工业区转变为城市副中心,将城市功能由以工业为主调整为生活居住、物流配送、金融商贸、科技产业、旅游休闲。

(2)工业聚集,提升产业能级。

东郊工业区工业企业按照成都市工业布局规划,迁入相应的工业集中发展园区。搬迁提高了产业集中度,进一步提升了产业能级,构筑成都工业新高地。

(3)沙河整治,改善人居环境。

沙河整治包括污染治理、防洪及河堤整治、绿化及园林景观建设等一系列工程。总绿化面积约 345 hm^2。沙河水环境质量明显提升,沿线区域生态显著改善。该工程荣获"中国人居环境范例奖"。

2. 北改工程(2012—2016 年)

北改片区总面积为 212 km^2,涉及金牛区、成华区、新都区,仓储、工业、市场用地占比超过三分之一,棚户区众多,空间凌乱、业态低端、交通无序,是成都市最大规模、最为集中的旧城区域。因此,成都市于 2012 年启动了北部城区老旧城市形态和生产力布局改造工程(简称北改工程)。

(1)有机更新,面向实施。

北改工程提出了"改旧、更新、建新"三种模式,以适应不同的实施模式。其中,"改旧＋更新"模式被集中应用于老旧厂房和居住区,约占整个北改片区总用地面积的 45%。同时,北改工程强调了公众参与,搭建由居民投票的自治改造委员会,突出群众自愿、自主、自决的主体地位。

(2)四态融合,立城优城。

将现代化的城市形态、高端化的城市业态、特色化的城市文态、绿色化的城市生态有机契合,走"四态合一"的城市可持续发展道路,实现立城优城。

(3)完善配套,改善民生。

打通断头路,完善优化道路体系;规划建设地铁轨道系统,强化公共交通;大力加强公共服务设施建设,补齐短板,进一步改善民生。

3. 中优工程(2017 年至今)

2017 年成都市提出建设全面体现新发展理念的国家中心城市,在空间结构调整上提出"东进、南拓、西控、北改、中优"战略。中优工程在北改工程的基础上进一步优化提升。中优工程范围为成都市五环路以内,面积为 1264 km^2,涉及锦江、青羊、金牛、武侯、成华、温江、双流 7 个区。

(1)优化城市形态。

针对中优工程区域现状容积率过高、人口密度过大、形态不佳的问题,提出降低开发强度、降低建筑尺度、降低人口密度,完善交通、公服设施配套等来实施有机更新。

(2)提高产业层次。

调迁一般性制造业、批发市场及仓储物流,疏解非核心区功能,优化现有产业业态,注入新兴业态,加快建设产业生态圈,打造现代服务业增长极核。

（3）提升城市品质。

以环城生态区为基底，提升水网体系，增加城市小游园、微绿地，重现"绿满蓉城、花重锦官、水润天府"的盛景。强化历史城区、文化片区、特色街区保护利用，凸显千年成都的历史底蕴。

9.1.2 公园城市建设下有机更新体系构建

1. 政策层面

（1）《成都市城市有机更新实施办法》。

经对标深圳、上海、广州等城市，2020年4月，成都市出台了有机更新政策的纲领性文件——《成都市城市有机更新实施办法》（以下简称《办法》）。《办法》对城市有机更新的定义、基本原则、组织领导、实施流程和支持政策等内容进行了明确，旨在树立城市有机更新工作新理念，变"拆改建"为"留改建"，实现人口规模结构与生活环境品质平衡协调发展，强化文化遗产保护规划，统筹协调城市发展与历史文化保护关系。

《办法》将城市有机更新定义为"对建成区城市空间形态和功能进行整治、改善、优化，从而实现房屋使用、市政设施、公建配套等全面完善，产业结构、环境品质、文化传承等全面提升的建设活动"。《办法》提出了保护优先、产业优先、生态优先，少拆多改、注重传承，政府引导、属地管理、市场运作，以及尊重公众意愿、推进城市持续更新四大更新原则。

（2）《〈成都市城市规划管理技术规定（2017）〉的补充规定》（以下简称《补充规定》）。

2020年12月，成都市规划和自然资源局为促进城市有机更新，打造人、城、境、业和谐统一的公园城市形态，出台《补充规定》，对容积率分类管控，适度提高城市有机更新重点及一般单元内国有土地改造住宅用地容积率；鼓励新增公共服务配套设施、公共空间用地，实施有机更新片区内容积率转移平衡；为促进历史文化及历史风貌保护，可因地制宜采取容积率奖励。

2. 组织架构

市级层面，成都市成立了成都市城市有机更新工作领导小组，市级相关部门及各区政府为小组成员单位。领导小组负责统筹协调重大问题，审批工作计划和方案，审定政策措施，督促检查各成员单位工作。市级相关部门依法按职责分工推动城市有机更新工作。

区级层面,成都市主城区在公园城市建设和城市更新方面进行构思和实践,成立了公园城市建设和城市更新局,以公园城市建设引领城市有机更新,创新城市发展模式。图 9.1 为成都市组织管理机构建设。

成立组织管理机构
➤成都市天府公园城市研究院
➤成都市公园城市建设发展研究院
➤成都市公园城市建设管理局

➤其中,成都市公园城市建设管理局下设14个机构、17个职能体系,保障公园城市从发展战略研究到公园城市建设的分类细化实施

图 9.1　成都市组织管理机构建设

3. 技术体系

(1)专项规划。

《成都市城市有机更新专项规划》是有机更新的顶层规划,确定总体规模,明确近中远期目标,制定更新强度、空间管控、生态和文化保护、风貌特色营造、轨道交通场站综合开发、公共设施完善等规划原则和控规指标。

该规划一是明确了更新对象,包括老旧居住区、低效商业区、低效工业仓储区和其他更新区四类,其中其他更新区是指需要更新的历史文化片区、公共空间、需要疏解的其他非核心功能、不具服务功能的基础设施用地等。二是明确了更新模式,通过"更新单元＋零星更新地块项目"的模式推进城市有机更新,其中更新单元是划定的相对成片区域,是确定规划要求、协调各方利益、落实更新目标和责任的基本管理单位,也是公共设施配建、建设总量控制的基本单位。三是明确了实施方式,包括保护传承、优化改造、拆旧建新等更新方式,其中优化改造是指维持现状建设格局基本不变,通过对建筑进行局部改建、功能置换、修缮翻新,以及对建筑所在区域进行配套设施完善等建设活动,加大老旧小区宜居改造,促进建筑活化利用和人居环境改善提升。成都市各区在《成都市城市有机更

新专项规划》的指导下,组织编制《城市有机更新区域评估报告》《城市有机更新实施计划》等,摸清片区的现状情况,合理确定城市有机更新需求,划定更新单元,明确实施项目、实施主体、投融资模式、进度安排等内容。

(2)建设导则。

《成都市公园城市有机更新导则》明确"留改建"标准要求,强化策划、规划、设计、运营一体化理念,规范化操作流程及工作规则,指导城市有机更新科学规范实施。此外还编制了《成都市城市既有建筑风貌提升导则(2022年版)》,对"留改"建筑的建筑外墙、建筑屋面、建筑外窗、雨篷、外墙附属物、外墙管线、围墙、大门和出入口、夜景灯光、店面店招、航空障碍灯等11类进行了规范化指引。表9.1为成都市公园城市理念下城市更新公布政策与规划汇总。

表9.1　成都市公园城市理念下城市更新公布政策与规划汇总

发布时间	政策与规划
2019年10月	《成都市公园城市街道一体化设计导则》
2020年1月	《成都市美丽宜居公园城市规划建设导则(试行)》
2020年6月	《成都市公园城市绿地系统规划(2019—2035年)》
2021年7月	《成都市公园城市有机更新导则》
2022年3月	《成都建设践行新发展理念的公园城市示范区总体方案》
2022年8月	《成都市立体绿化实施办法(征求意见稿)》
2022年8月	《成都市公园城市建设发展"十四五"规划》

4.建设模式

推行运营商主导的设计建设运营一体化模式,鼓励具有设计、施工、运营资质的专业机构与政府合作并参与策划规划设计,保证总体策划先行,统领设计和运营,强化场景营造、产业更新和文商旅融合发展,有效落实更新意图,构建"投资—建设—资产运营"相结合的投融资模式。例如在猛追湾、华西坝项目中引入万科对项目实施整体规划、分步实施、商业运作,引导经营模式转型,营造高品质宜居生活、创新创业、文化活动、夜间消费场景,实现区域形象、产业功能、业态品质等方面大幅提升。

9.1.3　成都市城市更新现状

成都市近二十年来不断探索城市更新,经历了东调工程、北改工程、中优工程三个阶段,以公园城市建设引领城市有机更新,建立健全体制机制,实现从政策体系、组织架构、技术体系、建设模式等方面的全面创新突破。成都市重点实施了天府锦城、一环路市井生活圈等更新示范项目建设,建成开放猛追湾、枣子巷等 25 个项目,加强历史建筑、历史街区、工业遗产等整体保护和活化利用,正在通过城市有机更新优化老城区空间形态和功能布局,改善宜居、宜业、宜游环境,着力彰显具有天府韵、成都情、国际范的公园城市特质,提高城市品质。

9.2　公园城市理念下成都城市更新总体方案

　　成都作为西部地区超大城市,生态本底良好、发展活力强劲,在公园城市建设方面开展了积极探索,形成了初步成果,具备进一步深化示范的坚实基础和独特优势。为深入贯彻习近平总书记重要指示精神,根据《成渝地区双城经济圈建设规划纲要》,现就支持成都建设践行新发展理念的公园城市示范区,探索山水人城和谐相融新实践和超大特大城市转型发展新路径,制定《成都建设践行新发展理念的公园城市示范区总体方案》(以下简称《总体方案》)。2022 年 3 月 16日,国家发展和改革委员会网站正式发布《总体方案》。《总体方案》由国家发展和改革委员会、自然资源部、住房和城乡建设部联合印发,包括六大方面、三十条具体措施,从国家层面支持成都建设践行新发展理念的公园城市示范区。

9.2.1　总体要求

1. 指导思想

　　以习近平新时代中国特色社会主义思想为指导,全面贯彻党的十九大和十九届历次全会精神,完整、准确、全面贯彻新发展理念,加快构建新发展格局,坚持以人民为中心,统筹发展和安全,将绿水青山就是金山银山理念贯穿城市发展全过程,充分彰显生态产品价值,推动生态文明与经济社会发展相得益彰,促进城市风貌与公园形态交织相融,着力厚植绿色生态本底、塑造公园城市优美形态,着力创造宜居美好生活、增进公园城市民生福祉,着力营造宜业优良环境、激发公园城市经济活力,着力健全现代治理体系、增强公园城市治理效能,实现高质量发展、高品质生活、高效能治理相结合,打造山水人城和谐相融的公园城市。

2. 工作原则

统筹谋划、整体推进。把城市作为有机生命体,坚持全周期管理理念,统筹生态、生活、经济、安全需要,立足资源环境承载能力、现有开发强度、发展潜力,促进人口分布、经济布局与资源环境相协调,强化规划先行,做到一张蓝图绘到底。

聚焦重点、创新突破。突出公园城市的本质内涵和建设要求,聚焦厚植绿色生态本底、促进城市宜居宜业、健全现代治理体系等重点任务,探索创新、先行示范,积极创造可复制可推广的典型经验和制度成果。

因地制宜、彰显特色。顺应国情实际、树立国际视野,根据成都经济社会发展水平、自然资源禀赋、历史文化特点,制定实施有针对性的政策措施,加快形成符合实际、具有特色的公园城市规划建设管理模式。

稳妥有序、防范风险。牢固树立底线思维,稳妥把握建设时序、节奏、步骤,循序渐进、久久为功,尽力而为、量力而行,有效防范化解各类风险挑战,严守耕地红线和生态保护红线,严格防范地方政府债务风险。

3. 发展定位

城市践行绿水青山就是金山银山理念的示范区。把良好生态环境作为最普惠的民生福祉,将好山好水好风光融入城市,坚持生态优先、绿色发展,以水而定、量水而行,充分挖掘并释放生态产品价值,推动生态优势转化为发展优势,使城市在大自然中有机生长,率先塑造城园相融、蓝绿交织的优美格局。

城市人民宜居宜业的示范区。践行人民城市人民建、人民城市为人民的理念,提供优质均衡的公共服务、便捷舒适的生活环境、人尽其才的就业创业机会,使城市发展更有温度、人民生活更有质感、城乡融合更为深入,率先打造人民美好生活的幸福家园。

城市治理现代化的示范区。践行一流城市要有一流治理的理念,推动城市治理体系和治理能力现代化,创新治理理念、治理模式、治理手段,全面提升安全韧性水平和抵御冲击能力,使城市治理更加科学化、精细化、智能化,率先探索符合超大特大城市特点和发展规律的治理路径。

4. 发展目标

到 2025 年,公园城市示范区建设取得明显成效。公园形态与城市空间深度融合,蓝绿空间稳步扩大,城市建成区绿化覆盖率、公园绿化活动场地覆盖率、地表水达到或好于Ⅲ类水体比例、空气质量优良天数比率稳步提高,生态产品价值实现机制初步建立。历史文化名城特征更加彰显,历史文化名镇名村、历史文化街区、历史建筑、历史地段、传统村落得到有效保护,各类文化遗产更好融入城市规划建设。市政公用设施安全性大幅提升,老化燃气管道更新改造全面完成,防洪排涝能力显著增强。居民生活品质显著改善,基本公共服务均等化水平明显提高,养老育幼、教育医疗、文化体育等服务更趋普惠共享,住房保障体系更加完善,覆盖城区的 15 分钟便民生活圈基本建成。营商环境优化提升,科技创新能力和产业发展能级明显提升,绿色产业比重显著提高,居民收入增长和经济增长基本同步。城市治理体系更为健全,城市实现瘦身健体,社会治理明显改善,可持续的投融资机制初步建立。

到 2035 年,公园城市示范区建设全面完成。园中建城、城中有园、推窗见绿、出门见园的公园城市形态充分彰显,生态空间与生产生活空间衔接融合,生态产品价值实现机制全面建立,绿色低碳循环的生产生活方式和城市建设运营模式全面形成,现代化城市治理体系成熟定型,人民普遍享有安居乐业的幸福美好生活,山水人城和谐相融的公园城市全面建成。

9.2.2　具体要求

1.厚植绿色生态本底,塑造公园城市优美形态

着眼构建城市与山水林田湖草生命共同体,优化城市空间布局、公园体系、生态系统、环境品质、风貌形态,满足人民日益增长的优美生态环境需要。

(1)构建公园形态与城市空间融合格局。

依托龙门山、龙泉山"两山"和岷江、沱江"两水"生态骨架,推动龙泉山东翼发展,完善"一山连两翼"空间总体布局,使城市成为"大公园"。科学编制城市国土空间规划,统筹划定落实三条控制线。科学划定耕地保护红线和永久基本农田并将其作为最重要的刚性控制线,保护成都平原良田沃土,布局发展大地自然景观。划定落实生态保护红线,合理确定自然保护地保护范围及功能分区。划定落实城镇开发边界,创新城市规划理念,有序疏解中心城区非核心功能,合理控制开发强度和人口密度,严格控制撤县(市)设区、撤县设市,培育产城融合、职住平衡、交通便利、生活宜居的郊区新城,推动周边县级市、县城及特大镇发展成卫星城,促进组团式发展。完善城市内部空间布局,调整优化生产、生活、生态空

间比例,促进工业区、商务区、文教区、生活区及交通枢纽衔接嵌套,推动城市内部绿地水系与外围生态用地及耕地有机连接,适度增加战略留白,实现生产空间集约高效、生活空间宜居适度、生态空间山清水秀。

(2)建立蓝绿交织公园体系。

描绘"绿满蓉城、水润天府"图景,建立万园相连、布局均衡、功能完善、全龄友好的全域公园体系。建设灵秀的山水公园,依托龙门山、龙泉山建设城市生态绿地系统,推进多维度全域增绿,建设以"锦城绿环"和"锦江绿轴"为主体的城市绿道体系,完善休闲游憩和体育健身等功能,为城市戴上"绿色项链";依托岷江、沱江建设城市生态蓝网系统,强化水源涵养、水土保持、河流互济、水系连通,加强水资源保护、水环境治理、水生态修复,提高水网密度,打造功能复合的亲水滨水空间。统筹建设各类自然公园、郊野公园、城市公园,均衡布局社区公园、"口袋公园"、小微绿地,推动体育公园绿色空间与健身设施有机融合。

(3)保护修复自然生态系统。

系统治理山水林田湖草,提升生态系统质量和稳定性。保育秀美山林,夯实龙门山生态屏障功能和龙泉山"城市绿心"功能,加强森林抚育和低效林改造。建设美丽河湖,推进岷江、沱江水系综合治理,统筹上下游、左右岸,加强清淤疏浚、自然净化、生态扩容,在主要河流城镇段两侧划定绿化控制带。守护动物栖息家园,加强生物多样性保护,完善中小型栖息地和生物迁徙廊道系统,建设相关领域科研平台,持续开展大熊猫等濒危易危哺乳动物保护科学研究。

(4)挖掘释放生态产品价值。

建立健全政府主导、企业和社会各界参与、市场化运作、可持续的生态产品价值实现路径。推进自然资源统一确权登记,开展生态产品信息普查,形成目录清单。构建行政区域单元生态产品总值和特定地域单元生态产品价值评价体系,建立反映保护开发成本的价值核算方法、体现市场供需关系的价格形成机制。推进生态产品供给方与需求方、资源方与投资方高效对接,引入市场主体,发展生态产品精深加工、生态旅游开发、环境敏感型产业,探索用能权、用水权等权益交易机制。

(5)完善现代环境治理体系。

推进精准、科学、依法、系统治污,打造水清、天蓝、土净、无废的美丽蓉城。加快城镇污水管网全覆盖,尽快解决雨污水管网混接、错接问题,因地制宜推进雨污分流改造,强化污水资源化利用和污泥集中焚烧处理,基本消除城乡黑臭水体。加强城市大气质量达标管理,基本消除重污染天气。推进受污染耕地和建设用地管控修复。建设生活垃圾分类投放、收集、运输、处理系统,逐步实现原生垃圾零填埋。健全危险废弃物和医疗废弃物收集处理体系、大宗固体废弃物综合利用体系。加强塑料污染、环境噪声、扬尘污染治理。

(6)塑造公园城市特色风貌。

优化城市设计,传承"花重锦官城"意象,提高城市风貌整体性、空间立体性、平面协调性。统筹协调新老城区形态风格,在老城区注重传承几千年文化历史沿革,有序推进城市更新,活化复兴特色街区,严禁随意拆除老建筑、大规模迁移砍伐老树;在新城区促进地形地貌、传统风貌与现代美学相融合,严禁侵占风景名胜区内土地。统筹塑造地上地下风貌,推行分层开发和立体开发,增加景观节点和开敞空间,推进路面电网和通信网架空线入廊、入地。寓建筑于公园场景,控制适宜的建筑体量和高度,塑造天际线和观山、观水景观视域廊道,呈现"窗含西岭千秋雪"美景。丰富城市色彩体系,推进屋顶、墙体、道路、驳岸等绿化美化,加强城市照明节能管理。

2. 创造宜居美好生活,增进公园城市民生福祉

开展高品质生活城市建设行动,推动公共资源科学配置和公共服务普惠共享,为人民群众打造更为便捷、更有品质、更加幸福的生活家园。

(1)加快推进农业转移人口市民化。

统筹推进户籍制度改革和城镇基本公共服务均等化。完善积分落户政策,精简积分项目,确保社会保险缴纳年限和居住年限分数占主要比例,逐步放开在城市稳定就业和居住(含租赁)3 年以上的农业转移人口等重点群体落户限制。推进城镇基本公共服务常住人口全覆盖,健全基本公共服务标准及定期评估调整机制,多元扩大普惠性非基本公共服务供给。依法保障进城落户农民的农村土地承包权、宅基地使用权、集体收益分配权,支持引导其依法自愿有偿转让上述权益。

(2)推行绿色低碳生活方式。

深入开展绿色生活创建行动,树立简约适度、节能环保的生活理念。引导绿色出行,鼓励选择公共交通、自行车、步行等出行方式,推广使用清洁能源车辆。鼓励绿色消费,推广节能低碳节水用品和环保再生产品,减少一次性消费品和包装用材消耗,建立居民绿色消费激励机制。大力发展绿色建筑,推广绿色建材和绿色照明,推行新建住宅全装修交付。建设节约型机关、绿色社区、绿色家庭。

(3)增强养老托育服务能力。

鼓励社会力量建设社区居家养老服务网络,提供日间照料和助餐、助洁、助

行等服务。增强公办养老机构服务能力,推动培训疗养机构转型,发展普惠养老服务,扶持发展普惠性民办养老机构。扩大 3 岁以下婴幼儿托育供给,支持社会力量发展综合托育服务机构和社区托育服务设施。严格落实城镇小区配套园政策,提高公办幼儿园学位供给能力,扶持民办幼儿园提供普惠性服务。

(4)提供优质医疗教育服务。

依托四川大学华西医院等医疗资源,建设国家医学中心、国家临床重点专科。加强公立医院建设,完善分级诊疗体系,增强县级医院和城市社区、农村基层医疗机构服务能力,促进医师区域注册和多机构执业,发展医疗联合体。建设一流大学和一流学科,发展高质量本科教育。鼓励高中阶段学校多样化发展,全面改善县中办学条件。推动义务教育优质均衡发展,增强教师教书育人能力,促进人口集中流入地学校扩容增位。

(5)完善住房保障体系。

坚持"房子是用来住的、不是用来炒的"定位,建立以政府为主提供基本保障、以市场为主满足多层次需求、以推进职住平衡为基本原则的住房供应体系。加强房地产市场调控,建立住房和土地联动机制,将城镇新增经营性建设用地中住宅用地占比保持在合理水平,提供舒适可负担住房,着力稳地价、稳房价、稳预期。培育城镇住房租赁市场,扩大租赁住房供给,完善长租房政策,保障承租人及出租人合法权益。做好公租房保障,面向城镇住房紧张和低收入住房困难家庭供应。加快发展城镇保障性租赁住房,主要解决新市民、年轻人等群体的住房困难。扩大居住小区物业管理覆盖面,提高服务质量和标准化水平。

(6)建设品质化现代社区。

以满足社区居民基本生活需求和品质消费需求为目标,建设功能完善、业态齐全、居商和谐的 15 分钟便民生活圈。推进居住社区补短板,提供养老、托育、医疗、体育、助残等公共服务,发展符合居民家政、休闲、社交、购物等需求的社区商业,引导社区物业延伸发展基础性、嵌入式服务,探索发展完整社区和智慧社区等。完善老旧小区及周边水电路气信等配套设施,改善居民基本居住条件。探索社区生活服务"好差评"评价机制和质量认证机制。

(7)提升文化旅游魅力。

坚持以文塑旅、以旅彰文,促进优秀传统文化创造性保护、创新性发展,营造诗意栖居气息,建设彰显天府文化和蜀风雅韵的世界文化名城。增强城市文化软实力,保护传承优秀传统文化,擦亮本土特色文化主题,发展文化创意、体育赛事、会展经济。发展遗产保护观光、休闲度假、民宿经济等旅游产业,壮大乡村旅游和全域旅游,健全旅游设施和集散体系。发挥文化交流在对外开放中的先导作用,建设国家文化出口基地。

3.营造宜业优良环境,激发公园城市经济活力

围绕增强城市内生增长动力和可持续发展能力,健全绿色低碳循环发展的经济体系,推动壮大优势产业、鼓励创新创业、促进充分就业相统一,使人人都有出彩机会。

(1)营造国内一流营商环境。

构建与国际通行规则相衔接的营商环境制度体系,持续优化市场化、法治化、国际化营商环境。提升市场主体名称登记、信息变更、银行开户等便利度,清理在市场准入方面对资质、资金、股比、人员、场所等设置的不合理条件,全面实施简易注销。对项目可行性研究、用地、环评等事项,实行项目单位编报一套材料后由政府部门统一受理、同步评估、同步审批、统一反馈,推进工程建设审批标准化、规范化、智能化。优化经常性涉企服务,推行企业开办和主要涉税服务事项全程网上办,缩减商标注册审查周期。加快建立全方位、多层次、立体化监管体系,实现事前事中事后全链条全领域监管。建设内畅外联、四向拓展、综合立体的国际国内开放通道,发展高水平开放平台,强化"一带一路"进出口商品集散中心功能,打造国际门户枢纽城市。

(2)推动生产方式绿色低碳转型。

锚定碳达峰、碳中和目标,优化能源结构、产业结构、运输结构,推动形成绿色低碳循环的生产方式。推动能源清洁低碳安全高效利用,引导水电、氢能等非化石能源消费和以电代煤,推行合同能源管理。促进工业和交通等领域节能低碳转型,强化重点行业清洁生产和产业园区循环化改造,推进公共交通工具和物流配送车辆电动化、新能源化、清洁化,布局建设公共充换电设施。

(3)发展彰显竞争力的优势产业。

优化生产力布局,引导先进制造和现代服务在中心城区、郊区新城及卫星城合理分布。推动制造业高端化、智能化、绿色化发展,增强根植性、核心竞争力、区域带动力,引导服务业向专业化和价值链高端延伸,做精现代农业和特色农产品精深加工。依托成渝地区双城经济圈,推动共建西部金融中心,增强对实体经济和"一带一路"的金融服务功能。发展壮大多元消费业态,坚持高端化与大众化并重、快节奏与慢生活兼具,提高商业繁荣度、消费舒适度、国际美誉度,打造国际消费中心城市。

(4)推进活力迸发的创新创业。

依托西部(成都)科学城攻关原创性引领性科技,推动共建具有全国影响力的科技创新中心,形成服务战略大后方建设的创新策源地。推动共建成渝综合性科学中心,统筹布局国家产业创新中心、工程研究中心、技术创新中心、制造业创新中心和未来产业技术研究院等创新平台,增强中试验证、成果转化、应用示范能力。促进创新创业创造向纵深发展,建设以双创示范基地为引领、孵化器加速器等为组成的创业载体,发布城市机会清单,推动科研平台和数据向企业开放,鼓励大企业向中小企业开放资源、场景、需求。

(5)促进更加充分、更高质量就业。

开展大规模职业技能培训,增强劳动者就业能力。搭建人力资源供需对接平台,为劳动者和企业免费提供政策咨询、职业介绍、用工指导等就业公共服务,引导人力资源服务机构提供精准专业服务。稳定扩大就业容量,构建常态化援企稳岗帮扶机制,增加政府购买基层教育医疗和专业化社会服务规模,统筹用好公益性岗位,支持符合条件的就业困难人员就业。构建和谐劳动关系,建立新业态从业人员劳动权益保障机制。

(6)建设人才集聚高地。

培养引进用好高水平人才,促进创新型、应用型、技能型人才成长、集聚、发挥作用,营造开放包容、人尽其才的良好环境。造就更多战略科技人才、科技领军人才、创新团队、优秀青年科技人才,壮大高水平工程师和高技能人才队伍,培养基础学科拔尖学生。推行与科技任务、项目招商等相结合的引才模式,完善外籍人才停居留政策,建立国际职业资格证书认可清单制度。健全以创新能力、质量、实效、贡献为导向的科技人才评价体系。

4. 健全现代治理体系,增强公园城市治理效能

践行人民城市理念,发挥政府、市场、社会各方力量,深化重点领域体制机制改革,建立系统完备、科学规范、运行有效的城市治理体系,为城市更健康、更安全、更宜居提供保障。

(1)增强抵御冲击和安全韧性能力。

建立城市治理风险清单管理制度,系统排查灾害风险隐患,健全灾害监测体系,提高预警预报水平。提升市政管网安全性,全面推进老化燃气管道更新改造,加快推进供排水等其他老化管道更新改造。坚持防御外洪与治理内涝并重,优化流域防洪工程布局,健全源头减排、管网排放、蓄排并举、超标应急的城市排

水防涝工程体系,确保老城区雨停后能够及时排干积水,新城区不出现"城市看海"现象。采取搬迁避让和工程治理等手段,防治泥石流和滑坡等地质灾害。开展既有建筑抗震鉴定及加固改造,加强公共建筑消防设施安全保障。增强重大突发公共卫生事件防控救治能力,完善公立医院传染病救治设施和疾控中心。创新超大城市应急物资保障机制,完善供水、供电、供气、通信等生命线备用设施。

(2)建设社会治理共同体。

推动城市治理重心和配套资源向基层下沉,建设人人有责、人人尽责、人人享有的社会治理共同体。加强街道(乡镇)、社区(村)党组织对基层各类组织和各项工作的领导,完善各类组织积极协同、群众广泛参与的制度,探索党建引领的社区发展治理与社会综合治理"双线融合"机制。增强街道(乡镇)行政执行和为民服务能力,有效承接政务服务和公共服务等事项。推进居(村)民委员会规范化建设,加强民生实事民主协商,优化网格化管理服务。完善社会力量参与基层治理激励政策,建立社区与社会组织、社会工作者、社区志愿者、社会慈善资源联动机制。畅通和规范居民诉求表达、利益协调、权益保障通道。

(3)构筑智慧化治理新图景。

适应数字技术融入社会运行新趋势,建设数字政府和数字社会。建设"城市数据大脑",增强城市整体运行管理、决策辅助、应急处置能力。推行城市运行一网统管,推进市政公用设施及建筑等物联网应用、智能化改造。推行政务服务一网通办,提供工商、税务、证照证明、行政许可等线上办事便利。推行公共服务一网通享,促进学校、医院、养老院、图书馆等资源数字化。推行社会诉求一键回应,健全接诉即办、联动督办的全方位响应机制。

(4)建立集约化的土地利用机制。

促进城镇建设用地集约高效利用,控制新增建设用地规模,实行增量安排与消化存量挂钩,严格建设用地标准控制,推动低效用地再开发。推进"标准地"出让改革,健全长期租赁、先租后让、弹性年期等市场供应体系,提高低效工业用地土地利用率和单位用地面积产出率,建设城镇建设用地使用权二级市场。建立不同产业用地类型合理转换机制,增加混合产业用地供给。推动建设用地地表、地下、地上分设使用权。

(5)建立可持续的投融资机制。

夯实企业投资主体地位,促进民间投资。推动政府投资等资金重点投向市政公用、公共服务、环境治理、产业配套等公共领域项目,有效防控地方政府债务

风险。优化预算管理制度,发行地方政府专项债券,支持符合条件的公益性城镇基础设施建设项目,合理确定城市公用事业价格,鼓励银行业金融机构按市场化原则增加中长期贷款投放。创新城市投资运营模式,推行以公共交通为导向的开发模式,加强片区综合开发,提高收支平衡水平,促进土地增值收益更多用于民生福祉。

9.2.3　行动专栏

1. 生态环境保护行动

(1)生态修复。

在龙门山开展植被低干扰自然恢复行动,修复大熊猫栖息地不少于 200 km²,建设大熊猫国家公园。在龙泉山开展增绿增景、减人减房行动,有序推进居民和矿权退出。在岷江、沱江开展治污理水护岸筑景行动。推进科学绿化试点示范和全国林业改革发展综合试点。到 2025 年,建成绿道体系和亲水蓝网长度不少于 10000 千米。

(2)环境治理。

到 2025 年,生活垃圾分类体系基本健全,资源化利用比例达到 60％。完善绿化垃圾分类收集与资源化利用体系。推进生活污水治理"厂网配套、泥水并重",开展污水处理差别化精准提标。

(3)生态价值。

依托四川联合环境交易所研究设立西部生态产品交易中心。深入实施生态环境导向的开发模式试点项目。建设沱江绿色发展经济带。

(4)水利工程。

实施都江堰灌区续建配套与现代化改造,研究论证引大济岷、沱江团结等重点水源和引调水工程,加强城市饮用水水源地保护。

2. 宜居生活创建行动

(1)绿色生活。

到 2025 年,城镇新建建筑全面执行绿色建筑标准。推进既有建筑绿色化改造,推广超低能耗和近零能耗建筑。构建多模式便捷公共交通系统,完善自行车专用道和人行道等慢行系统,在居住社区、公共交通站点、公园等建设自行车停放区。

（2）养老育幼。

分区分级规划设置社区养老服务设施,到 2025 年,按标准要求配套建设养老服务设施实现全覆盖。鼓励基层医疗卫生机构在社区和养老机构植入服务站点,建设医养康养结合服务设施。加强街区、社区、道路、公共服务设施和场地适儿化改造,推动公共场所建设母婴室、儿童厕所及洗手池、儿童休息活动区。

（3）住房保障。

健全公租房管理机制,明确保障对象标准,对城镇户籍低保、低收入住房困难家庭依申请应保尽保。扩大保障性租赁住房供给,以建筑面积不超过 70 m² 的小户型为主,主要利用集体经营性建设用地、企事业单位自有闲置土地、产业园区配套用地和存量闲置房屋建设,适当利用新供应国有建设用地建设。加强人才安居服务。

（4）社区服务。

探索社区综合服务设施"一点多用",统筹设立幼儿园、托育点、养老服务站、卫生服务中心、体育健身设施、微型消防站、维修点、食堂、公共阅读空间,推动政府服务平台、社区感知设施、家庭终端相连通。因地制宜建设智能快件箱（信包箱）,增加停车位和充电桩,推进菜市场标准化改造。

（5）文化旅游。

建设长征国家文化公园（成都段）、巴蜀文化旅游走廊（成都段）,挖掘三国、大熊猫、三星堆-金沙、都江堰-青城山等特色文化主题,实施宽窄巷子、锦里、武侯祠、杜甫草堂等旅游景区街区提升工程。办好公园城市论坛、国际非物质文化遗产节和国际美食旅游节等活动。

3. 宜业环境优化行动

（1）绿色生产。

坚决遏制高耗能、高排放项目盲目发展,严格控制化石能源消费。依托绿色技术创新中心和绿色工程研究中心,建设碳中和实验室。开展清洁生产评价认证和审核,建设国家绿色产业示范基地。强化城镇节水降损。协调推进特高压交流输变电工程建设。

（2）优势产业。

做强以电子信息、航空航天、轨道交通、汽车、生物医药、绿色食品等为主的先进制造业,建设制造业高质量发展示范区。做优以物流、研发、设计、商务等为主的现代服务业。发展都市农业。强化四川天府新区高端产业引领能力,健全

高新技术产业开发区、经济技术开发区等平台功能和配套设施。

（3）科技创新。

打造原始创新集群，在兴隆湖周边区域集中布局重大科技基础设施和前沿基础研究平台，支持在突出优势领域布局组建国家实验室以及国家实验室基地，谋划建设天府实验室。鼓励科研院所和高等学校在成都建立新型研发机构。建设中国科学院成都分院。

（4）技能提升。

开展"技能成都"行动，统筹发挥企业、职业院校、技工学校作用，聚焦新职业、新工种和紧缺岗位，加强职业技能培训，提高与市场需求的契合度。大力发展职业教育，深入推进产教融合。

（5）消费业态。

塑造"成都消费""成都休闲""成都服务""成都创造"品牌，壮大国际医疗、时尚购物、美食体验等消费业态，发展定制、体验、首店等消费模式，举办国际消费展会和时尚节会。建设春熙路、交子公园、西部国际博览城等商圈，提升文殊坊和音乐坊等商业街区。

（6）金融服务。

发展绿色金融、科创金融、普惠金融。支持设立市场化征信机构，为创新信用融资产品和服务创造有利条件。

（7）法治保障。

加强破产审判工作。建设天府中央法务区，健全国际性商事仲裁、调解、认证、鉴定权威机构。加大制度创新力度，依法推进企业合规治理。

（8）双向开放。

促进成都天府国际机场和成都双流国际机场协同运营，增强航空货运能力。提高中欧班列集结能力和运营质效，提升国际铁路港枢纽承载水平。升级扩容国家级互联网骨干直联点。推进中国（四川）自由贸易试验区成都片区改革探索，增强四川天府新区、国际铁路港经济开发区开放能级，建设成都天府国际机场临空经济区，支持按程序申请设立成都天府国际空港综合保税区。

4. 治理能力提升行动

（1）内涝治理。

实施中心城区排水管网整治工程，提升下穿隧道和下沉式道路排水能力，推进排水管网检测和病害治理。新城新区按照国家标准上限要求系统布局建设排水管网,改造四川天府新区污水及雨水干管等管线。实施岷江、沱江重点河道综合治理工程,建设金堂县防洪排涝提升工程(西家坝片区)等项目。

(2)燃气管道改造。

更新改造不符合标准规范、存在安全隐患的燃气管道设施,包括经评估不满足安全要求的燃气管道和立管、燃气场站和设施、居民户内设施及智能监测设施等。

(3)应急能力建设。

建设综合性国家储备基地和国家西南区域应急救援中心项目,合理布局应急避难场所。建设高级别生物安全实验室,推进二级以上综合医院传染病科室全覆盖。加快国家城市安全风险监测预警平台建设试点工作,创建国家安全发展示范城市。

(4)智慧化治理。

明确政务信息化项目清单,促进行业部门间数据共享,构建城市数据资源体系。部署智能交通、智能电网、智能水务等感知终端。完善"天府蓉易办"平台和"天府市民云"平台功能,提供全方位即时性的线上政务服务和公共服务。发展远程办公、远程医疗、智慧教育、智慧养老、智慧出行、智慧旅游、智慧街区、智慧商圈、智慧楼宇、智慧家居、智慧安防。

(5)土地利用。

改造老旧厂区和城中村等存量片区,探索存量建设用地用途合理转换机制。以国家城乡融合发展试验区成都西部片区为重点,按照国家统一部署,积极探索实施农村集体经营性建设用地入市制度。

(6)投融资创新。

按照站城一体、功能复合、综合运营原则,全域推行以公共交通为导向的开发模式。盘活存量优质资产,稳妥推进基础设施领域不动产投资信托基金试点建设。

9.2.4　实施保障

1. 加强党的领导

坚持和加强党的全面领导,将党的领导贯穿示范区建设全过程、各领域、各环节。充分发挥党总揽全局、协调各方的领导核心作用,发挥各级党组织作用,为示范区建设提供根本保证。以正确用人导向引领干事创业导向,激励党员干部担当作为。推动全面从严治党向纵深发展,营造风清气正的良好政治生态。

2. 完善实施机制

四川省要加强组织领导,明确任务分工,督促做好示范区建设各项工作。成都市要强化主体责任,完善工作机制,优化资源配置,引导社会力量,确保示范任务落实落地,探索建立健全公园城市建设细则、标准、地方性法规,强化依法治理。重要政策、重大项目、重点工程按程序报批。国务院各有关部门要加强与四川省协调配合,在公园城市建设、生态产品价值实现、城乡融合发展等方面支持成都市先行先试,在项目布局、资金安排、要素供给等方面给予积极支持,营造良好政策环境。国家发展和改革委员会、自然资源部、住房和城乡建设部加强对示范区建设的统筹指导,适时评估工作进展情况,总结推广典型经验。重大事项及时向党中央、国务院报告。

9.3 成都市的公园城市有机更新共识

2021 年 7 月 19 日,成都市住房和城乡建设局发布消息称,围绕建设践行新发展理念的公园城市示范区、高品质生活宜居地和世界文化名城的城市目标,牵头编制的《成都市公园城市有机更新导则》(以下简称《导则》)已正式印发。

据介绍,《导则》在编制过程中,调研考察并吸纳了国内外多座城市的经验,更立足于成都自身特征。《导则》为成都城市的有机更新提供路径、依据和准则,形成公园城市理念下的成都有机更新共识。

9.3.1 六项更新原则

不同城市的有机更新会有不同的路径和特色。而成都路径的最大特色,则是在公园城市理念下开展有机更新。基于此,《导则》明确了成都有机更新的六项更新原则。

留改建相结合,保护城市历史年轮——采用保护传承、优化改造、拆旧建新等有机更新方式,少拆多改,在城市更新过程中对历史文化资源进行全方位保护,传承城市记忆,保护历史年轮。

因地制宜,推动片区整体更新——根据老城资源禀赋特点与面临的不同问题,实现更新方案"量身定制",推动片区整体更新,加强片区综合开发,优化整合片区资源,精细化推进更新实施。

推动城市新旧动能转换,提升城市能级——以"策划—规划—设计—运营"一体化思路,重点推动功能重构、品质提升、产业转型,盘活低效闲置土地,大力发展新经济,培育新动能,营造新消费场景,持续优化升级城市功能。

主动调适、多维统筹,促进职住平衡——通过城市更新主动调适老城面临问题,调整人才结构和资源分配结构,注重产业功能、居住功能在区域分布上的平衡性,强化职住平衡。

践行绿色城市更新,促进可持续发展——采用融入可持续理念,应用生态技术,推行生态策略,实现生态效益,建设绿色城市,兼顾社会、经济、环境的绿色城市更新模式,打造低碳未来社区,支撑碳中和先锋城市建设。

政府引导、属地管理、市场运作、公众参与——政府充分发挥规划引领、政策支持、资源配置作用,加大财政支持力度。强化属地意识,提升管理效能。坚持高水平策划、市场化招商、专业化设计、企业化运营,强化更新可操作性。引导公众全过程参与,形成长效治理机制。

9.3.2　打造五个"之城"

成都的有机更新,要打造什么样的城市? 立足于保护历史文化、升级功能业态、完善配套设施、改善环境品质、加强智慧治理五个方面,《导则》提出了成都有机更新的总体导向,要打造五个"之城"——人文之城、活力之城、宜居之城、魅力之城、韧性之城。

在保护历史文化方面,要对历史文化街区、风貌片区进行整体保护,维持原有街巷格局、肌理与空间尺度,对历史建筑、文保单位进行真实性保护。要促进工业遗产保护与利用,提炼代表性地域文化元素,最大程度避让古树名木与原生树木,推进非物质文化、老字号活态展示。在尊重历史风貌特征的前提下对历史文化资源进行合理修缮和恢复,将现代功能合理融入传统历史建筑,促进片区活力再生。比如可保留历史建筑本体,对内部进行合理改造,将大空间建筑改造为博物馆、创意办公等。

在升级功能业态方面,包括优化产业发展空间,植入新经济、新动能。可结合对标服务人群,利用当地文化资源,植入新消费业态、多元社区商业、文化创意产业,提升产业能级。例如利用工业遗产植入新兴文创产业,形成体验式文化场景。

在完善配套设施方面,要完善文体医教商养公共服务体系,结合现状人口结构特征和实际需求,利用现有空置土地、腾退用地、剩余空间及建筑改造等针对

性完善公共服务设施,打造 15 分钟便民生活圈。

在改善环境品质方面,主要包括增加公共空间,强化慢行系统,改造老旧建筑。结合"两拆一增",增补小游园、微绿地,对河道进行综合治理和一体化设计,对街道空间进行一体化改造,充分利用剩余空间,为市民提供休闲交往空间以及景观绿化。

建设"轨道＋公交＋慢行"的绿色交通体系,依托轨道站点,增设公交站点,完善交通设施,打通社区公交微循环。对老旧建筑屋顶、立面、基底进行改造,实现建筑风貌整体协调,提升城市形象。例如,鼓励建筑屋顶净化、序化、坡化、绿化、艺化,充分利用屋顶空间,美化第五立面,丰富建筑功能。

在加强智慧治理方面,完善老城避难及微型防灾设施,注重以公共交通为导向的站点地下空间建设与人防工程结合,完善老城安全空间体系。鼓励对已有基层医疗设施进行扩容,配置医养结合型卫生服务中心,结合互联网应用,构筑社区基层公共卫生防控体系,同时加强社区健康环境营造。推进老城海绵城市建设,通过建设雨水花园、建设防洪堤坝等措施,整体提升老城防洪排涝能力。整合公安监控、物业管理、医疗卫生等信息,形成全时段一体化的社区联动治理平台,提升社区韧性和治理水平。

第 10 章　成都城市更新实践之"人文之城"

10.1 分类保护，传承历史记忆

10.1.1 文殊坊二期项目

在本项目建设之前，很少有人了解文殊院和文殊坊的关系。文殊院是国务院确定的全国佛教重点寺院之一，中国长江上下游四大禅林之首，四川省重点文物保护单位，是集禅林圣迹、园林古建、朝拜观光、宗教修学于一体的佛教圣地。而文殊坊作为成都中央休闲旅游区，与传统城市商务中心相融合，集旅游观光、休闲度假、餐饮美食、特色购物、古玩字画鉴赏收藏、养生康体、娱乐演出、会议研修、商务洽谈、展示展览、中外商务信息和文化艺术交流等功能于一体，以横贯古今的时空跨度和参与、体验的游憩理念，提carries和传播老成都的人文风貌、民俗风情和休闲文化，是展示成都特质、代表成都文化的名片，是成都市民怀旧寻古、休闲娱乐的上佳之选，是海内外游客认识成都、体验成都休闲文化的重要窗口。文殊坊是由川西传统民居形成的特色商业院落。它是历史价值、文化价值和商业价值的共同载体，见图 10.1。文殊坊凭借其优美的自然景观与深厚的人文底蕴，彻底颠覆传统的商业街形态，成为体验商业时代发展的一个前沿性创造——院落商街。

图 10.1 文殊坊

可以说它们的关系就是因院而坊、因城而坊、因民而坊的演变和重生，是在公园城市理念指引下的城市更新工作的完美展示。

1. 概况

青羊区白家塘街、楞伽庵街文殊坊文创区二期(B8、B9、B10 地块)项目,位于成都市青羊区草市街辖区,用地面积为 5.8 hm²,总建筑面积为10 hm²,地上 3 层,地下 2 层,东边、北边毗邻文殊坊一期,是国务院批准的成都市三大历史文化保护区之一。千年古刹文殊院也坐落于此。该项目场地内,建筑前身为 20 世纪 90 年代风格居民楼,楼宇之间搭设临时古玩收藏市场,居民楼多临街布设,一楼为商铺,面向马路,经营业态基本满足市民日常需求,烟火气息浓厚。

2. 破局

升级改造前,街道较为整洁,但公共配套设施不足,缺乏活力(图 10.2)。整个街区具备基本承载能力,但逢年过节,人流剧增,车水马龙,街区承载压力及安全风险也随之陡增。

该街区依托文殊坊一期工程的规模效应以及文殊院的区位优势,具备观光、休闲和可参与性旅游的基本要素,但业态布局、文化体验、环境舒适度日渐单一且陈旧,逐渐失去活力和吸引力。

图 10.2 升级前文殊坊街道

城市在不断发展,总会遇到"成长的烦恼"。城市更新无疑是一剂良药。根据城市发展规律,我国已经进入城市更新的重要时期,即由大规模增量建设转为存量提质改造和增量结构调整并重,从"有没有"转向"好不好"。2021 年,城市更新首次被写入政府工作报告。

自 2021 年起,成都提出实施幸福美好生活十大工程,其中就包含了"城市更新和老旧小区改造提升工程"。

《导则》是对城市更新和老旧小区改造提升工程的落实。同时，《导则》也为公园城市理念下的城市有机更新明确了总体目标导向、主要路径方法、实施建设方式。也就是说，《导则》为成都市的有机更新提供路径、依据和准则。这也将形成公园城市理念下的成都有机更新共识。

成都是"一座来了就不想离开的城市"，形成了以"慢生活"为特色的城市气质。在全面建设践行新发展理念的公园城市示范区的总体纲领下，近年来成都城市有机更新以未来公园社区创建为核心，推进老旧小区改造，通过硬设施软环境双提升，改善人居环境；对背街小巷进行品质提升，通过现代与历史、潮流和传统交融碰撞更新街巷面貌，营造多元消费场景，重构市井烟火气息，形成了一批具有文化底气、人情味的示范项目，大大提升了市民的幸福感、获得感和归属感。

文殊坊二期应当通过构建多元文化场景和特色文化载体，在城市历史传承与嬗变中留下历史文化的鲜明烙印，以美育人，以文化人，坚持在城市有机更新过程中保护历史文化遗存，并通过根植于传统文化的现代展示手段，彰显大府文化魅力(图 10.3)。

图 10.3 文殊坊景观

3. 重生

如今成都正通过城市有机更新的方式来延续这千年的人间烟火。回顾过往,成都在城市发展与文脉传承的综合平衡上始终走在前列。从展现三国文化与成都民俗的锦里开始,以保护街巷院格局并融入当代消费业态为核心的宽窄巷子,让"最成都"的生活方式走向世界,成都太古里成为城市文化与时尚潮流融合的新经典……这些引领风向标的实践为成都系统性开展城市有机更新打下了坚实基础。

有机更新要坚持什么样的原则?不同城市的有机更新有不同的路径和特色。而"成都路径"的最大特色,则是在公园城市理念下开展有机更新。其最终目的是通过有机更新实现老城复兴,解决老城存在的突出问题,满足市民美好生活需求。

基于这样的特色和目标,文殊坊二期升级、改造、新建工作秉承《导则》中的六项更新原则。

规划和设计阶段应做好价值定位,即因院而坊,因城而坊,因民而坊。提升城市品质、功能与内涵,从汉唐、明清、现代三个时代的建筑特点诠释"智慧文化,创意经济"的时代内涵(图 10.4～图 10.6)。

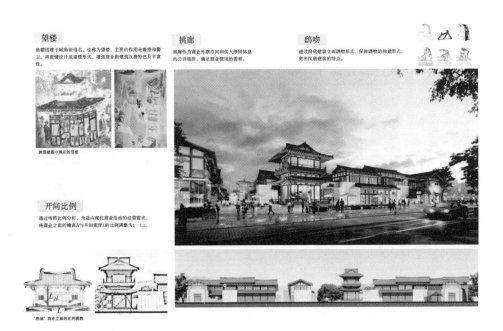

图 10.4　智慧文化,创意经济——汉唐

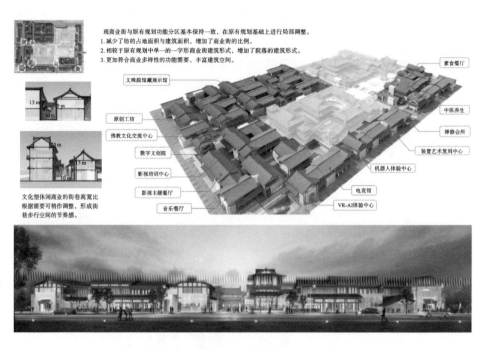

图 10.5　智慧文化,创意经济——明清

图 10.6　智慧文化,创意经济——现代

4. 实施

实施阶段的重点在于解读方案、明确意图、把握尺度、控制成本。该项目的难点是如何充分展现 B8、B9、B10 三个地块建筑的外立面效果,尤以仿古建筑为重。利用现代或传统建筑材料,对古建筑形式进行符合传统文化特征的再创造,还原历史风貌概况,使其具有一定的文化属性和历史积淀。为保障实现预定目标,项目部决定在项目施工准备阶段分以下四步走,逐步提升管理人员的认知水平,加强管理人员精读图纸的能力,培养其审美能力。

第一步,BIM 3D 建模。解决管综碰撞,明确仿古建筑进退开合关系。利用 BIM 技术,1∶1 等比例建模,使得复杂抽象的平面图纸三维化,便于识别,有利于精读图纸,提前识别施工重难点,有效控制质量、进度及成本,降低安全风险。为此,项目部成立 BIM 小组,聘请专业 BIM 团队进驻项目部教学,同时密切加强与设计院的对接沟通,即时解决各类问题。

第二步,参观考察。为提高管理人员的审美能力,使其掌握仿古建筑的基本知识,项目部牵头组织多个参建单位及人员到苏州、杭州等地实地考察,学习借鉴。

第三步,实体打样。明确工艺、材质、效果。为了进一步掌握本项目建筑的特征、工艺以及重难点,采取现场实体打样等方式,在不断试错的过程中找准方向,明确目标。过程中反复邀请业主、设计院专业工程师以及仿古建筑专家现场指导教学。

第四步,不断提升斗拱、屋脊、雕花、柱础等重要装饰元素以及老砖勾缝、砌筑、木料花纹、榫卯的工艺标准、加工质量和施工质量,让仿古建筑更加真实出彩。

5. 现状

上海、纽约、伦敦等国内外先进城市的城市更新实践表明,城市发展进入高质量发展转型期后,更强调城市综合治理能力和生活品质的提升。现如今,城市更新已然呈现多维价值、多元模式、多学科探索和多维度治理的新局面。成都的城市更新经历了多个阶段,对天府锦城、锦江公园、一环路市井生活圈等片区进行系统化推进,还开展了枣子巷街区、猛追湾市民休闲区等点状更新项目。在路径探索的过程中,成都实践也形成了独有的特征。

注重短期经济利益的城市更新已经是过去式。在未来的城市更新过程中,成都将围绕公园城市理念,注重历史文化的保护和城市文脉的传承,注重围绕人的需求完善高品质生活服务和公共空间,注重新业态的植入和提升,注重城市韧性的增强。

文殊坊二期项目已经竣工验收,并移交物业管理,各大商铺陆续装修、经营。开放的街区已经多次举办各类型活动,受到市民的广泛好评(图 10.7)。经过所有参建者的共同努力,该项目已基本实现预定目标。公园城市理念指引下的城市更新工作即将有序呈现。

图 10.7 文殊坊现状

10.1.2 枣子巷街区项目

1. 项目简介

20 世纪初,成都西郊西门外有戴氏花园,枣树成荫。成都历经沧桑巨变,成都中医药大学、四川省社会主义学院、四川省地质矿产勘查开发局物探队等科研机构汇聚于此,熙来攘往,终成枣子巷。

枣子巷街区项目位于成都市金牛区枣子巷、青羊东一路(图 10.8),项目施工区域总面积约为 33 hm²,外立面改造工程约为 7.6 hm²,道路改造面积约为 1.5 hm²。

2. 建设原因

枣子巷街区内的建筑以 20 世纪 80 年代的建筑为主,城市风貌较为混杂。建筑风貌老旧,90%的建筑有待改造,10%的建筑有待重塑。改造前区域主要存在以下问题。

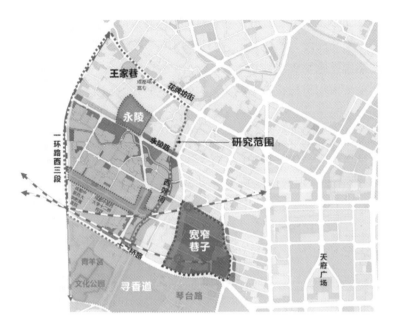

图 10.8　项目所在位置

（1）缺少宽敞舒适的步行空间（图 10.9）。建筑退界空间未与红线内人行道进行一体化设计，未统筹步行通行区、设施带，存在步行空间局促、设施布置缺乏管理的问题，部分路段人行道一大半空间被设施占据，仅剩不足 1.5 m 的空间用于通行。街道界面杂乱，部分商铺沿街外摆不规范，挤占步行空间。

图 10.9　改造前街道部分现状

（2）缺乏安心可靠的慢行环境。道路断面内机动车与非机动车、行人与非机动车未在空间上予以分离，非机动车与行人的慢行安全未得到保障。机动车与非机动车隔离栏坚固性差，若机动车与之发生碰撞容易对非机动车及行人造成二次伤害。机动车往往占道停车,压缩非机动车通行空间,慢行环境缺乏。

(3)缺少人文关怀、人文特色。设计街道时未考虑无障碍设施及其使用和维护,导致无障碍设施缺失或使用不便。

(4)缺少城市街道绿化氛围营造。从现状空间景观上分析,整个街道由于缺乏管理,景观色彩单一,缺乏立体层次感,空间利用不合理,没有发挥城市街道绿地自身的作用。

(5)缺少历史文化传承保护。枣子巷街区历史悠久,有浓厚的历史文化底蕴和中医药文化背景。现状街区缺少对历史文化传承和中医药文化的展现,未能体现街区历史底蕴。

3.改造理念

项目场地位于成都一环内,拥有成熟的城市配套。作为成都"八街九坊十景"文旅场景试点街区,枣子巷街区既拥有历史背景,也拥有中医药特色文化底蕴。项目定位为中医药文化展示区、中医技艺传承推广区、中医健康养生体验区、医养文旅融合典范区的"国医汇"中医大健康产业示范区,以中医药文化展示轴连接中医推广、健康养生、文旅体验三大核心。

项目通过一体化街道设计,解决缺少宽敞舒适的步行空间,缺乏安心可靠的慢行环境,缺少人文关怀、人文特色,缺少城市街道绿化氛围营造,缺少历史文化传承保护等问题,使街道成为慢行优先的安全街道、界面优美的美丽街道、特色鲜明的人文街道、人气旺盛的活力街道、低碳健康的绿色街道、集约交互的智慧街道(图 10.10)。

图 10.10 改造后街道效果

项目改造重点对象为枣子巷道路、沿街两侧建筑物及其附属设施。重点改造区域分布如图 10.11 所示。

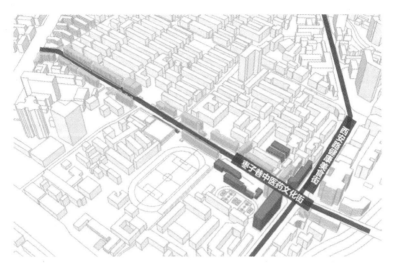

图 10.11 重点改造区域分布

在街区界面优化上,通过对街道建筑界线和街道界面宽度的调整,形成整齐有序、富有节奏和韵律的街区界面,以满足不同的街区功能和活动需求。风格形式上强化街道风貌特色,保留和传承历史建筑风格特征要素。新建、改建建筑屋顶形式尽量与历史建筑保持一致,鼓励采用坡屋顶,整体应与核心保护区屋顶形式相协调。在保证合理化的基础上,融入近代建筑元素;在遵从历史的前提下,加入现代建筑元素。项目设计新建支路的街道界面宽度为 15～25 m,次干道的街道界面宽度在 40 m 以内(图 10.12)。

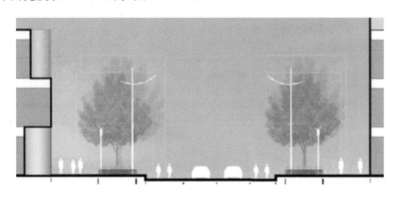

图 10.12 街区界面宽度意向

在慢行优先的安全街道打造上，采用机动车与非机动车分离设计（图10.13），对有条件的道路设置绿化隔离，通过软硬隔离带分隔及单行道设置，解决原有的机动车与非机动车混杂的问题，有效划分机动车、非机动车和人行道，提升人们出行的体验感。在没有隔离的道路考虑非机动车道缓冲带，减小机动车开车门对非机动车安全的影响，同时也可减少机动车路边临时停靠对非机动车的影响。

图 10.13　机动车与非机动车分离设计效果

在道路交叉口区域，优化转弯设计，减小道路转弯半径，使过街人行道更接近行人期望线（图10.14）。

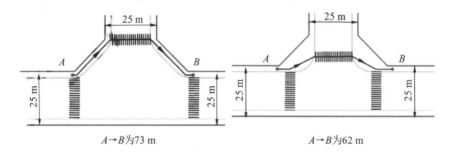

图 10.14　过街动线优化

在低碳健康的绿色街道设计上，为充分发挥轨道交通站点的服务辐射效应，保障中医大省医院—枣子巷—宽窄巷子的慢行空间，以社区公交串联周边特色板块、地铁站点,形成街区小环线,打造地铁站—特色街—地铁站慢行活力带,实现轨道建设与城市更新共赢互利的局面。

在历史文化传承和中医特色打造上,通过主题游园景墙设计、雕塑小品打造、基础设施和标识系统设计,形成街区整体文化景观效果,突出街区主题特色(图 10.15)。

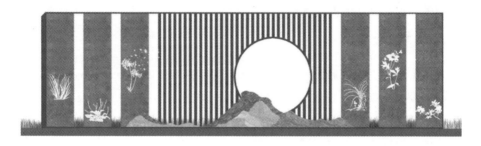

图 10.15　文化景墙设计

在集约高效的智慧街道打造上,针对街区存在的架空线缆杂乱,安防、照明、广播设备不统一等问题,将设施集成化、小型化运用到极致,通过"多杆合一""多箱合一""归并结合"的方法对公共设施进行整合(图 10.16)。控制智能设施占地面积,引导街道智慧管理。

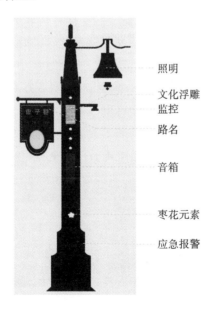

照明

文化浮雕
监控

路名

音箱

枣花元素

应急报警

图 10.16　多杆合一

在景观绿化和公共活动点位打造上,针对老旧街区绿化空间分割杂乱、不成体系的特点,在街区改造过程中采用统筹建设,对土地进行复合利用,整合人行道、路侧绿化带与相邻公园、广场、生态用地,统筹功能及绿化布置,形成开敞舒朗、层次分明的绿化景观。在植株选择和栽植过程中,最大限度利用旧有乔灌木,修剪原生高大乔木,对有安全隐患的根系树种进行移栽,在保留街区植物氛围的基础上提升整体品质。

4. 建造技术

项目需要解决的重点技术难题有:建筑物外立面老旧设施及装饰物的拆除;外立面搭设脚手架施工技术;石材幕墙的颜色均衡一致性、稳定性及牢固性;后置埋件的可靠性;外墙面砖的黏结强度;复杂环境下材料的垂直运输;狭小且分散场地的合理规划与平面布置。

在进行拆除作业之前,对街区典型建筑立面进行分析,发现大部分建筑加装了遮阳雨棚、空调外机格栅、防盗格栅,外立面材质大多为小块瓷砖并搭配了部分装饰线条。通过实践,较理想的拆除顺序为:遮阳雨棚拆除→空调外机格栅拆除→空调移机→外墙装饰线条拆除→店铺招牌拆除→外墙瓷砖剔除→外玻璃幕墙及窗拆除。

沿街立面改造的重点是美观和安全。在材料选取上,项目使用区别于普通瓷砖的新型软瓷材料,尽可能规避后期脱落风险。同时,为降低街区建筑能耗,项目对改造区域的建筑外窗进行了节能改造,通过换用断桥铝窗框、中空 Low-E 玻璃等手段,降低室内外热交换率,减少取暖、制冷方面的能源消耗。

路面整治包含地下管网建设、非机动车和机动车车道整治、路面铺装、道路景观建设。采用防沉降井盖、防滑铺装等改善路面通行体验。为提高行人过街的便捷度,项目在过街节点处设计无障碍通行的全宽式缘石坡道(图 10.17)。

图 10.17 全宽式缘石坡道

5. 建成效果

　　改造完成后街区风貌得到了极大的提升。通过与附近居民的交流发现,居民对街区更新改造的满意度普遍较高,基本实现了改造预期目标。同时,作为成都中心城区公园城市街道一体化示范街区,枣子巷街区也成了成都新的打卡点(图 10.18~图 10.20)。

图 10.18　西安中路 35 号改造前后对比

图 10.19　枣子巷及青羊东一路沿线改造前后对比

205

图 10.20　枣子巷改造后社区活动微空间

10.2　合理修缮,延续传统风貌

本节以荷花池特色街区提升改造项目为例进行讲解。

1. 项目简介

秦开蜀道,"然后天梯石栈相钩连",蜀道通衢天下,打破了蜀地"不与秦塞通人烟"的闭塞格局,成为蜀地北上通往中原最重要的政治通道、经济通道和文化通道,为金牛区留下了丰厚的历史文化遗存。北宋初年,世界上最早的纸制货币交子诞生,是我国货币史上的一大创举。

如今的荷花池通商惠工、聚货利民,成为中国西部最重要的商品集散地,是勤劳奋斗、拼搏付出、敢为天下先的蜀地人文精神的现实传承,彰显兹土世代相传的厚重商贸文化底蕴和对外商业交流交往的基因(图 10.21)。

荷花池市场位于成都北大门,在北星干道以西、二环路以南、一环路以北,以及人民北路以西 50 m 街区范围内(图 10.22)。荷花池市场面积约为 0.8 km^2。

图 10.21　荷花池市场

图 10.22　项目区位

荷花池市场建于 1986 年,20 世纪 90 年代初期即闻名全国。该市场拥有商品种类 2 万余种,从业人员 10 多万人,日交易人数 30 万人次,年交易额 200 亿元以上。其规模、效益均居我国西部集贸市场之首。

2013 年荷花池市场升级改造,部分商户迁入了新都,形成了新的国际商贸城。其余商户迁入旁边的大成市场、宏正广场等。延续 30 年批发业态后,曾经被誉为"城北造富神话"的荷花池广场将提档升级,变身城市综合体,实现华丽变身。

2. 建设原因

成都市新一轮总体规划中,该区域属于中部提升区,更是成都市南北城市发展的中轴线。南部有国际级新区——天府新区。而北部的火车站区域,更是实现北改的重要脉络。未来火车站区域将是成都北部区域的形象担当。该区域现存以下问题。

货物堆积、侵占公共道路。荷花池街区作为成都市最老的城区之一,规划建设较早。随着城市化进程推进,外部场地有限,造成货物堆积。

乱停乱放。助动车乱停现场、平板车无序乱穿马路。

风格不统一。规划区范围内建筑年代和建筑风格各不相同,现代建筑有万达广场、区属市场、蓝光金荷花等项目。中生代建筑如大成市场、荷花金池市场、荷花名都等。另外更早的建筑如铁路局的住宅区,年久失修,建筑立面风格有待统一。

人流分布不均衡。从荷花池市场的全天运营规律来看,早晨三四点就已经开始一天的交易,对周边居民的生活产生很大的困扰;临近中午开始包装出货,出现货物堆积现象;晚上则是门庭冷落。这与其业态人流集中时间有很大关系。

配套设施不足。从用地结构来看,除万达和道路交通用地,基地大部分为批发市场用地,生活商业配套相对缺乏。

现状问题调查如下。

(1)空间拥挤——拥挤不堪的空间。

(2)交通混杂——人、货、车川流不息,相互交织。

(3)秩序混乱——摊位占道、路边停车、货流占场。

(4)形象较差——建筑立面不统一,广告各不相同。

(5)活力不均衡——早市热闹、中市混杂、晚市冷落。

(6)配套不足——市场以外的相关配套比例太低。

荷花池市场改造前用地配套情况如表 10.1、图 10.23 所示。

表 10.1 荷花池市场改造前用地配套情况

序号	用地名称		面积/hm²	占建设用地百分比/(%)
01	居住用地		186.76	24.74
	其中	二类居住用地	186.76	24.74
02	商住混合用地		23.31	3.09
03	公共管理与公共服务设施用地		24.68	3.27
	其中	科研用地	16.8	2.23
		医院用地	7.88	1.04
04	商业服务业设施用地		308.34	40.85
	其中	商业用地	30.89	4.09
		商办混合用地	70.72	9.37
		批发市场用地	180.58	23.92
		旅馆用地	3.72	0.49
		商务用地	22.43	2.97

续表

序号	用地名称		面积/hm²	占建设用地百分比/(%)
05	物流仓储用地		40.31	5.34
	其中	一类物流仓储用地	40.31	5.34
06	道路与交通设施用地		158.08	20.94
	其中	道路用地	158.08	20.94
07	公用设施用地		13.35	1.77
	其中	其他用地	13.35	1.77
08	城市建设用地		754.83	100.00

图 10.23　荷花池市场改造前用地配套情况

针对以上问题进行合理修缮,延续传统风貌,同时进行城市更新和旧城改造。

实现产业置换、结构升级等,需要创造就业岗位,增强劳动力与经济结构的适应性,创造更高的经济效率和更强的经济活力。

在解决经济问题的同时,更新中心城区或旧城区公共服务体系,完善公共设施,改善居住方式,提高生活质量,加强就业培训,推动社会融合,促进社会和谐稳定发展。

重新利用废弃工业厂房、整修破败建筑等,在置换的同时改善衰退地区的建筑形象。

积极推动以服务型经济为目标的城市经济运行模式,并以可持续发展理念打造服务型城市,提高城市可持续发展的能力和水平。

3. 改造理念

以"金牛文化＋"为理念,萃取荷花文化、金牛蜀道、交子诞生商贸物流等特色文化元素,结合火车北站周边区域文化本底,通过街区业态优化、立面改造、城市绿化、文化景观植入、城市家具设计、公共设施优化等方式厚植商贸文化底蕴,提升街区整体风貌,传承原真生活方式,打造文商旅融合发展的公园城市特色商业街区。

整体目标:在成都建设美丽宜居公园城市背景下,以建设以人为本、安全、美丽、活力、绿色、共享的公园城市街道场景为总目标,通过编制《成都市公园城市街道一体化设计导则》加强街道设计与建设,明确街道设计要求,推动街道的人性化转型。

发展目标:依照习总书记提出的美丽宜居公园城市理念,进一步传承巴蜀文明,发展天府文化,将成都建设成世界历史文化名城。

文化传承:深度挖掘历史文化故事,以保护历史文化遗存为基础,站在历史传承与现代社会进步协调发展的高度,推进天府文化融入天府锦城街坊建设。

规划要求:根据成都市总体规划布局,因地制宜进行产业规划,坚持"少拆多建",注重规划设计与产业的定位相融合,避免过度设计。

荷花池特色街区提升改造项目目标:打造一个丰富的极具吸引力的生活、工作、娱乐、消费环境;创造一个混合功能的现代商贸街区;构建一个与城市肌理协调的特色街区;创建一个敏感、生态可信赖和可持续的社区。

总体发展定位:"时尚新中心,人文商贸城",打造国际化现代商贸特色街区,顺应经济全球化产生的对各种配套生产服务的一站式需求,并充分考虑供应商与制造商节省交易成本的共同需求,在城市的平台上构建交易要素的集聚,对供应链进行整合,降低交易成本,最终形成一个城市功能、产业功能和区域产业发展协同共生、资源共享、辐射西部省市的特色街区;打造一个战略支撑点;打造具有聚合力、辐射力和影响力的现代商贸特色街区。

核心功能定位:成都城市更新示范区,以时尚设计、批零兼顾的商贸新中心生产性服务为核心的区域集散中心。成为引导城市主要功能区向北发展,优化城市空间布局,发展经济,促进产业升级和提升城市能级的城市更新示范区。成为以现代商贸为核心的,设计、贸易、居住、金融、信息、文化、保险、休闲等功能复合、相互作用、互为价值链的高度集约的国际商贸基地。成为促进第三产业与其他经济要素协同增长,深入推进产业集中、集群、集聚发展,加快产业转型升级和互动融合,加速优质生产要素的集聚,服务西部地区的生产性服务业集散中心。

4. 实施策略

(1)进行合理修缮,延续传统风貌,同时进行更新和改造。

发挥地理区位优势。依托毗邻火车北站的区位优势,在现有商贸服务功能基础上,完善游客服务功能,增强街区旅游观光性,针对中转、候车旅客提供就近休憩观光去处。将旧城改造与特色商业街区建设发展相结合,提升区域生产生活品质,形成区域城市印象,打造体现金牛魅力形象的城市轨道交通节点门户区。

保护区域特色文化。注重挖掘区域文化本底、历史故事和商贸文化特色,强化特色商业街区的独特性、差异性和不可复制性。传承传统民风民俗。注重街区生活化、人性化服务设施完善,强化本土化、传统生活方式体验,活化传承民风民俗。

夯实产业发展支撑。根据商业街所处地理位置、消费层次、购买能力和需求特征等,细分市场定位,强化规模效应,充分满足消费者日益增长的多元化、个性化需求,聚拢人气。

保留原有福字照壁、斗金亭、荷花池构筑物的同时,重新梳理三角形空间的布局,进行动静分区,以东侧围墙为依托,构建人文、休闲和美食的服务性空间(图 10.24)。

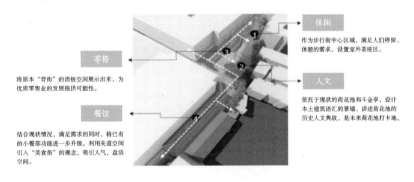

图 10.24　设计理念

(2)做好片区总体规划布局,优化平面布置(图 10.25、图 10.26)。

扩大土地用途的兼容范围,在新型商业区考虑混合使用,这样不仅可以降低行政成本、开发成本,而且能使各种活动互相接近,缓解交通拥挤状况。

改变传统的城市二维使用模式,构成一个地上、地面、地下互动的空间体系,实现"地面行人、地下走货"的分流体系。

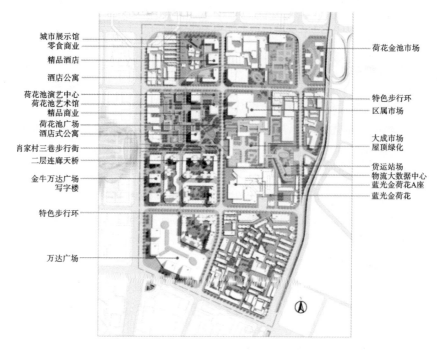

城市展示馆
零食商业
精品酒店
酒店公寓
荷花池演艺中心
荷花池艺术馆
精品商业
荷花池广场
酒店式公寓
肖家村三巷步行街
二层连廊天桥
金牛万达广场
写字楼
特色步行环
万达广场

荷花金池市场
特色步行环
区属市场
大成市场
屋顶绿化
货运站场
物流大数据中心
蓝光金荷花A座
蓝光金荷花

图 10.25　平面布置

图 10.26　板块划分

对于长途货运,设置综合货运站场,将商贸批发区的货物统一输送至货运站场,再装车发往各地。

优化景观结构布局,打造更为宜居的城市环境(图 10.27)。

图 10.27　景观结构

(3)为改变原有的交通拥堵、侵占道路等情况,采用创新交通系统(图 10.28)。

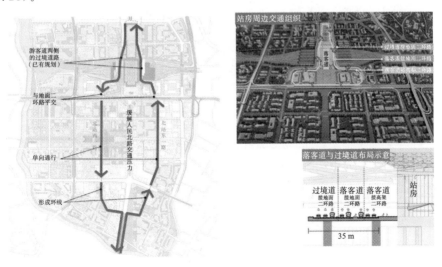

图 10.28　交通组织

　　有条件的市场将短途装货区改在地下室,条件不充分的则在地面统一设置物流驿站装货(图 10.29);改造部分商场坡道,增加坡道配置;有条件的商场加装货运电梯,直达地下室,再装上汽车;有条件的商场连通二层连廊,形成空中短驳通道。

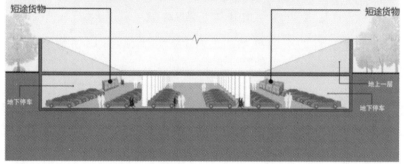

图 10.29　物流驿站和地下室短途装货区

　　货运交通量较大,易造成交通严重拥堵,环境质量恶化。货物运输由集散地分流至城区各个方位,北向通过北星高架,南部通过东二路,西向通过东二路至一环路,东向则下穿北星高架至解放西路运往城东。

　　创新交通系统——物流集散/货运站场综合体(图 10.30)。主要功能为整合片区内物流系统,统一集中收发货,避免交通混乱。提升片区品质。未来物流功能剥离迁出市场,可改造为商场综合体。

　　功能布局方面,一层整体架空,连通场地内货运轨道车,并供货车进出运送货物。二至四层为仓储空间,可对外租售,并保留改建为商业的可能。

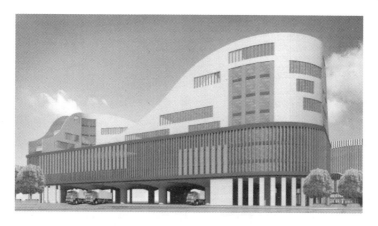

图 10.30　物流集散/货运站场综合体

静态停车(机动车)。交通基础设施建设仍然是未来成都荷花池内交通发展的主题。同时,应当充分运用多种手段,完善交通静态停车系统,为城市提供良好的交通环境,包括如下方面:增建地上地下立体停车;交通信息系统建设;路面渠化(图 10.31)。

图 10.31　立体车库打造

静态停车(非机动车)。非机动车停车场尽量分散设置,便于停放。在自行车停车需求量大的地段,提供路外(地下)停车场,并提供遮阴篷和安全设施(根据荷花池已经具备的条件,应规范引导非机动车停放至地下停车场)。在市场批发区等人流量较大的区域,增设固定的自行车公共停车设施,若场地不足,考虑建地下自行车智能立体存车库(图 10.32)。服务半径为 150 m,基本可覆盖市场批发区 80% 以上区域。

图 10.32　非机动车存放

　　立体交通体系。地下、地面街道空间、二层连廊与各区块重要节点无缝连接。立体交通体系设置于对车速要求较高的交通性道路或交通繁忙、过街行人稠密的次干路的路段或平面交叉处,还可设置在交通站点或枢纽、繁华商业中心、人流集散公共场所,有特殊需要可设专用过街设施(图 10.33)。

图 10.33　立体交通体系

　　夜景灯光系统。突出建筑及公共景观,并与周围环境协调一致;综合考虑使用泛光照明、轮廓灯照明、内透光照明等多种照明方式,以达到最佳的夜景照明效果(图 10.34)。

图 10.34　夜景灯光系统

　　合理修缮,延续传统风貌,同时进行城市更新和旧城改造。为保护具有历史价值区域内的历史建筑与周边的历史风貌建筑群,可以采用"修旧如旧"的模式,采取管线入地、拆除周边乱搭乱盖等方式,对不具备居住条件的房屋进行适当绿化等,将其改造成能体现文化、提供展览区域、展现娱乐精神并提供娱乐设施和场地的文化创意用地。

　　针对改造区域中市政配套落后、公共设施不足,建筑结构、功能和环境设施不达标的区域,除了采取拆除重建的方式,对于零散分布的危房、旧房,还可以进行重新建造,扩大现有建筑,或拆除其中不适宜的部分建筑。改建后,土地的用地性质保持不变,只是开发强度发生了变化。

结合街区综合整治,采取建筑修缮、内外装修、加装电梯等方式,完善房屋使用功能,改善公共空间环境,使其满足房屋使用及城市形象更新的需要。

(4)合理修缮,延续传统风貌,加强文化建设。

将旧城改造与特色商业街区建设发展相结合,提升区域生产生活品质,形成区域城市印象,打造体现金牛魅力形象的城市轨道交通节点门户区,注重街区生活化、人性化服务设施完善,强化本土化、传统生活方式体验,活化传承民风民俗。

突出荷花池地名文化。择优选取彩绘、浮雕、雕刻、三维立体造型等艺术手法,结合生态、雕塑、园艺、铺装等对墙体和小游园进行创意设计(图10.35)。设立荷花主题观赏盆景(或荷花小水池),注重细节表达和艺术呈现。

图 10.35　墙体和小游园荷花主题创意设计

延续荷花文化、荷花池市场历史故事。依托街区改造,在建筑外墙立面、地面铺装和开敞区域创意植入荷花文化元素符号和诗词(图10.36),展示荷花池市场发展的重要历史节点、著名商贸企业和相关人文故事。

清水出芙蓉,天然去雕饰。
——唐·李白

出淤泥而不染,濯清莲而不妖。
——宋·周敦颐

接天莲叶无穷碧,映日荷花别样红。
——宋·杨万里

图 10.36　荷花文化元素符号和诗词

突出金牛蜀道、宋代交子文化。依托区域整体优化提升,分段植入金牛蜀道、交子和商贸文化元素符号以及人文故事(图 10.37),展示金牛人民从古至今开拓进取、拼搏奋斗、敢为天下先的商业文化精神。

图 10.37　金牛蜀道、交子和商贸文化元素符号以及人文故事

在街区改造和优化提升中植入金牛蜀道文化元素(图 10.38),以外墙立面、地面铺装、广场、绿地、小游园为载体,利用彩绘、浮雕、雕塑、装置艺术、地面铺装形式,采取细节场景展示和瞬间呈现,展示金牛蜀道开辟西南与中原地区商贸交流的历史记忆,弘扬古蜀先民不畏艰险、开拓进取的拼搏精神。

图 10.38　金牛蜀道文化元素

传承商贸文化元素。在街区改造和优化提升中植入交子诞生的历史文化元素(图 10.39),以外墙立面、地面铺装、广场、绿地、小游园为载体,利用彩绘、浮雕、雕塑、装置艺术、地面铺装形式展示宋代成都商贸繁荣、人民生活富庶的场景和民风民俗,呈现交子诞生的时代背景和历史过程,展现蜀地人民敢为天下先的创新创造精神和诚实守信的交子商贸精神。

图 10.39　交子诞生的历史文化元素

在街区改造和优化提升中植入金牛现代商贸文化元素(图 10.40),以外墙立面、地面铺装、广场、绿地、小游园为载体,利用现当代艺术创新创意设计,展示近现代以来金牛商贸人文故事、历史事件和发展成就,展示现代商业繁荣给金牛人民带来的历史变迁,展望新时代金牛商贸发展的美好愿景。

图 10.40　金牛现代商贸文化元素

打造时尚休闲文化。提升街区生活化、人性化体验,完善街区慢行系统,大力推广屋顶、阳台、立面绿化,丰富街区文体设施,着重彰显现代时尚、当代艺术休闲文化特色,融入现代智能智慧化生活服务体验,营造高品质生活社区和公园化城市宜居综合体,满足市民美好生活需要(图 10.41)。

图 10.41　时尚休闲文化设计

打造商贸物流文化。对街区立面、道路、广告牌、管网等进行整治,协调城市色彩,优化提升整体风貌;引入互联网+、物联网新理念、新技术,整合线上线下商户资源,探索构建信息化、智能智慧化区域物流系统;纵向拓展空间利用,实现街区功能立体延伸,实现业态主题化、特色化、观光化,优化设置游客购物观光体验路线,打造个性化商业旅游特色街区(图 10.42)。

打造地域标识。在荷花池街区主要道路入口统一设置区域形象标识,融入荷花元素创意设计,风格主题化、艺术化、景观化,展示地域特色和文化底蕴,与周边风貌相协调,采用牌坊、园艺景观、过街天桥、大型艺术装置等予以呈现(图10.43)。

图 10.42　商贸物流文化个性化设计

图 10.43　地域标识设计

5. 建成效果

　　项目改造完成后形成了一环——市场核心区全天候商业环,一轴——肖家村三巷时尚景观轴,一街——核心休闲步行街,一带——沙河支渠生态带,极大地提升了街区活力和形象,重塑了荷花池街区商业氛围、文化氛围,生动展现了"科贸金牛·文化北城"的形象定位。

　　因此,公共空间的改善不仅能直接提高居民的生活质量,甚至还可以维持并推进传统的生活方式,进而保护当地的传统特色。改造效果对比见图 10.44。

图 10.44　改造效果对比

续图 10.44

10.3　活化利用,促进活力再生

10.3.1　牧马山古蜀蚕丛文化公园项目

1.项目简介

牧马山古蜀蚕丛文化公园目标定位是国内首个古蜀文化主题公园。牧马山文化遗址可追溯至 4800 年前,是古蜀文化、汉文化、三国文化等丰富文化聚集地。蜀汉时期刘备、诸葛亮屯兵牧马于此,意欲强盛蜀汉,后人敬仰,留名"牧马山"。

项目南侧紧临市政道路主干道天保大道,东侧紧临市政道路次干道环港路,环港路与成都市五环路相交,西侧和南侧为市政规划道路,交通条件良好(图10.45)。

图 10.45　项目区位

工程主要分为建筑物、构筑物和道路。建筑物包含 3 栋 1~4 层仿古建筑,拟采用框架结构、独立基础,分别为游客中心、展览馆(蚕丛祠)和观景塔。构筑物包括古国城门、青衣广场、纵目广场、授农初地牌坊。道路主要为园区各景点连接道路(图 10.46)。

图 10.46　项目鸟瞰

2. 建设原因

建设牧马山古蜀蚕丛文化公园,可以提升区域活力,盘活区域资源,可以发掘好、利用好丰富文物和文化资源,让文物说话、让历史说话、让文化说话,起到推动中华优秀传统文化创造性转化、创新性发展,传承革命文化,发展先进文化等作用。

深度挖掘和开发墨上文化,打造以蚕丛文化和古蜀农耕文化为主题的文化体验式博物馆,同时复原重建先农坛和蚕丛祠,以一系列主题明确、内涵清晰、影响突出的文物和文化资源为主干,生动呈现古蜀文化的独特创造、价值理念和鲜明特色,对于进一步坚定文化自信,充分彰显中华优秀传统文化持久影响力、革命文化强大感召力、社会主义先进文化强大生命力将产生广泛而深远的影响。

生态和文化是建设公园城市的两大核心,也是成都的城市特质。牧马山既有良好的生态本底,又有丰富的蚕丛历史文化底蕴,完全具备建设公园城市的基础和优势条件。文化是城市之魂,高标准建设公园城市,要在打造优美生态环境的基础上充分凸显文化底蕴,将文化底蕴融入公园城市建设的方方面面。牧马山古蜀蚕丛文化公园项目作为国家首批蚕丛文化公园,成为建设公园城市的文化沃土、突出优势和创造源泉。打造蚕丛古国文化景点,可以活化利用牧马山周边现有土地、乡村道路,借助周边农业用地打造古法田园种植区,重点种植水稻、牧山三宝(香梨、薯芋、二荆条)、桑树等经济作物,营造小桥流水、耕牛水车的传统农业田园场景。蚕丛古国知名度的提高、双流旅游产业地位的提升将主要依托于牧马山古蜀蚕丛文化公园的开发。

3. 改造理念

保护优先、产业优先、生态优先。在挖掘和传承城市文脉的基础上,着力培育特色生态。依托区域业态本底,科学确定产业定位和发展方向,推动发展新经济、新业态、新场景、新功能。以生态为先,将公园城市理念融入城市有机更新,推动城市高质量发展。

少拆多改、注重传承。采取留改建相结合的方式,以保护传承、优化改造为主,以拆旧建新为辅。对历史城区、历史文化街区、历史文化名镇、历史建筑、非物质文化遗产等进行全方位保护,在城市有机更新中融入现代城市发展理念,推动历史文化保护与文化、旅游、体育、商业等行业融合发展,鼓励、支持对保护保留建筑进行活化利用。

尊重公众意愿,推进城市持续更新。充分发挥群众主体作用,将群众更新愿望强烈的片区优先纳入更新范围,做好城市有机更新专项规划,以片区为单元推动整体更新,实现城市有机更新可持续化,增强城市永续发展动力。

在区域总体设计上构筑一环(生态景观大道)、两轴(蚕丛文化轴、古桑大道)、三区(古蜀体验区、自然风情区、田园牧歌区)。场地外围构建车行环线,内部打造两级步行园路。

建筑设计传承秦汉建筑形制,重现南方丝绸之路鼎盛时期蚕丛王国的辉煌时刻。项目建筑以十字轴线对称布局,主体建筑位于中轴线北端,沿南北向展开,通过不同高差的台地层层推进,形成完整的汉风礼仪序列(图 10.47)。

为突出地方文化特征,展现古蜀风貌,设计将蚕丛国开创时期的木构、编织茅草或原始材料的干栏式建筑特色,巧妙地融入现代建筑与景观中;采用青铜、图腾柱、大地景观和考古遗址的元素,增加蚕丛古国的历史感。屋顶采用青瓦冷色调,加入有川西特色的装饰元素(图 10.48)。

在文化符号的设计中,将养蚕纺织的古蜀文化回溯到"蜀"字来源。在檐下布置青铜色"蜀"字眼睛状组合符号,形成有特色的装饰符号;表明"蚕丛"养蚕纺织文化的起源。

4. 建造技术

建筑物采用仿古风格建造,屋面造型复杂且坡度大,墙面呈内倾梯形状态

图 10.47 蚕丛祠设计效果

图 10.48 干栏式建筑和文化符号提取

(图 10.49)。建筑物采用汉阙、宫殿、祭祀台等秦汉建筑形制,复原秦汉蚕丛古王国和蚕丛崇拜的风貌。文化展示区由劝农初地牌坊、古桑大道、先农坛、蚕丛祠、牧山飨堂、青衣堂组成。展览馆定制古建筑装饰,基座采用石材装饰;中段采用斗拱、直棂装饰;屋顶采用吻兽、瓦当、滴水、屋脊、垂脊装饰。

古建筑有严格的等级制度。重檐庑殿顶为古代建筑等级中的最高级,用于宫殿和祭祀建筑,屋顶宽大,曲线不明显。建筑起高台台基,凸显建筑的宏伟与皇权。建筑色彩十分朴素,以冷色调为主。瓦为青色,墙为粉色(或灰砖色),梁柱为茶褐色,门窗多为棕色(或木料本色)。

园区景观构筑物、广场多部位使用花岗石雕刻板,雕刻板由复杂精美的花纹组成(图 10.50)。施工时需要考虑石材硬度、图案完整性、雕刻深度等问题,需要作业人员在花岗石上进行临摹,再通过人工雕刻使石雕图案大小一致且灵动。建筑外立面使用不同规格的自然面石材装饰。建筑墙面呈内倾梯形状态,倾斜角度为 84°,最大安装高度为 12 m,装饰面棱角多,石材本身重量大,雕刻板安装难度大、进度慢。对此需要提前进行饰面排版,精确下料加工,对石材按部位进行编号,选择有丰富经验的队伍,效果和进度方可得到保障。

图 10.49　主入口设计效果

图 10.50　主题地雕、图腾样式

　　建筑屋脊等部位设有造型丰富多彩的灰塑,包括吻兽、卷草、垂兽等。灰塑需要现场制作,对原材料的要求高。材料必须是熟透、不结块、杂质少的上乘材料。其制作工艺复杂,包含构思灰塑造型、固定灰塑骨架、骨料拌制、粗坯造型、刻画细节等环节,对灰塑匠人手艺要求高,需要选择有丰富经验的灰塑匠人。灰塑匠人按 1∶1 绘制制作图,然后采用多道工艺使灰塑成型。

　　仿古木构件类型多、截面大,最大整材实木截面直径为 800 mm。所有木构件均经过人工现场打磨、安装及面漆处理,工序多,工艺要求高,木构件防开裂难

227

度大。需要从木材选择、加工、安装、样板执行、匠人选择、过程检查验收、增设防裂纤维布、BIM运用等方面确保外观效果。

木构件外露面均采用棕色饰面漆。如何减小色差、提高饰面漆的光洁度是重难点。首先通过色卡和实物确认色号,对木构件外表面进行人工精细打磨,保证外表面光洁,然后分层对表面刮涂柔性防开裂腻子,并严格控制腻子的平整度,最后分三道工艺进行饰面漆施工。施工时采用喷涂工艺,保证饰面漆的均匀一致,光洁平整。

景观生态系统。项目依托场内北高南低的地貌及优质的山水生态禀赋,利用两河一渠的水网格局打造景观生态系统,包括地面植物、水生植物及水生动物和微生物,植物种类多,对土质、光照、修剪、浇水、排水、病虫害防治等需求不一,养护管理难度大。项目优选本地易于栽植、景观效果良好的植物,通过苗木选择、起苗、运输、栽植、修剪、养护等过程控制,聘请专业景观品控单位对景观效果进行指导把控。

项目地貌北高南低,区域内涉及部分原始密林,如何保证原始密林与新建景观的自然衔接效果,是项目整体效果呈现的重难点。项目聘请专业景观品控单位对地形打造、绿植造型、苗木搭配效果进行全过程指导把控,并通过现代化技术,制作效果图供各方确认,最终实现了场地原始密林与人工景观和谐统一的效果。

5. 建成效果

本项目场地标高依据场内整体地形,准确核实场内挖填方量,充分平衡,不仅减少了土方开挖工程量,还实现了场内土石方零外运、零弃置、零借方,在使得周边及场内的地形地貌得到较好保留的同时达到了设计效果,最大限度地减少了对生态环境的破坏(图10.51)。

项目施工过程充分考虑了原有地形和水系,对场内原有水系进行了改造升级,既保留了原有的自然水系,又避免了改变水系后可能出现的冲刷和洪涝。

项目的建成彻底改善了项目所在区域的环境质量,促进了地方产业结构调整,带动地方经济发展。旅游是一门综合性、系统性工程,其带动性、关联性强,项目的建设可以带动区域旅游业的发展,还有利于带动交通业、农业、商贸业、物流业、服务业等诸多行业的发展,促进地方产业的转型升级,全面改善地方财政状况,带动地方经济发展。

通过与游客的接触以及景区旅游活动,景区周边居民不知不觉地接受了自然环境和传统文化的熏陶,文化素质得到了提高。

　　蚕丛是古蜀国第一位蜀王。其对蚕桑业的重视,使得古蜀国成为蜀锦发展的源头,成都也有了"锦官城"之称。作为蜀地文化之源、古蜀初祖蚕丛立国之地,牧马山古蜀蚕丛文化公园在规划上便将视野集中于古蜀蚕丛文化场景的重现,树立"古蜀蚕丛"的文化品牌。在蚕丛主题的基础上,深入挖掘历史人物文化价值,以蚕丛"迁徙、授农、建都、立蜀"的历史故事为主线,结合蚕丛族人的生活特征与传说故事,复原文化场景,演绎主题活动,打造古蜀之源文化地标,起到了活化利用土地资源,促进区域生态人文活力再生的作用。

图 10.51　项目局部实景

10.3.2　交子公园东区项目

1. 基本情况

　　交子公园东区项目西起经三路,东至成仁路,北起纬九路,南至纬十路,面积约为 12.4 hm²,长为 1106 m,宽为 127 m,分为 A~E 五个区域,形成贯穿东西的中央公园。园区包括 1~4 号服务用房、景观设施、园林绿化、景观桥等内容(图 10.52、图 10.53)。

　　景观工程主要包括景观桥,透水混凝土步道,广场铺装,A 区、B 区下沉广场,C 区下沉观影台阶,D 区像素区及 D 区、E 区台地景观等。

园林工程包含土方平衡、堆坡造型、整理绿化用地、各类植物种植及养护、原场地大树移植。

图 10.52　交子公园总平面

图 10.53　交子公园鸟瞰

2. 对城市发展的影响

成都自古享有"天府之国"的美称。山水交融的生态本底是公园城市的筑城之本。近年来,成都全力营建园中建城、城中有园、推窗见绿、出门见园的公园城市形态。金融商务区交子公园助力成都加快建设践行新发展理念的公园城市示范区。成都以"世界级公园商圈"为规划愿景,建设生态公园与商圈共融的国际消费新标杆。公园始终滋养这一座城市,跳动的自然孕育着新的价值。交子公园打破公园绿地与繁华商圈边界,通过消费场景创新、生态绿色延续,赋予城南更多宜居宜业的想象。秉承"人文关怀、低碳生态、高能高效"的国际化理念,于城市高密空间之中,融生态艺术与都市活力为一体,将锦江水脉与东西绿廊蓝绿交织,构建"交子公园中央水脉"。一座城市核心商务区的现代化生态艺术公园由此诞生(图 10.54)。

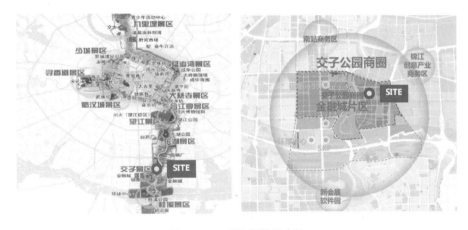

图 10.54　项目愿景及定位

项目愿景及定位:城市中央商务区顶尖生态艺术公园,世界知名公园式商圈中的最佳城市样本。

生态新名片:成都对外展示的生态名片;公园式商圈;人、城、境、业高度融合的公园式商圈;新经济载体交子商圈;新经济模式的绿色载体。

发挥五大优势,联动产城人,助推新经济:交子公园全方位满足人群需求,充分与周边商圈联动,多维度提升城市环境品质,助力交子公园商圈打造世界知名的公园式商圈,发挥金融产业集聚、新成都人集聚、生态本底优越、交子文化凸显、空间规划可塑五大优势。

消费场景:国际化的、无边界的、智慧化的、互动交流、生态协调、充满想象。

景观内容:茶室咖啡、餐厅、花店、书店、极限运动、文化体验、智慧路灯系统、AI智能安全管理、智能停车系统、林下广场、草坪室外艺术展、音乐会特色街区、人文意境等。

3. 先进的设计理念

(1)差异化:文化优势。

交子公园轴形成"交子论今""交子忆古""交子未来"三个文化主题区段,叠加高线公园、交子公园多位体系,复合成独特的交子文化深度体验(图10.55)。

交子论今:基本呈现区域,以交易所大厦、天府国际金融中心等重点项目,引入共享平台等创新业态。

交子忆古:呈现区域,以交子金融博物馆等重点项目,传承创新交子文化。

交子未来:以"五感"体验为特色,构建以文化金融、文化商业高度融合的创意街区,包括定制设计、文化演出、教育平台、论坛等。

图 10.55　文化优势

(2)差异化:空间优势。

交子公园位于城南发展热土,打破公园绿地与繁华商圈的边界,通过消费场景创新、生态绿色延续,赋予城南更多宜居宜业的想象(图10.56)。

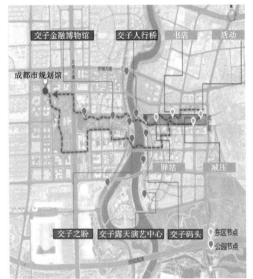

图 10.56　空间优势

4.问题推进解决

为了保证项目景观工程品质,项目主要通过两个方面进行深化。

1)积极沟通协调,参观优秀景观园林工程,优化设计,确定最优设计方案

为了保证项目景观园林品质,项目部和中国建筑西南设计研究院有限公司实地考察、开会讨论并经过建设单位同意,在原设计方案的基础上进行优化。遵循治水、筑景、添绿、畅行的公园总体设计路径,深耕金融城,品质再创新高。项目施工过程中精益求精,注重设计细节,确保出众品质。各方精诚合作,共同为城市呈现一抹令人心动的风景。优化方案如下。

(1)全域增绿。

按照"景观化、景区化、可进入、可参与"的理念,构建生态区、绿道、公园、小游园、微绿地的五级城市绿化体系。

(2)增花添彩。

按照"集中化、特色化、多样化"的原则推进增花添彩,引导市域赏花基地建设,提升成都的生态园林绿化景观,丰富现代城市特色,重现"花重锦官城"的盛景。

(3)交子公园东区原植被方案。

设计分析：①大开大合，中轴通透，形成可参与的林下景观；②简洁大气，观花叶乔木、观花叶灌木、多年生宿根花卉片状栽植，形成震撼的观赏效果；③四季有景，全年可观赏(图 10.57)。

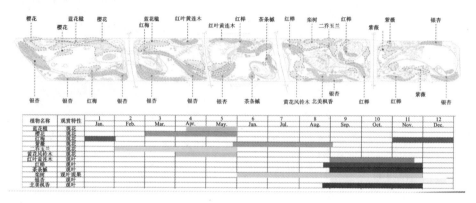

图 10.57 成都各植被主要观赏时间

优化策略：大开大合，原开花乔木设计较多，在现有基础上增加群落内植物多样性(图 10.58)。

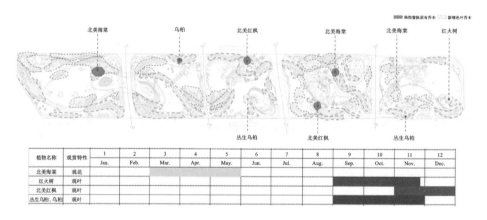

图 10.58 优化策略

(4)交子公园东区原设计下层地被植物品种。

设计分析：①简洁大气，观花叶乔木、观花叶灌木、多年生宿根花卉片状栽植，形成震撼的观赏效果；②四季有景，全年可观赏(图 10.59)。

待优化内容：入口及节点精细化设计不足。

优化策略：在现有基础上于入口节点区域新增花境，局部片植开花地被灌木(图 10.60)。

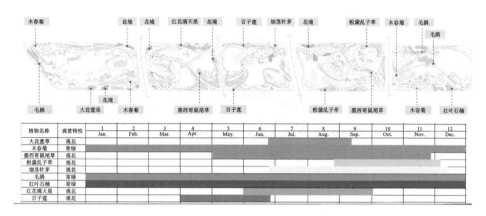

图 10.59 下层地被植物品种设计分析

图 10.60 地被植物优化策略

2）根据群众及相关领导建议，积极调整相关节点布局，满足各方需求

本项目景观绿化初步优化后，众多市民进行了参观游玩，并针对呈现的效果提出了许多宝贵建议。在建设单位的支持下，项目部积极与中国建筑西南设计研究院有限公司沟通，对项目内局部节点进行了优化调整（图 10.61）。

（1）下沉广场调整内容：①将原有彩色混凝土铺装全部改为陶瓷承重砖；②将广场周围的草坪台阶更改为集互动旱喷、休闲多功能台阶、舞台表演互动为一体的多功能休闲场所（图 10.62）。

（2）2 号服务用房调整内容：①将 2 号服务用房使用功能由书吧改为展厅、

图 10.61　建筑功能调整

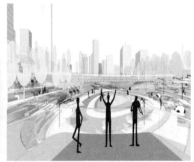

(a) 改造前实景　　　　　　　　(b) 改造效果

(c) 场景意向　　　　　　　　(d) 实景

图 10.62　下沉广场改造前后对比

咖啡厅;②增加水景,补植绿乔,增加花境,形成疏密有致、四季有景的观赏空间(图 10.63)。

(3)D 区像素广场区域调整内容:①3 号服务用房周边及趣味通道增加热塑性乙丙橡胶铺装;②建筑表面装饰美化,增强标识性(图 10.64)。

(a) 改造前实景　　　　　　　　(b) 改造效果

(c) 入口花境意向　　　　　　　(d) 水景实景

图 10.63　2 号服务用房改造前后对比

(a) 改造前实景　　　　　　　　(b) 改造效果

(c) 设计意向　　　　　　　　　(d) 改造后实景

图 10.64　D 区像素广场区域改造前后对比

通过调整改造，项目具有以下特点：节点主题化——赏游并重、拓展公园价值；路径特色化——步移景异、串联多彩生活；边界精致化——城园互动、沉淀交子品质。

5. 建成后效果

在城市高密空间中，这样的锦江水脉与东西绿廊蓝绿交织成的生态十字绿心，是难能可贵的自然财富。项目的设计施工既秉承了场地的生态肌理，又极大丰富了滨江的生活、消费、娱乐场景，助力交子商圈城市建设实践（图10.65）。

图 10.65　实景照片

第 11 章　成都城市更新实践之"活力之城"

11.1　腾退低效产业,优化产业发展空间

本小节以工业遗产改造项目为例进行讲解。

1. 项目简介

项目所在地位于成都市成华区二仙桥街道,北侧紧邻二仙桥公园,南侧为中环路二仙桥西路段,西侧为八里庄路(图11.1)。场地西南角是已建成使用的成都地铁七号线八里庄站。

图 11.1　项目位置

2. 建设原因

禾创药业集团仓库为一层连片红砖老式建筑。建筑呈中轴对称,屋顶造型独特,建筑立面马头墙提升建筑形态美感,保存完好,是场地内重点保护的工业遗址。部分屋面有残破现象。墙体外表面洁净程度较差,门窗有多处破损且部分形式不统一,导致立面凌乱。

禾创药业集团宿舍楼共两栋,为四层红砖砌体结构,屋面为坡屋面。一栋宿舍楼还有居民居住。居民自行搭建的空调机位、雨棚及居民自行更换的门窗导致建筑整体形象杂乱不堪。另一栋宿舍楼因无人居住早已荒废,屋面破损严重,门窗基本全部破损,楼板、墙体及栏杆均有不同程度的老化残损现象。具体如下。

(1)整体环境老旧。

整个区域内景观都过于老旧,部分花池出现老化破损现象,需要修复或重新打造。铺地都是混凝土硬化铺装,过于单调,且部分路面严重损坏,给人行、车行带来极大不便。

(2)缺乏统一组织。

整个区域内,部分景观植物自由生长,或由居民自行管理,缺乏统一管理。部分区域地面堆放大量建筑垃圾,对空间景观效果造成不良影响。

(3)公共活动区域缺乏整理。

在宿舍楼区域,楼栋间的公共活动区域几乎都处于未经整理的状态,地面旧物堆积,杂乱不堪。需要对宿舍楼后方的建筑垃圾进行清理,重新打造功能完善、形象美观的公共活动场所。

3. 改造理念

项目以文化保护为依托,重点从激活产业、焕发活力进行设计,主要从以下几方面进行。

(1)传承、原真。

传承热血建设精神,保留集体的时代记忆,留住城市的印记。工业遗产有着特殊的意义,是集体记忆的物质性符号。要对其进行最大限度地保护、修缮,留住区域内建筑的原真工业美感和场所精神(图 11.2)。

(2)激活、融合。

成华区工业文化、产业发展跨时空对话,新与旧巧妙融合。在原真工业美感基础上,增加采光天窗,修缮为主,适度更新,使其内部空间满足新功能的需求,形成新建筑功能空间与保留建筑的时空对话(图 11.3)。

(3)再生、活力。

以建筑保护修缮、适度更新、局部重构的方式,实现工业遗珠的活力再生。实现工业文化与景观的交融,用景观讲述成华区工业文化蜕变的传奇故事。

4. 实施策略

改造原则:以保护修缮为主,以适度更新为辅,进行局部重构和清洁维护(图 11.4)。

元素提炼:禾创药业集团仓库的五联拱山墙作为园区的标志性符号,体现工业遗产的标志性、独特性。整体选用红砖、深色金属表现时代感、沧桑感。

通过不同改造措施,对不同区域采取不同手段,从而实现其使用功能。

(a) 拱结构——空间秩序

(b) 梁柱结构——建筑结构

(c) 门、窗等——建筑构件

(d) 红砖、砖花——建筑表皮

图 11.2　建筑细节

(a) 建筑原外观

(b) 建筑内部新功能

图 11.3　建筑新与旧的融合

禾创药业集团仓库改造措施：将原有大门换成玻璃大门（图 11.5），增强建筑的通透性和参与性；同时可将工业编年史整理编辑，既可使其起到美化效果，也可将其作为历史展示载体。

原有外窗为老式木窗，老化破旧，玻璃大量损坏，保温性、密封性不符合现有规范要求。

(a) 保护修缮：禾创药业集团仓库

(b) 适度更新：禾创药业集团宿舍楼

(c) 局部重构：冻库

(d) 清洁维护：东星名居

图 11.4　改造原则应用实例

(a) 改造前

(b) 改造后

图 11.5　禾创药业集团仓库大门改造前后对比

改造措施：将原有窗户拆除，换成铝合金窗，并将窗框漆成原本的绿色，尽量做到高保真还原度（图 11.6）。

3 号仓库和 6 号仓库属后期加建砖砌结构，与其他仓库不协调，而且采光性较差，整体质感较差，结构稳定性不好。将其原有结构拆除并进行还原，适当提高空间高度，已满足现在功能需求。

改造措施：采用 3D 打印技术，将立体红砖墙面印制在玻璃幕墙上，既保留原有样式，又满足现代功能需求（图 11.7）。

(a) 改造前　　　　　　　　　　　　　　(b) 改造后

图 11.6　窗户改造前后对比

(a) 改造前　　　　　　　　　　　　　　(b) 改造后

图 11.7　3 号仓库和 6 号仓库改造前后对比

　　本项目建筑外墙保存完好,工业美感十足,拥有丰富的历史价值底蕴,但外墙有大量污染,部分红砖表面存在风化现象。

　　改造措施:对外墙进行清洗保护,并对表面风化层进行清理,采用清漆对墙体封闭隔离,避免墙体进一步风化,同时便于后期维护清洗,使之更好地体现历史遗留感(图 11.8)。

(a) 改造前　　　　　　　　　　　　　　(b) 改造后

图 11.8　项目改造前后对比 1

　　项目原有建筑瓦屋面局部有破损,且保温、防水等性能不满足要求,建筑开窗较少,内部采光及透气性较差。

　　改造措施:提高结构强度,并用仿木面漆展示木制效果;在屋脊巧妙增加天窗,增强内部采光通风;屋面增加保温层和防水层,采用旧屋面瓦进行更换,保留原有效果(图 11.9)。

(a) 改造前　　　　　　　　　　　　　　(b) 改造后

图 11.9　项目改造前后对比 2

禾创药业集团宿舍楼原有窗户为老式木窗,保温性、密封性不符合现代要求,且大量窗户都已经损坏,只留下窗洞;建筑没有阳台和空调机位,满足不了现代功能需求。

采取的改造措施:拆除所有违规搭建的雨棚,窗户全部替换为铝合金窗,颜色参照原本特色;外墙增加钢结构立柱,并用水泥压力板包封,与原建筑相匹配,同时预留阳台及空调机位,满足现代功能需求(图 11.10)。

(a) 改造前

(b) 改造后

图 11.10　禾创药业集团宿舍楼窗户改造前后对比

扶手和栏杆老化破损,存在安全隐患。

改造措施:扶手和栏杆全部拆除,替换为混凝土及玻璃栏板;设置垂直绿化,营造绿色生态的环境氛围;钢结构楼梯和走道板均采用水泥压力板包封,采用抗裂砂浆抹面,提升品质的同时保留原有的特殊性(图11.11)。

(a) 改造前   (b) 改造后

图 11.11 扶手和栏杆改造前后对比

冷库为四层框架结构建筑。该建筑体量方正,立面有一定的风格特色,但不适应园区规划的使用功能。建筑结构保存完好,外墙面洁净程度较差,有破损现象。

改造措施:重塑外立面,采用与园区相协调的色调;内部功能重新分区,同时增设电梯功能,满足办公需求(图11.12)。

(a) 改造前   (b) 改造后

图 11.12 冷库改造前后对比

5.建成效果

项目实施使本区域与周边的环境之间建立紧密的联系。项目不仅读取场地的历史信息,创造怀旧的情怀,激发和驱动新形式、新思想,而且体现更强的思想性。这样的环境可以带给人们双重感悟:一方面让人们享受新设施,另一方面让思绪停留在工业遗址中。

项目对规划、建筑、景观和部分室内一体化设计,形成了整体性的景观思路,并在整体性的基础上对每个细节进行推敲,尽量保持每栋建筑的独特性,以打造多样性的景观,最终形成文创产业集群,大力提升城市经济活力(图11.13)。

(a) 项目预期效果

(b) 禾创药业集团仓库

(c) 临街区1

(d) 临街区2

(e) 禾创药业集团宿舍楼

(f) 冻库效果

(g) 光效果1

(h) 光效果2

图 11.13　项目改造后效果

11.2 强化功能混合，促进产业集约发展

11.2.1 成都金融城演艺中心项目

成都金融城演艺中心（以下简称演艺中心）位于成都市天府大道北段，地处成都市政治、经济双核心地段。演艺中心工程总投资 10.25 亿元，拥有 1.2 万个座位，总建筑面积为 9.9 hm²，高 46.6 m，造型呈流线型陀螺状，光影之间勾勒出炫酷的动感曲线（图 11.14）。演艺中心采用框架-剪力墙结构，3 层以上由巨型外挑空间预应力桁架与环向框梁连成一体，构成竖向承重骨架。屋盖平面近似圆形，采用大跨度预应力空间钢桁架结构体系（图 11.15）。采用直立锁边金属屋面，外立面为蜂窝铝板，按二星级绿色建筑标准设计。演艺中心是国内首个自主设计的大型综合性场馆，是成都打造"五中心一枢纽"的文创中心、面向世界的国际交流平台，改善了艺术演出的环境品质，彰显了"音乐之都"的城市特色，体现了成都有机更新打造"活力之城"的总体导向。

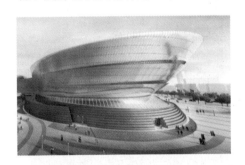 

图 11.14 演艺中心效果　　　　　　图 11.15 演艺中心结构模型

为满足特殊的建筑形体和功能需求，演艺中心运用了一系列创新技术，实现了建筑造型、功能、结构体系的完美融合。演艺中心拥有可活动座位、可升降舞台及灯光音响系统，从而具备了承接大型演艺活动和体育赛事的功能。主体结构体系复杂，采用了由斜柱、斜梁和楼板组成的巨型外挑桁架，实现了结构逐层外挑，并综合应用了预应力、屈曲支撑、抗震支座等技术，以确保结构安全。屋盖具有跨度大、功能复杂、矢高小、悬挂荷载大且受力不均等特点，设计的预应力空间桁架结构不仅具备可靠的受力性能，还注重桁架布置与观众视线的协调性，以求获得较好的视听感受。自由曲面幕墙由规格各异的铝板拼成，金属线条简洁

流畅,在不同时段和光照下呈现不同的视觉效果。因此,复杂的建筑造型也给建造带来了难题。

演艺中心主体结构中倾斜、扭转构件种类繁多,倾斜角度各异;屋面钢结构一般为立体多变型;屋面及立面幕墙多呈现曲面状,加之施工过程中工作面广,各工序相互干扰,测量视线不通,造成使用传统空间点测量方法耗时长、影响因素多、累计偏差大。因此,如何快速获得精确可靠的构件坐标,成为复杂场馆各工序顺利施工的关键,也是高效率完成工程的先决条件。为此,引入近景摄影测量技术监测空间构件施工与成型状态参数,提出了基于近景摄影测量的空间结构测量控制技术,可在大范围内同时进行测量,不受地面通视条件的限制,区域内平差结果的精度相当均匀,且不受区域大小的限制。同时,随着理论算法的改进和软硬件环境的不断提升,该技术具有较高的测量精度和可靠性。在主体结构施工阶段,采用近景摄影测量技术对复杂空间结构成型精度进行实时捕捉复测并与设计模型拟合,复核其施工精度,达到及时纠正结构施工偏差,以及精确采集后续钢结构、幕墙等工序基础数据的目的。在钢结构施工阶段,对网架节点进行跟踪测量,为网架提升施工过程的安全评估和健康运行提供数据支撑,同时也为金属屋面施工提供全面的基础数据。在自由曲面幕墙施工阶段,近景摄影测量技术为龙骨及面板高效、精确定位与安装提供了有力保障。此外,在模板安装及悬挑支撑平台等大型临时设施施工过程中,该技术也可用于实时监测位移和变形。近景摄影测量与免棱镜全站仪测量相互辅助,可以在保证高效率的前提下,最大限度地提高测量的精度和完整性。

针对演艺中心大跨度外挑混凝土结构和幕墙施工,传统方法是沿着拟修建建筑物高度搭设钢管脚手架,通常会耗费大量钢管,且连接节点多、安全隐患大。搭设满堂脚手架将占据地下及地上大量的空间,且占用时间长,严重制约后续施工。由于上部荷载大,管架密集,安装时间长,操作非常困难。在幕墙安装阶段,满堂脚手架将面临大面积拆改,不仅会大幅增加施工成本,脚手架改造也带来巨大的安全风险。为此,研发一体化工作平台快速安装技术,采用标准化的钢结构构件,设计钢支撑平台,对设计好的钢支撑平台进行有限元分析,分析平台承载能力,并进行钢支撑平台的柱、主梁、次梁截面尺寸的优化设计,降低钢支撑平台造价,满足钢结构承载能力要求后,进行钢支撑平台屈曲分析,分析钢支撑平台的整体稳定性。在此基础上,根据工程结构特点和施工要求,将钢支撑平台分为几个模块,运用装配式技术和标准化施工方法,在工厂制作模块化单元,将模块化单元运输到施工现场组装,连接各模块化单元,形成一体化工作平台,将其作

为巨型外挑预应力混凝土结构和曲面幕墙的模板支撑体系。该一体化工作平台结构复杂、构件量大,而且实际工程中,柱布置在主体结构上及结构受限导致布置复杂,并且支撑荷载超大,施工中存在一定的安全隐患。因此在一体化工作平台使用过程中,根据有限元模型的受力分析和整体稳定性分析结果,针对危险构件和危险截面,监测一体化工作平台的受力情况,布置应变片和位移传感器,实时监测构件的应变和位移,并对整体结构控制线进行位移监测,为施工过程的安全评估提供实测数据,评估一体化工作平台的安全性,保障项目安全目标的顺利实现。研制滑移轨道装置和顶推装置,形成滑动平移系统,得到一体化工作平台滑移系统。将一体化工作平台重新划分为独立单元体,利用一体化工作平台滑移系统,移动一体化工作平台独立单元体,将其应用于其他结构施工。运用装配式技术和标准化施工方法,可以快速安装、拆卸和重新组装一体化工作平台,且一体化工作平台中各个单元体间的组合,可满足不同结构和不同施工场地的需求。根据有限元分析结果,优化一体化工作平台的构件截面尺寸,节约成本,同时对危险固件和结构进行现场实时监测,实时反馈一体化工作平台工作状态。该一体化工作平台采用标准化构件,施工完成后可以回收为其他工程所用,具有绿色、高效、经济、装配式、模块化、标准化和安全性特点。一体化工作平台滑移系统能够在施工现场移动一体化工作平台,从而可将一体化工作平台应用于其他结构施工。

演艺中心屋盖钢结构平面形状近似圆形,长轴直径为 152 m,短轴直径为 148 m,舞台区剪力墙、近舞台区的部分筒体、六层看台周边框架柱为屋盖提供支撑。整个屋盖钢结构体系组成为 3 榀主桁架、16 榀径向桁架、27 榀环向桁架,以及主桁架后侧的 14 榀尾部桁架。屋盖预应力结构布置在 3 榀主桁架下弦钢管内部。基于本工程屋盖预应力空间桁架结构体系特征、下部主体结构中空布局及屋盖与下部主体的连接方式,在综合考虑各种施工因素后,选择了"局部提升＋组块吊装＋零星补缺"的组合施工技术,以实现钢屋盖安全、可靠安装。为此,研发了复杂预应力钢结构施工全过程一体化协同时变分析及控制技术,实现了预应力张拉与提升合理协同,确保了提升安全;研发了超大跨度偏心预应力空间钢桁架结构液压整体同步提升关键技术,有效解决了提升结构几何中心与重心不重合且距离较大带来的困难;研发了不同工况下预应力分级张拉控制技术,解决了构件应力和结构变形的控制难题;研发的液压整体提升和分阶段同步等比卸载技术,实现了屋盖安全、快捷的安装;研发了空间异型桁架吊装姿态分析及控制技术,避免了网架提升失稳风险。

演艺中心为预制看台板,位于室内北面 2～6 层,整体呈扇形斜面。横向约为 130 m,径向约为 54 m,看台顶部标高为 32.84 m,底部标高为 2.8 m。最上层看台板环向运输距离达 150 m。单块看台预制板长度为 2.4～3.7 m,宽度为 0.88～1.5 m,高度为 0.25～0.55 m,厚度为 0.1 m,单块重量为 1～1.5 t,看台板总数约 1792 块。预制看台板安装前,钢桁架屋面已经完成,形成了封闭空间,小型机械作业半径不足,大型机械又无操作空间。此外,室内作业区是地下室顶板,设计荷载也没有考虑重型机械的使用。基于以上问题开发了缆索吊安装运输系统,解决了超长起重钢丝绳的卷扬机容绳量不足、固定端钢丝绳缠绕、动力端钢丝绳不能有序排列的问题,实现了预制构件在大跨度封闭空间内的安装;提出了基于既有主体结构承载裕度的缆索吊附着连接工艺及设计方法,实现了缆索吊系统的有效固定;设计了环向运输及安装装置,并研发了配套的安装工艺,解决了安装构件的长距离环向运输高空作业安全难题。

在全球城市有机更新和成都公园城市建设的背景下,成都市全新的城市更新导向之一是要健全区域公共文化设施,提升公共文化服务水平,分板块抓好文化阵地建设,实施文化惠民、文化强区规划,满足群众日益增长的精神文化需求,全面提升文化软实力和区域影响力。演艺中心的建成提高了成都核心城区公共演出服务水平,助力构建现代化公共文化服务体系,扩大文化惠民范围,增强了群众的文化获得感、幸福感和满足感,充分体现了成都市城市有机更新"活力之城"的价值。

11.2.2　独角兽岛项目

1. 项目概况

独角兽岛项目位于国家级新区——成都天府新区科学城兴隆湖畔鹿溪智谷核心区,周边兴隆湖环绕、鹿溪河蜿蜒,生态环境优越。独角兽岛作为全球首个以独角兽企业孵化和培育为主的企业孵化培育平台,致力于打造西部地区乃至全国最具活力的经济增长极,被誉为"中国新经济第一岛""世界独角兽伊甸园"。独角兽岛项目总规划用地面积约为 67.1 hm²,净用地面积约为 31.9 hm²,总建筑面积约为 145 hm²,总投资约 175 亿元。

中国五冶集团有限公司承建的六批次项目是独角兽岛项目的关键项目,是独角兽岛的最高点,位于独角兽岛中心位置。六批次项目分为三个单元,分别是N1、N2、N3。其中,N1 总计 56 层(1～45 层为甲级办公楼,46～56 层为五星级

酒店),建筑总高度为 249.6 m,为岛内第一高楼;N2 总计 23 层,建筑高度为 99.4 m;N3 总计 11 层,建筑高度为 49.4 m。地下室分为三层(局部为四层,负 三层、负二层、夹层均为人防层)。六批次项目是集五星级酒店、甲级办公楼、高 端商业区于一体的大型综合体。六批次项目总建筑面积约为 30.257 hm²,工程 造价为 25.9 亿元。

2. 产业转型视角下的项目影响力

独角兽岛是成都未来竞逐新经济高地、实现大跨越的重要布局,是成都科学 城"一中心两基地、一岛三园"的核心组成部分。独角兽岛深入贯彻习近平总书 记对天府新区建设发展的重要指示精神,紧紧围绕"新的增长极""内陆开放经济 高地"发展目标,是全球首个以独角兽企业孵化和培育为主的产业载体,助力成 都形成具有全球竞争力和区域带动力的新经济产业体系。

独角兽岛项目在兴隆湖畔,所处位置的自然环境怡人,因此项目在概念阶段 目标定位即突出公园城市特质,按照全周期培育、全要素保障、高品质生活的产 业生态圈建设思路,以智慧复合型绿色生态园区规划为基础,以新经济应用场景 构建为目标,以独角兽企业引进培育为根本,高标准建设集"新经济、新梦想、新 城市、新建筑、新生活"于一体的独角兽企业孵化培育平台,努力打造独角兽企业 话语引领者、场景培育地、要素聚集地和生态创新区。

独角兽岛项目旨在推动整个成都市的企业经济活力,提升天府新区高新技 术人才数量和质量,植入新经济、新业态,培育新功能,促进天府新区产业转型与 能级提升,激发天府新区产业活力。独角兽岛园区还根据人的属性需求,打造个 性化、体验化、智能化的消费场景,例如综合商业区、五星级酒店、高级写字楼和 精品化公寓等,强化功能混合,促进产业集约发展。项目竣工后,将成为成都天 府新区公园城市的一张靓丽名片。

独角兽岛项目突出公园城市特质,打造初创企业—瞪羚企业—准独角兽企 业—独角兽企业—超级独角兽企业—平台生态型龙头企业等不同发展阶段的新 经济企业聚集平台。

2021 年 10 月,中共中央、国务院印发的《成渝地区双城经济圈建设规划纲 要》第六章中,提出建设成渝综合性科学中心。为实现这一目标,成都市致力于 打造科技创新高地,为构建现代产业体系提供科技支撑,赋予四川天府新区、西 部(成都)科学城明确定位。

3. 项目设计理念

独角兽岛项目由扎哈·哈迪德建筑事务所从细胞团簇生长、扩张获取设计灵感,建筑布局如荷花般富有生命力,寓意新经济企业蓬勃发展的全过程。扎哈·哈迪德建筑事务所进行建筑概念方案设计,中国建筑西南设计研究院有限公司进行施工图设计。

建筑设计采用一体化"荷塘"理念,"荷塘"就是兴隆湖,独角兽岛被喻为荷塘中的莲花,岛上的建筑则设计为一系列交互式的花瓣,共享一个中央核心,整体体现一种聚集之意,从而贴合独角兽岛聚合人才企业的初衷(图 11.16)。

图 11.16　项目效果

这个项目融合了多种世界级先进规划理念,集结全球设计顾问单位力量,包括扎哈·哈迪德建筑事务所、戴水道景观设计咨询(北京)有限公司、OVI 照明设计事务所、弘达交通咨询(深圳)有限公司、奥雅纳工程咨询(上海)有限公司、广州容柏生建筑结构设计事务所等,用国际化眼光、前瞻性视野、现代化理念进行整岛设计和建设。

(1)绿色城市:配合未来将建成的(transit-oriented development,以公共交通为导向的开发)项目传播绿色出行理念,通过减少私家车的方式在一定程度上减少碳排放量。

(2)地下空间利用:节约土地资源,通过地下空间的整合开发与地上空间的联动,加强土地垂直利用率。

(3)公园城市建设:以"绿"为底对整个园区进行规划,打造具有观赏性的植物景观点位,助力绿色、诗意的美学生活。

(4)慢行系统:分布在梓州大道东西两岸的独角兽岛将通过横跨路面的空中大平台连接,其设计理念前卫、创新、多变、灵活,可以适应多种不同需求。

(5)海绵城市雨水利用：每个建筑单体形态如莲花瓣一样，许多单体中心都是雨水花园，用于收集雨水，起到自然环保的作用。

项目不仅是践行公园城市理念的重要载体，还将集合韧性城市、TOD社区、未来建筑、智慧园区、景观融合、绿色低碳等国际先进的营城理念，呈现一个中国乃至世界的未来城市样板。

4. 项目建设过程

深化设计：项目施工前，结合各专业图纸及施工现场实际情况，对图纸进行细化、补充和完善，解决图纸与施工条件不匹配的问题，确保能够直接指导现场施工，并能够呈现预期的公园城市设计效果。

技术保障：从建筑地基、建筑主体结构、弧形幕墙、管道机电安装、装饰工艺等方面开展技术研究，以技术可行性为基础，以技术创新为核心，以技术实用性为导向，保障施工高质量进行，帮助园区多功能混合的产业集约发展。

BIM应用：利用BIM技术的可视化、模拟性、协调性、优化性和可出图性，在施工之前模拟工程情况，调整工程方案，合理安排工序，做到各分部分项工程、园区各功能的有机混合，实现园区产业合理发展的统筹管理。

绿色建设：园区符合三星级绿色建筑设计标准，建造过程中严格遵守策划先行、细化方案、严控过程、阶段评价、创新提升五项原则，从扬尘、噪声、建造、有毒有害物、污水、废烟、材料、能源水资源及用地九大方面控制施工质量。

和谐建设：园区建设后期，考虑每个景观的亮化、标识、树种选择、景观搭配等要素，突出景与魂的统一，提升园区公园城市景观的韵味和质感。

5. 项目建成后

独角兽岛的建筑设计为一系列交互式的花瓣，聚集在一起并生长、扩张，共享一个中央核心。放射形的设计使整座岛的联系和沟通更为便捷、省时，同时拟依托地铁站点，组织城市交通核，构建多平台紧密联系、多业态无缝衔接的TOD价值圈。拟构建多元社群空间，为人的交流互动创造无拘束的环境，以激发创新活力。

独角兽岛项目是在综合运营理念指引下，通过融合构建居住生活、商务办公、休闲游憩及其他需求空间的"生命空间共同体"，建成后将形成以立体交通网络为基础的生产、生活、生态多元复合的城市地标和活力中心聚合体，实现产业空间、资源配置的强效混合，吸引各类人才生产、生活、消费，引领天府新区产业集约发展,以功能体系优化公园城市发展动力,成为向外界展示成都市公园城市有机更新的典范。

11.2.3　远大购物中心项目

成都远大购物中心 A 地块项目定位为超高层建筑,由地下室(4 层)、裙楼(9 层,高度为 50.45 m)及一栋塔楼(37 层,高度为 181.2 m)组成。建筑面积约 19.2 hm²,地上面积约 12.2 hm²,地下面积约 7 hm²。项目业态包含地下车库、商场、超市、影院、餐饮区、办公区、酒店等,服务于周边居民区和商务区,为城市区域级高端大型综合体。成都远大购物中心位于成都高新南区和天府新区衔接处,隶属政府重点打造的国际城南腹地,区域常住人口达 570 万,核心客群即周边常住居民、商旅人士等,消费客群呈年轻化趋势。项目以"品质生活中心"为定位,由 CallisonRTKL、Benoy、WATG 三大顶级建筑设计公司联手进行方案打造。从规划、建筑、景观到室内设计,借由情景的构造提升整体商业氛围,全方位打造一个时尚潮流的城市空间,让商业空间真正意义上链接人与商业,更好地满足消费者趣味与情感的双重需求。成都远大购物中心充分体现了成都市提升商业建筑风貌、改善商业环境品质、打造城市有机更新"活力之城"的总体导向(图 11.17)。

图 11.17　成都远大购物中心

成都远大购物中心塔楼 100 m 处,设计采用两处大、小悬挑结构,形成 100 m 高位悬挑空间,形似空中悬浮观景大堂,突破整体外立面直上直下的布局,成为建筑的一大特色,同时也为室内提供了良好的观景视野。而其采用的悬挑钢桁架最大悬挑长度为 18 m,在安装过程中结构的三维空间位形将受自重、活荷载、温度荷载、风荷载、基础不均匀沉降、焊接变形、柱的徐变和收缩等因素影响而不断发生动态变化,影响构件安装精度的因素众多,高空钢结构桁架施工节点复杂,制作、合拢组装精度高,钢桁架在形成完整的结构体系前的受力与变形存在较大差异,施工与监测均存在极大难度。

项目高位大型悬挑钢结构安装难度大。悬臂结构体形庞大,外挑距离长,构件重,而且在安装过程中构件容易失稳,因此只有形成整体受力后,方能确保结构的整体稳定性和安全性。设计要求主体钢结构、墙面混凝土、幕墙、内装饰施工和机电设备安装完成后,在增加活荷载的情况下,臂底部需保持水平,其施工过程具有很大的难度和很高的技术风险。为此,研发了高位大悬挑钢结构逐级延伸施工技术,并且针对不同类型的高位大型悬挑钢结构施工分别提出了无支撑悬伸安装法和有支撑逐级延伸安装法。以上方法先用尽可能少的构件以"逐步阶梯延伸"的安装方式,从悬挑结构根部逐跨延伸、阶段安装成型,尽早形成悬臂钢桁架空中平台。该技术形成"悬臂梁""悬臂单元"等过程受力体系并提前投入工作,极大减少了临时支撑措施量,缩短了占用周期,减少了支撑架负荷,提高了工效,节约了工程成本,丰富了大型悬挑结构施工方法,并为常规巨型悬臂钢结构安装提供了系统性解决方案。

项目悬挑钢结构施工位形控制困难。为使结构完成后达到设计位形的要求,预调和变形测控在整个施工中至关重要,也是保证结构最终状态的关键。结构反变形数值模拟及施工过程精准控制难度大。对于大型悬挑结构,节点定位对于悬挑结构的线形控制起着至关重要的作用,一旦定位不好,可能导致结构构件安装困难甚至错位,使悬挑结构达不到设计位形,且这种错误很难在施工的后续过程中调整过来。由于悬挑结构施工前后变形大,节点的定位应按照施工计算的预调值准确定位在节点的初始三维坐标点上。对于大型钢结构节点,还要关注节点的空间角度,保证杆件能与节点正常拼接,确保施工安全和满足悬挑结构位形的要求。影响节点定位施工的外部因素有很多,包括施工定位采用的测量方法,临时支撑安装的准确程度和支撑本身的刚度,节点空间定位的辅助支撑系统,现场的施工条件和天气因素等。除了外部因素,节点自身的情况也会给节点定位施工带来困难,如节点质量。某些大型钢结构节点由于起重设备的限制需要采用高空原位拼焊的施工方式。在节点高空原位拼焊过程中,焊接变形对节点的定位精度会产生显著的影响。针对上述难题,研发了悬挑结构变形与反变形控制技术。为实现结构的预调,保证安装位形满足设计要求,事先确定能真实反映施工工况的施工步骤,并以此确定预调值的计算步骤。先通过全过程模拟分析,计算出各节点在施工过程中的位形变化情况,再通过一定的处理得到节点中心位形控制预调值。为提高修正精度,对超大钢结构节点高空原位拼焊变形进行了分析,研究了节点高空原位焊接时焊缝变形对其精确定位的影响,得出由下至上,先焊接竖向焊缝,后对称焊接横向焊缝的节点焊接变形控制原则;对悬臂桁架节点焊接连接顺序进行分析,形成了悬臂桁架节点最优连接路径;研究得出塔楼持续安装工况下产生的压缩沉降对位形控制存在一定影响,优化了位形控制算法。采取上述优化措施后形成的大型悬挑结构预调值施工与变形精准控制技术,显著提高了悬臂结构变形控制精度,确保了结构最终成型位形满足设计要求。

项目无法搭设模板支撑体系难题。针对项目悬挑钢结构外包混凝土无法搭设模板支撑体系的难题,研发了超高大悬挑劲钢结构外包混凝土无支撑模板浇筑关键技术,整体采用两次混凝土浇筑工艺。第一次采用无支撑、利用自身结构定型吊挂钢模板施工工艺,实现了下部临空无可支撑的结构,不便于采用传统扣件式钢管脚手架体系作为梁底支撑,经综合考虑安全性、经济性,采用梁底免支撑组合吊挂钢模板体系。第二次采用组合无支撑悬挑板模板体系,悬挑板施工不用搭设钢管脚手架或者制作任何支撑(解决了高空无法搭设支撑架体的问题),既节省了钢管、木方等材料,同时也减少了施工工序,缩短了工期,减少了安全隐患。

成都远大购物中心以几何块体分割组合,营造独特建筑个性,充分体现了现代酒店业发展研究成果,采用简洁有力的几何形体,石材和玻璃的多种组合方式,共同形成了一个充满活力和生机的城市空间。同时,以"生长"概念串联整个室内设计,中庭以"迸发"为主题拓展,打造了一个"慢格调""辣味道"的未来商场。此外,地下车库、商场、超市、影院、餐饮区、办公区、酒店等多功能业态给消费型业态与公共空间的结合提供了良好的契机,将传统的商业环境融入娱乐空间、休闲空间,设计室内商业街道或在室外布置咖啡桌等,使得室内外空间相互渗透,组成多变的复合型消费性公共空间,使人们在获得更丰富的购物体验的同时,多层次、多方位的社会生活要求也得到满足。总的来说,成都远大购物中心的建成给成都市提升商业建筑风貌、改善商业环境品质提供了助力,体现了打造城市有机更新"活力之城"的总体导向。

第 12 章　成都城市更新实践之"宜居之城"

12.1　优化公共服务体系,完善15分钟社区生活圈

12.1.1　草池小学项目

　　草池街道(原为草池镇)罗家村社区工程一期项目位于成都东部新区,未来科技城草池街道范围内,与成都天府国际机场直线距离约3.5 km(图12.1)。未来科技城规划有"五横四纵"骨干路网,五横骨干路网由北一线、机场北线、公园大街、南三线、三岔一线组成,四纵骨干路网由西一线、绛云大道、东一线、金简仁快速路组成(图12.2)。草池街道罗家村社区工程一期项目就位于公园大街北侧,紧邻"五横四纵"骨干路网中东一线西侧,周边路网密布,交通便捷,南侧邻近绛溪河生态绿轴,景观资源优越(图12.3)。该项目有五号、六号、七号、八号、九号、十号、十一号、十二号共8块建设用地。五号至八号地块为罗家村安置房。九号至十一号地块为公共配套建筑,分别为幼儿园、服务设施、公共绿地。草池小学位于十二号地块(图12.4)。

图12.1　成都未来科技城区域

　　天府国际机场建设及未来科技城总体规划需要拆迁和占用大量未来科技城管辖范围内居民用房和耕地,为有效解决拆迁居民的居住生活问题,未来科技城所属范围的街道均设有安置点,罗家村安置点就是其中之一。所以,罗家村安置点作为未来科技城总体规划中重要的安居惠民工程,建成后有利于优化社区环境,完善配套设施,改善当地居民的住房条件,满足居民子女就近上学等需求,促

图 12.2　"五横四纵"骨干路网

图 12.3　项目所在区位

进周边社会经济繁荣发展。罗家村安置点未来将满足上万户居民的入住要求，须具有相应的配套设施。其中，草池小学的建设可以完善罗家村安置点的设施配套，同时可以有效解决安置点及周边居民子女就近上学的需求，有效提升安置点居民生活的幸福感、满意度，这一举措响应了中央及地方政府牢固树立为人民服务、真心实意对人民负责的思想，为人民谋利益的宗旨，树立求真务实的工作

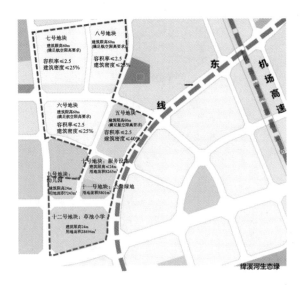

图 12.4　项目地块分布

作风,不断健全基本公共服务体系,提高行政效率,增强服务意识,努力使政府的各项工作经得起实践的检验、群众的检验和历史的检验。

草池小学采用中枢走廊和垂直书院的设计理念,可容纳 36 个班(图 12.5)。

图 12.5　草池小学鸟瞰

中枢走廊作为整个建筑的"脊椎",串联起所有功能单元,是学生课间玩耍、交流的空间。中枢走廊将成为激发校园活力的重要场所(图 12.6)。

垂直书院朝向运动场一侧,采用层层退台形成多层立体的室外活动平台(图

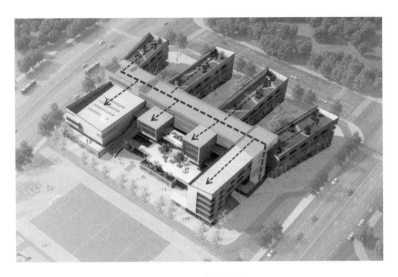

图 12.6 中枢走廊

12.7)。平台中出挑的两个"盒子"内部为多功能活动室,空间可灵活分隔,能够容纳各种课外文体活动。

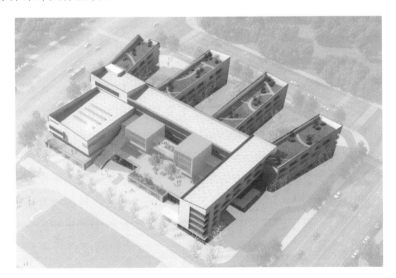

图 12.7 垂直书院

草池小学包括教学楼、体育馆、食堂、报告厅、地下停车库。建筑层数为 6 层,地上 5 层,地下 1 层。建筑高度为 20.7 m,建筑面积为 34677.10 m²,其中地上建筑面积为 27888.78 m²,地下建筑面积为 6788.32 m²,建筑容积率为 0.88。基础为独立基础,结构类型为框架结构,抗震设防烈度为 6 度,结构抗震等级为三级,建筑耐火极限为地上二级、地下一级,建筑各层根据使用功能划分不同的防火分区。地下室设有人防区,人防区建筑面积为 2889.02 m²,防护类别为甲类,平时功能为汽车库,战时功能为二等人员掩蔽所,防常规武器抗力级别为 6 级,防核武器抗力级别为 6 级,防化级别为丙级。地下室主要使用功能为机动车库、设备用房、地下消防控制室、市政设施用房、消防水池和蓄水池、垃圾用房等。地上建筑主要使用功能为教室(包括计算机、科学、劳技、美术、音乐、舞美、特色等教室)、办公室、室内运动场、会议室、社团活动用房、保健室、器材室、报告厅、厨房区与就餐区、卫生间等。大部分屋面为可上人屋面,设有人行走道、绿植,可供人员散步及娱乐。室外场地设有运动场(包括足球场、篮球场、羽毛球场、网球场等活动场)、看台、消防通道、人行通道、绿植、大门及围挡等配套设施。

草池小学从设计到施工始终坚持贯彻设计理念,坚持施工质量安全可靠的原则,把品质建设放到首位,保证学生的安全才是重中之重,让学生可以安心在学校里生活、学习。草池小学在建设过程中,通过核查设计图纸,进行图纸会审和设计技术交底,深入了解设计意图,掌握工程重难点,通过对重难点的分析,提出了相应的解决方案和措施。本项目工程重难点主要有深基坑、装配式结构、预应力结构、高大模板,针对性地制定相应措施,确保了项目的有效实施。

草池小学装配率为 50%,装配构件有预制柱、叠合梁及板,特别是预制柱存在单件重量大、安装精度要求高、灌浆饱满度须满足要求等特点。

草池小学室内设有操场、报告厅等超大空间,存在大跨度梁,最大跨度为 20 m,设计采用缓黏结预应力梁。为保证施工质量,制定的措施有:①委托具有预应力设计资质的设计单位进行深化设计,深化设计前会同深化设计单位进行会商,确定锚固形式、预应力张拉方式、现场钢筋安装方式等,根据会商结果进行深化设计,并报设计同意后方可用于指导施工;②根据深化设计图纸编制预应力施工方案;③严格验收材料,不合格材料坚决退出场,每批材料进场都必须有产品合格证并取样检验,确保进场材料质量合格;④施工过程中严格按照深化设计图纸布设预应力筋,保证安装精度符合要求;⑤达到设计强度后方可进行张拉作业,并做好相关记录。

草池小学室内设有操场、报告厅等超大空间,净空高度超 8 m,集中线荷载超 20 kN/m,跨度超 18 m,支模体系属于高大模板范畴,存在较大的安全风险。制定的措施有:①根据设计图纸统计超规模的范围,编制高大模板专项施工方案并论证,通过后完善签字盖章等手续方可指导施工;②在施工前做好技术交底工作,交底要明确部位和做法,现场严格按照方案搭设支模架;③搭设过程中加强巡视工作,及时整改不符合要求的部位;④搭设完成后组织各方进行验收,验收合格后方可进入下一工序;⑤加强沉降观测工作。

由于制定了行之有效的方案及措施,草池小学在施工阶段没有出现任何安全事故,保质、保量地完成了建设任务。

草池小学外立面整体以高级白色仿石漆为主,以其他颜色装饰构件为辅,通过材质和色彩的合理搭配,打造出具有现代风格特征的学校,最终成品效果达到了设计要求(图 12.8)。草池小学的建成既完善了罗家村安置点配套设施,又解决了罗家村安置点及周边居民孩子上学难、上学远的问题,解决了群众的后顾之忧。

图 12.8 成品效果

12.1.2 成都天府国际健康服务中心项目

成都天府国际健康服务中心位于天府国际机场西北部,距离机场约 2 km,规划约有 5017 间客房,同时还设有健身房、餐厅、会议厅等多项配套服务设施,总建筑面积约为 17 hm²,工程总造价为 11.8 亿元(图 12.9)。天府国际健康服务中心功能定位为医学隔离观察设施,可实现"平疫结合",具有功能转化的灵活性,故按照四星级酒店标准建设。正常运营期间用于接待天府国际机场往来人员,配套设施建设齐全,满足会议、商业、餐饮及大型宴席所需;并含智慧一体化运营平台,项目基础服务由智慧机器人提供,数据统一由终端集成管理。可实行闭环管理,清洁区设置于 3 号组团,其余各个组团均为隔离区域。绝对独立的清洁区组团与相对独立的客房组团相对隔离。后续可针对需要分组团、分梯度启用。

川字形交通结构,由完全分开的清洁医护流线、隔离流线和独立的污物流线组成,确保各分区不交叉、提高使用效率、减少感染风险。园区内设置 P2 实验室

图 12.9 成都天府国际健康服务中心

（核酸检验），满足防控检测的需要，东西两侧分设急救室，满足隔离宾客应急抢救的需要。灵活可变的平疫转换设计结合十字轴线，将整个园区化整为零，根据建筑特点及景观条件，分区转化为不同的功能组团，为整个区域配套服务，也提升项目的商业价值。

成都天府国际健康服务中心采用"一轴一带九院"的规划布局，化整为零的组团化设计手法，独创绝对独立的清洁区组团与相对独立的客房组团。总体上，成都天府国际健康服务中心的建成助力成都市强化公共卫生管理，建设健康韧性社区，体现了成都市城市有机更新"宜居之城"的总体导向。

成都"院子"的地域化设计使用不同主题的地域特色，为客人提供丰富的成都文化体验；场地内地势起伏明显，巧妙利用高差及对建筑高度进行控制，在总体空间关系上形成高低错落且层次丰富的空间感受。

快速建造的模块化设计：运用标准的模块化单体单元组合出丰富的庭院空间，在实现标准化的同时满足功能要求。结合使用功能需求，在原始场地较高区域设置一层地下室，在场地较低位置设置两层地下室，最大化利用原始地形，节约建设成本，加快建设速度。

智慧一体化的智能化设计：采用智能物联网架构，构建能源控制、管理、运维一体化平台；构建园区建设 5G 物联网络，实现物与物、物与人的连接；采取科技智能的闭环管理措施，包括智慧客房交互系统、智慧机器人服务、非接触式生物识别入口管控、无人机巡检系统等，整体提升服务中心的科技感、智能化。BIM技术的全过程应用如下。

（1）基于 BIM 模型对装修细节进行优化，辅助材质选择，完成室内精装修方案模拟。优化后增加灯具点位,提升房间内照度,隔离区使用抗菌医疗板(石英纤维板),房间内地板替换为安装便捷、安全环保的 SPC 地板,可以实现快速入住。

(2)通过 BIM 校核,在图纸问题交底的过程中直接查看相关模型的位置就能够快速找到问题所在,准确地发现设计中的问题,提升会审的效率。按设计院图纸建立模型后,提出图纸疑问报告,对设计图纸查漏补缺,及时更改并下发改后图纸,减少返工。

(3)场地内地势起伏明显,利用高差及对建筑高度进行控制,在总体空间关系上呈现高低错落且层次丰富的空间效果;项目挖方量大,工期紧,项目编制专项土石方开挖工期保障方案,做好人、材、机准备,全力保证完成建设任务。

(4)应用 MR(mix reality,混合现实)技术,以及裸眼 3D 和触控一体的 BIM 技术,全方位展示常规做法的虚拟样板,展示电气预埋、独立基础、钢柱与混凝土梁节点、砌体抹灰、装配式机房、干挂幕墙、楼梯、水井电气预埋 8 个模块的质量虚拟样板及工序。

(5)设计图纸并不能直接用于钢结构构件的制作,对设计未明确的节点,应提出疑问并及时解决,通过 Tekla 对所有钢结构节点进行深化设计,所有构件均需要进行参数化建模并计算用量,以提前安排厂家生产,确保达到进场要求。利用 BIM 统计相关数据,包括构件的材质、规格、数量、安装编号等,精确读取相关数据,提前规避施工时可能存在的风险,为施工精准备料打下基础。

成都天府国际健康服务中心充分贯彻"平疫结合"理念,对加强智慧治理、实现安全韧性、升级功能业态、激发产业活力具有积极意义,助力成都市打造城市有机更新"宜居之城"。

12.1.3　成都市第七人民医院天府院区三期项目

成都市第七人民医院天府院区三期项目位于天府新区核心区,成都市高新综合保税区以北,总建筑面积为 78863.03 m²。其中,内科住院综合楼地上裙房四层,主楼十九层,地下两层,建筑高度为 81.9 m。发热门诊地上三层,建筑高度为 13.8 m。成都市第七人民医院天府院区三期项目除了具备基本医疗功能,还是成都市定点收治医院后备医院,具有很多医疗功能特征和工程特点(图 12.10)。

(1)直线加速器室。

医用电子直线加速器是指利用微波电磁场加速电子并且具有直线运动轨道的加速装置,是用于患者肿瘤或其他病灶放射治疗的一种医疗器械,能产生高能

图 12.10　成都市第七人民医院天府院区三期工程

X 射线和电子辐射束,具有剂量率高、照射时间短、照射野大、剂量均匀性和稳定性好,以及半影区小等特点。本项目直线加速器室位于内科住院综合楼西南侧地下室二层,为钢筋混凝土结构,采用厚度为 1200 mm 的筏板基础,底板结构标高为－10.500 m,顶板结构标高为－0.05 m。直线加速器室混凝土墙体最大厚度为 3.85 m,底板采用 C40 混凝土,顶板、侧墙采用 C30 混凝土,直线加速器室房间净空高度为 6.6 m。直线加速器室后期使用过程中,存在一定的辐射隐患。直线加速器室需注意以下几点。

①直线加速器室净空高度大,墙体较厚,属于大体积混凝土施工,需进行多次分层浇筑。

②直线加速器室顶板较厚,采用传统方法施工较为困难,经多方面对比,支撑架采用盘扣架进行搭设,立杆纵距、横距均为 600 mm,水平杆步距为1500 mm(最顶层的水平杆步距为 1000 mm),支架架体由底至顶满布竖向斜杆,保证模板支撑体系的稳定性。

③直线加速器室防辐射要求较高,因此,施工时在墙体分层施工缝处留置企口缝,缝中留设止水钢板,避免造成贯通缝,导致防渗漏要求达不到标准。

(2)屋面虹吸排水系统。

屋面虹吸排水系统由防漩涡雨水斗、雨水悬吊管、雨水立管、埋地管、雨水出户管、45°弯头、偏心异径短束节、Y 形顺水三通及一些辅料组成。采用特殊设计的雨水斗,利用建筑物的高度和落水具有的势能,在管道中造成局部真空,即可在管道中形成满流状态,使雨水斗及水平管内的水流获得附加的压力而形成虹吸现象。虹吸现象可极大地加快水在排水管内的流速,有助于快速排放屋面雨水。在降雨初期,利用重力原理进行排水。当降雨量加大,屋面上的水位达到一定高度时,雨水斗会自动隔空气,从而产生虹吸,系统也转变为高效的排放系统,抽吸雨水向下排放。对大型屋面可分区排水,整个屋面排水系统可由数个子系统组成,每个子系统一个天沟,这样天沟可避开伸缩缝。虹吸排水系统可以根据降雨量大小,在重力式排水与虹吸排水之间有效切换;可有效减少排水立管数量,减少雨水斗数量;虹吸排水立管相较重力式排水立管管径更小;横、竖向排水管走管可根据现场实际情况进行灵活调整。

(3)手术部的优化设置。

手术部设置在综合楼的三层,同层还设置了介入中心,整个环境安静、清洁,与二层的 ICU(intensive care unit,重症监护病房)是上下层的关系,方便病人的转运。手术部严格按限制区、半限制区和非限制区三区分开设计,采用三通道方案,包括医护人员通道、患者通道、污物通道,可以使手术部的各项工作更好地做到消毒隔离、洁污分流,最大限度地避免交叉感染。万级手术室设置在限制区的前端,百级手术室设置在限制区的后端,保证限制区达到高质量的空气净化要求,高效、安全的手术室净化系统保证百级手术室和万级手术室的无菌环境。

(4)智能呼叫通信系统。

①采用两线制组网,即系统的电源线、数据信号线、语音信号线共用一条两芯线,降低了安装、维护的复杂度,保证了系统的稳定运行。

②每个床头和卫生间都能直接呼叫,并且具有无中断呼叫功能,即使主机在振铃或通话状态,其他分机也能正常呼入,保证了呼叫零遗漏。

③系统分机具有故障自检功能,各模块、各部件相对独立,若有故障互不干扰。某个分机故障,分机能自动从系统中断开,不会对整个系统造成影响。

④主机面板采用 PMMA(polymethyl methacrylate,聚甲基丙烯酸甲酯)材料雕刻加工一体成型,高档不褪色,按键精美,光线柔和,手感极佳;16 级振铃音量、12 首和弦乐曲任意设定。

⑤主机开关电源设有防雷、过压、过流、抗干扰等保护措施;总线短路保护、断开自动恢复功能;耐湿、耐热性能好,具有较强的环境适应能力。

成都市第七人民医院天府院区三期项目是成都市根据中央全面深化改革委员会第十二次会议推进健全优化区域重大疫情救治体系精神,完善成都市医疗卫生机构在天府新区医疗卫生服务体系及公共卫生体系布局的重点工程,对强化公共卫生管理、建设健康韧性社区具有强力推动作用,充分体现了成都市打造城市有机更新"宜居之城"的总体导向。

12.1.4 武侯生态体育公园项目

1.项目基本情况

本项目位于四川省成都市武侯区西三环,紧邻武侯立交,地处城市居住片区,属于小区绿地(图12.11)。本项目形状方正,紧邻城市社区道路。

图 12.11 项目位置

1 km 内居住区环绕,街道较窄,外部空间紧凑(图12.12)。场地内部平整,交通便捷,生活气息浓郁,更新价值与改造价值剧增。

本项目修建地下停车位 350 个,项目用地面积为 21083.55 m²,总建筑面积约为 13136.2 m²,拟建 1 层地下室、1 层地上公厕、2 层美术馆、2 层展览馆、一座环形架空跑道等(图12.13)。

图 12.12　项目附近居住区

图 12.13　项目效果

2. 更新价值

本项目属于新建配套服务项目,建成后可全面提升本区域老城生活品质,重点实现三大功能体系(社区绿地、体育运动、生态功能),不仅可为本区域打造休闲娱乐场所,并且充分利用地下空间,提供停车位(包含 100 个充电桩车位)、商店、健身馆等。

本项目通过设立极限运动场地、休闲场地、展览馆等休闲娱乐场地,把体育

271

运动融入优美舒适的生态环境,打造集绿色生态、休闲游憩、全民健身、民俗传承、应急避难、综合配套服务等功能于一体的体育公园(图12.14)。该公园的建立将进一步满足当地居民体育文化的需求,同时也在"文创武侯"建设中发挥积极作用。

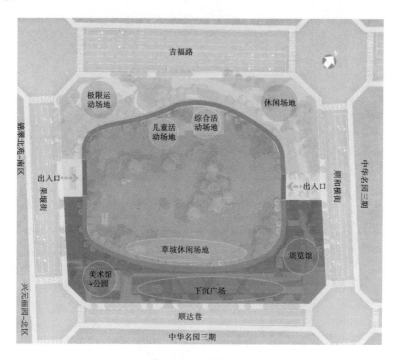

图 12.14　功能分区

运动+景观。核心场地以绿地景观为主,融合了综合活动场地、儿童活动场地、草坪休闲场地,为人们提供具有自然氛围的活动空间。

运动+休闲。打造以极限运动场地和小型休闲场地为主题的活动空间,同时重点突出周边绿地环境。

运动+经营。南侧地块邻近高档住宅区,利用人气较旺的公园南部区域打造配套消费场所,结合服务建筑形成拓展经营,为园区活动提供完善的配套功能。

运动+文化。结合景观廊桥打造慢跑线性空间,并且形成运动文化主题。

运动+地下空间。地下空间占用面积为 12192.99 m²,地下净空高度为 3.6 m,停车及基本配套区面积为 10501.01 m²,车位总数为 350 个,普通停车位为 243 个,充电桩车位为 100 个,无障碍车位为 7 个。

地下空间设置人防区,平时使用功能为汽车库,战时使用功能为人员临时掩蔽所,防常规武器抗力级别为 6 级,防核武器抗力级别为 6 级,人防区有效面积为 7458 m²,可掩蔽总人数为 1310 人。

3. 亮点及重点打造

(1)景观廊桥(图 12.15)。

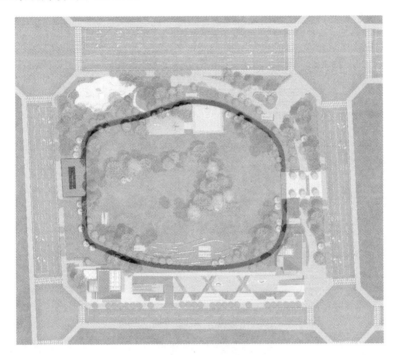

图 12.15　景观廊桥

景观组团以环形架空跑道为核心亮点,既以绿地组团分隔场地内外功能区,同时也承载了跑步、慢行等运动功能,形成运动文化主题(图 12.16、图 12.17)。架空廊桥总长 385 m。

路面采用荧光标线作夜景装饰,发光石以高纯度天然矿石和稀土为原料,经高温物理方法制成(图 12.18)。发光石经自然光或灯光等可见光照射几分钟后,一次可发光十小时以上。

(2)海绵城市系统(渗透+转输)。

场地四周均为居住区,场地与市政道路无地形高差,内部平坦,现状无特有价值植被,地表覆盖垃圾及杂草。

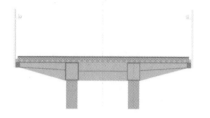

图 12.16　廊桥标准段断面

图 12.17　廊桥标准段平面

图 12.18　路面铺装材质：红褐色艺术混凝土＋发光石

在进行公园建设的同时，地下开挖车库，要求覆土深度不小于 2 m，场地周边具备成熟的配套管网，而场地内部没有必要的地形落差，因此在进行海绵城市专项考量过程中重点考虑对临界城市雨水及公园内部雨水的管理。

最终确定建设目标是满足雨水下渗指标要求，避免园区场地积水（图 12.19）。

利用环形绿地的起坡造型形成雨水滞纳带，配置地被植物以减缓流速，并且在边带设置线性植草沟排水系统。

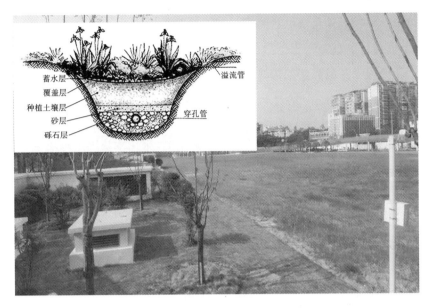

图 12.19　海绵城市系统

4.科技建造

耐候钢板 logo 墙利用耐候钢板的可塑性及自然腐蚀性,给人锈迹斑斑的感觉。其兼具外观与气候的适应性,可回收利用,不仅艺术感十足,也契合环保和可持续的当代理念。武侯生态体育公园耐候钢板 logo 墙坐落在公园的出入口,其图案采用冲孔形式体现,因其是整个公园的第一门面,故图案的选择、成型的效果尤为重要。具体过程如下。

(1)电脑排版。

根据原设计图纸的图案(熊猫、竹叶、银杏叶)、字体等要求,项目部对图案和字体的大小、位置、间距等进行深化设计,以使整体更具协调性及美观性。项目部在 logo 墙生产前,与厂家沟通先进行详细的电脑排版,将图案及文字内容输入软件放样,按图纸进行裁剪、拼接,根据钢板的形式及尺寸计算出冲孔数量,确定准确的冲孔位置,并计算出侧面板要弯折的位置、角度及方向。通过软件形成效果图后,与设计、监理、建设等单位沟通确定最终样式。

(2)数控冲孔、激光切割。

图案、字体排版样式确定后,进行数控冲孔,确保冲孔大小、布局等与效果图

275

一致。钢板采用激光切割。激光切割光斑小、能量密度高、切割速度快,因此能够获得很好的切割质量。

(3)面板打磨处理。

冲孔的边缘及激光切割边缘需进行打磨处理,确保冲孔钢板表面及边缘平整、顺滑。

(4)包装运输。

耐候冲孔钢板的运输环节尤为重要。运输时,采用木块固定每块耐候钢板,木块必须垫紧压紧。同时对钢板的四边进行包边处理,防止磕碰变形。

(5)现场安装焊接。

因该耐候钢板使用功能的特殊性,要求焊接点的氧化速率必须与耐候钢板相同,这需要特殊的焊接材料和技术,普通的焊接工艺不能满足要求。

(6)现场验收。

安装完成且自检合格后,邀请监理单位、建设单位现场验收。现场验收成型效果好,与设计方案契合,满足要求。

5. 达成效果

(1)以生态环境为基础,打造以体育运动为核心功能的综合型市民活动场地,采用"运动+"的理念,打造运动+景观、运动+文化、运动+休闲、运动+经营、运动+地下空间等多种综合公园场景,切实提升了周围老旧小区居民休闲、娱乐方式,提供了舒适的运动环境(图 12.20)。

(2)以环形架空廊桥为界进行划分,内部为草坪休闲活动区,外部为市民城市休闲区,功能分区明显,美术馆、展览馆对外开放,增强城市文化建设。

(3)场地总体较平整,所以对廊桥架空空间进行填土,形成环形地带,增加景观趣味性。

(4)以乡土植物为主,使用黄花风铃木等特色乔木营造焦点景观,原则上形成以场地功能为核心的绿地景观。乔木+地被植物的组合是本项目的主要植物群落组织形式。

(5)地下车库的建成,切实缓解了附近居民停车困难的问题。同时,地下车库的使用,很好地解决了周边地面停车乱的问题,起到了缓解城市市政道路交通压力的作用。

图 12.20　项目效果

12.2　改造老旧市政设施，提升老城宜居性

12.2.1　三环路改造项目

成都市三环路 1998 年 10 月开工，2002 年 10 月 28 日建成通车。随着社会交通的急速发展和城市的迅速成长，三环路在不断进阶，风貌在更新，功能在进化，于城市中扮演的角色也在不断改变。成都市三环路曾经是城区边界，而今是中心城区重要的交通动脉。

根据《成都市发展和改革委员会关于三环路扩能提升工程项目建议书的批复》（成发改政务审批〔2016〕188 号）文件精神，成都市人民政府及成都市城乡建设委员会研究决定：三环路是成都市城市区域快速转换的主通道，以及天府绿道体系的重要一环，承担了诸多重要功能，将三环路及辅道外 50 m 范围按照天府绿道标准进行优化提升，命名为熊猫绿道。熊猫绿道包括慢行交通系统、景观绿化和服务设施，是以熊猫文化为特色的 5.1 km² 环状"城市公园"和现代化、高品质的 102 km 市域级绿道，打造露天熊猫文化博物馆。同时，依托熊猫绿道体系建设，构建与周边 25 片社区绿道互联互通的城市慢行交通系统；建设 45 个地铁接驳转换点,形成 51 km 双向环形公交道、自行车道、人行步道,建成 56 处人行过街通道,使市民出行更方便、低碳环保。全环按四大主题进行分段建设——东段优雅时尚、友善公益;南段创新创造、对外交往;西段古蜀文化、历史传承;北段生态文化、科普展示。打造完成的熊猫绿道实现文化展示、科普教育、慢行交通、生态景观、休闲游憩、体育健身六大功能,让三环路成为成都市的一条"景观环",让沿途绿道串起无尽景色。

本项目起于成都市三环路成渝立交(不含),止于川藏立交(不含),起讫桩号为 K10+800~K25+800,内外两侧全长 30 km。实施内容如下。

(1)非机动车道采用 C60 预制非机动车道道板拼装,道路宽度为 3.5 m;绿道铺设彩色沥青混凝土和工业化砖,道路宽度为 3 m。

(2)桥梁:共 8 座非机动车道加宽桥,7 座绿道桥,其中三瓦窑加宽桥体量最大。

(3)公交站台:钢结构公交站,共 58 座,分为 32 座小站(瓦屋面公交站)和 26 座大站(圆形玻璃屋面公交站)两种。

(4)驿站:共 8 座,分为 4 座钢结构(水泥平瓦坡屋面)和 4 座框架结构(涂料平屋面)两种。

(5)增设了大量开花乔木,景观不再是单一的绿色,变得层次丰富、颜色分明。三环路形成"轨道+公交+自行车+行人"的绿色慢行交通体系(图12.21)。

成都规划建设公园城市围绕美化境、服务人、建好城和提升业四大维度,营造人与自然和谐共生的生命共同体,构建新时代城市可持续发展的新形态,推动城市经济组织方式的创新转变。其中三环路熊猫绿道作为公园城市重要示范地,其建设遵循以下原则。

(1)生态优先。尊重、利用三环路优良的生态本底条件,不以牺牲和减少绿量为代价打造景观,兼顾生态效益与景观效益。

(2)增花添彩。根据"花重锦官城"总体规划,结合"道路绿化增量提质"的总体思想,结合各段具体情况,在条件允许的情况下点缀花树,增花添彩。

(3)全面贯通绿道,体现"以人为本"的设计理念。绿道根据各段情况采用工业化砖或沥青混凝土铺装。

(4)配套设施工程。优化三环路全线公交站站点,将简易公交站台重新打造成具有成都特色的、综合性的公交站台。

(5)海绵城市。引入海绵城市理念,利用地形曲直、起伏等微地形变化营造良好的景观效果。

(a) 人行步道改造前　　　　　　　　　(b) 人行步道改造后

(c) 自行车道改造前　　　　　　　　　(d) 自行车道改造后

图 12.21　三环路改造前后对比

（6）全面实行机动车与非机动车隔离。将原有人行道改造为 3.5 m 非机动车道，缓解交通压力，减少机动车与非机动车事故，保障市民安全出行。非机动车道采用工业化道板预制拼装技术建设，沿线与河道、沟渠宽度不够的地方采用加宽桥涵的方式建设。

项目以当前建设城市公园为切入点，着力人与自然和谐共生建设，以满足智慧城市、宜居城市、绿色城市、健康城市等多目标发展需求。具体措施如下。

（1）非机动车道采用国家推行的工业化道板预制拼装技术建设，该技术首次运用于市政道路。

非机动车道线型多变、弯道位置弧度较大，道板的规格样式增多，从而使得配套的模具需求增多，成本提高，管理难度也随之加大。成立专门的测量小组，实测现场非机动车道线型，对设计图纸线型进行复核，然后用电子计算机对道板进行排版。根据排版建模后，分析道板规格、种类及数量，技术人员根据分析出来的数据进行归纳、整理，结合现场实际情况优化线型，尽量减少异型板规格，确定编号，让厂家对号生产，现场根据确定好的排版图进行施工（图 12.22）。

（2）充分利用专业优势，推动道路与绿色元素的结合。

根据设计总体指导原则，需对三环路原有厕所进行改造并新建厕所。结合

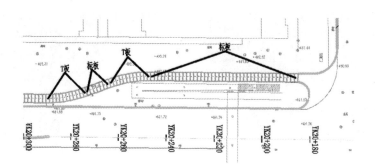

图 12.22　道板排版与建模

国家倡导的绿色施工理念和国家提出的厕所革命,并参考类似案例,提出提升厕所功能、提高绿化覆盖率的建议,经综合分析后,原有厕所外墙采用垂直绿化,新建厕所增加售卖服务区。

在"增花添彩"方面,充分发挥自身绿化方面的技术优势。分析发现,原设计全线景观提升树种较少,重点位置没有特色,未充分体现出"春满蓉城"的建设理念。随即组织技术人员与设计人员进行沟通,建议增加名贵树种进行搭配,达到不同季节景观多样化的效果,并对天府立交进行重点打造。

(3)体现"以人为本"的理念。

在全线景观绿化建设过程中,参考类似项目,增加仿古亭及健身器材、环形EPDM(ethylene-propylene-diene monomer,三元乙丙橡胶)步道等设施,更能体现出公园城市的理念,可使居民参与其中,驻足停留。

(4)依据实际地形,因地制宜打造不同的景观特色。

东三环路五段万科魅力之城大门至成渝立交地铁2号线站之间,原有地势较高,原设计中需将大量土方挖除,采用1∶2坡度放坡。现场人流量较大、距离小区较近,增加了施工难度,并且大量施工土石方加大了扬尘监管难度。根据现场实际地形,借鉴置石造型工艺,减少出土量,降低安全风险。该做法使得该地段在三环路全线中取得了独特景观(图12.23)。

三环路熊猫绿道作为一种线性景观,将沿路周边景观串联起来,根据起伏的地形和缓冲区,对植物进行合理搭配,并加以特色小品,形成了多样别致的景观带。

三环路非机动车道和熊猫绿道全线贯通,提供高质量的户外游憩空间,并且完备的道路系统也能最大限度地保障人员安全。坚持以人民为中心、以生态文明为引领,将公园形态与城市空间有机融合,形成生产、生活、生态空间相宜,自

图 12.23　三环路熊猫绿道景观打造

然、经济、社会、人文相融合的复合系统,让人、城、境、业高度和谐统一。

12.2.2　锦江区管网改造项目

如果把一座城市比作人的身体,给水和排水的管网就像是遍布人体的血管,其中传送自来水的给水管网就好比传送养分的动脉,而排走污水的排水管网则如同排出废物的静脉。

当前,我国的城镇化率已超过 60%,城市建设将转入对存量设施的提质增效阶段。城镇老旧街区作为重要的存量设施,全面推进其改造工作是促进城市更新的重要引擎。国务院办公厅印发的《关于全面推进城镇老旧小区改造工作的指导意见》指出,城镇老旧小区改造是重大民生工程和发展工程,对满足人民群众美好生活需要、推动惠民生扩内需、推进城市更新和开发建设方式转型、促进经济高质量发展具有十分重要的意义。市政排水管网是保证城镇老旧小区正常生活秩序的重要市政设施,其在城镇化过程中起到了至关重要的作用。近年来,现有城镇老旧小区排水管网的问题逐渐暴露,下水井反水频发、雨季的排水不畅等问题严重影响了人民群众的日常生活。

1. 排水管网产生问题的原因

(1)缺乏统一规划,边建边修现象普遍。

当前的城市排水管网大部分缺乏统一规划,很多管线的建设都是依附城市建设而开展的。此种排水管网建设行为,使得城市排水管线布置极为混乱,根本无法称为"排水体系"。另外,排水管网设计单位在进行设计时,忽视了城市的潜在发展力,对其服务范围、服务人口数量及排水量等方面的设计都存在只满足于

当下的情况。这使得排水管网在城市发展过程中屡次出现服务能力无法满足城市需求的问题。

（2）设计标准偏低，规划年限较短。

城市初步发展阶段，排水管网设计标准较低，行业的发展能力也较低，排水管网普遍存在管径偏小、过水能力差的特点。随着城市发展加快，城市对排水管网的服务能力要求越来越高，之前的排水设计已跟不上目前的要求，再加上管网埋设深度较浅，排水管网问题爆发，影响了城市生活的正常秩序。

（3）分流与合流并存，雨污合流普遍。

目前，很多城市都存在分流与合流并存的情况，且都采用了雨污合流的方式，严重影响排水管网功能的发挥。雨污合流主要会造成以下问题。

①雨污合流使得小管径管道排水能力大大下降。

②污物会对管道造成损坏，影响管道使用寿命。

③污物导致管道堵塞，管道无法发挥自身的排水功能。排水管道堵塞致使下水井反水，影响居民交通和生活。

2. 排水管网改造策略

（1）科学规划排水管网。

首先根据城市未来的发展规划，了解城市未来的人口基数、城区发展范围、排水重点区域；其次分析当地近 30～50 年的气候、降水情况，正确认识城市的降水情况；最后对城市排水管网进行科学的规划与设计。

（2）合流制转变为分流制。

坚持合流制向分流制全面转变的策略，提升排水管网的排水能力，最大限度降低管网质量病害出现的概率，最终实行雨污分流。

（3）应用新型管材。

应用新型管材是保证排水管网排水能力，提升排水管网质量的关键。HDPE（high density polyethylene，高密度聚乙烯）管材具有较好的抗腐蚀性，其使用寿命可达 50 年，这是其他管材所不具备的重要优势。另外，HDPE 管材的内壁光滑，水流阻力低，其所具备的橡胶圈承插连接部分，具有非常好的密封性。除此之外，HDPE 管材还具备材质轻、安装速度快、施工开挖面小等施工优势，非常值得推广。

3. 排水管网改造方案

（1）对原管位进行明挖，更换新管道。该方案相对简单，可以修复任何损坏情况，但会对交通和生活造成一定影响，因此该方案对施工工期要求较为严格，施工队伍的工作压力也较大。

（2）铺设新管道。该方案可有效满足城市当下及未来发展排水需求，但会造成地下空间资源的浪费。

（3）非开挖加固修复。在不对路面进行开挖的情况下，对检查井之间的管道进行加固修复。相比之下，该方案具有对周边环境和交通影响小、施工安全性高、施工周期短、社会效益显著等优点，但经济费用较高，修复范围存在局限性。

锦江区管网改造项目旨在推进长江经济带生态环境提升，同时更新公园城市"血管"。项目在前进中不断探索与思考如何解决老旧城区和城市人口发展所带来的上述问题，以及如何充分协调城市发展与居民生活质量。本项目将非开挖与明挖工艺灵活结合，大幅改善了小区内涝及公共卫生脏乱差的现象。

项目分布位置：锦官驿街道、狮子山街道、牛市口街道、锦华路街道、书院街街道、柳江街道、三圣乡街道、东湖街道、春熙路街道、沙河街道、成龙路街道 11 个街道，共计 1117 个小区（图 12.24）。

项目主要涉及内容：雨水工程，新建 HDPE 中空壁塑钢缠绕排水管 84502.53 m，新建雨水边沟 2060.2 m，新建雨水塑料检查井 2113 座，雨水口 1161 座；污水工程，新建 HDPE 中空壁塑钢缠绕排水管 71320.86 m，新建污水塑料检查井 2840 座。

项目采用明挖和非开挖作业方式，对于埋设深度较浅的给水管采用明挖作业的方式，对于埋设深度过大的污水管采用非开挖作业方式，提高了施工效率，减少了安全隐患，保障了居民的出行。同时，非开挖作业为不动土施工，避免了扬尘、污水管中恶臭污染物外泄等，改善了工作环境、空气品质，减少了大气污染。作业过程中噪声小，符合环保要求，减少了扰民因素，社会效益明显提高。

本项目非开挖工艺有两种：胀管法和光固化法。

胀管法是利用现有的井室，采用扩孔器将原有管道碎片挤入周围土体形成管孔，并同步拉入多节短管，将其连接在一起的管道更新方法（图 12.25）。

光固化法是一种排水管道施工现场固化内衬的修理方法，即将浸透树脂的软管牵拉进入旧管道，软管内通以压缩空气使其紧贴旧管道内壁，利用软管内树脂遇紫外光固化的特性，控制紫外线灯在充气软管内以一定的速度行走，使软管

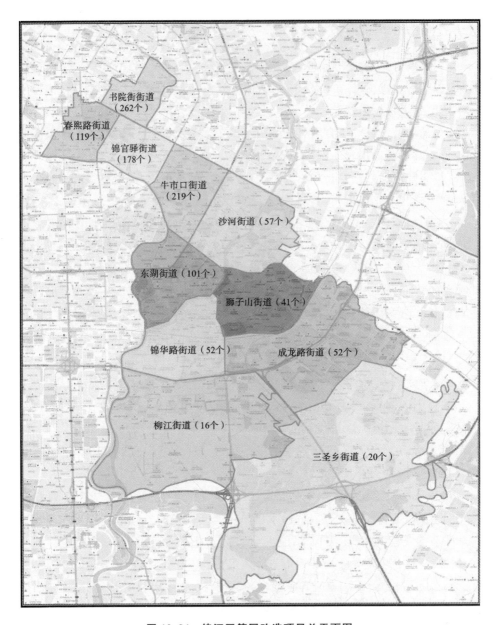

图 12.24 锦江区管网改造项目总平面图

由一端至另一端逐步固化,形成具有一定强度的内衬管,从而恢复或提高旧管道
的功能(图 12.26)。

图 12.25 胀管法

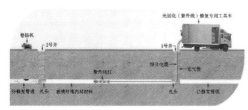

图 12.26 光固化法

4. 排水管网改造效果

管网规划建设管理的核心是人,要义是以人为本。锦江区管网改造项目也秉承该理念,以当前城市小区内涝治理及恶臭污水治理为目标,着力于管网基础设施体系的更新、建设,努力打造文明城市、卫生城市、宜居城市、绿色城市、健康城市等,彻底改善了城市雨污水基础设施运营能力,提升了城市形象,对城市可持续健康发展具有多重价值。

(1)提高城市形象,增强群众幸福感。

城市管网不仅是城市的"里子",也是城市的"生命线"和"血管";既关系着城市安全,也关系着群众生命安全;既关系着城市发展质量,也关系着群众生活质量。

"面子"不好,群众不舒心;"里子"不好,群众不放心。锦江区管网改造项目运用系统思维统筹规划,对小区雨污水病害进行"把脉",发现病害源头,对管网系统做一次精准的"手术",达到药到病除的效果,保障日后运营效果。

项目精心的改造使得城市更美丽、更精致、更文明,让生活在这里的人们更体面、更幸福、更有获得感。

(2)与城市未来发展规划方向一致,弥补城市早期管网基础设施的短板。

由于城市处于初步发展阶段,排水管网设计标准较低,行业的发展能力也较差,排水管网普遍管径偏小,雨污混流,绝大多数生活区、餐饮行业存在直排情况,时间一长,管道淤积堵塞,油垢垃圾堆满管道。当雨季来临时,管道混流及管径较小导致雨水管道来不及排走水流,造成城市内涝,生活污水直排堵塞管道导致管道过流能力降低,污水自溢,臭水横流。

经过本次改造,管道过流能力平均提高了 20%。同时,该项目对雨污水进行了分流改造,有效改善了雨季内涝和恶臭污水自溢的现象。

提升城市基础设施服务能力,提升和优化区域环境卫生水平,从而为城市现代化治理水平提升作出贡献。

(3)有效降低城市运营成本,推动城市的可持续发展。

在我国,城市化进程不断加快,随着城市人口的大量增加,排水已成为我国城市环境卫生及居民生活面临的紧迫问题。想要满足如此庞大的生活需求,全面新建城市管网成本太高,过程太长,因此可通过对城区管网的提升改造,快速、经济地解决根本需求,有效降低城市运营成本,推动城市的可持续发展。

城区管网提升改造是未来城市可持续发展的重要理念。锦江区管网改造项目已基本完成 11 条街道、1117 个小区的雨污排水治理工作,改善了 11 条街道污水入河造成污染的现象;解决了小区雨天内涝、恶臭污水自溢的情况,有效降低了下游河道污染处理的困难和减轻了社区街道清理工作的压力;解决了周边居民日常生活排水难题,满足了社区居民生活品质化、健康化的要求,有效改善了环境质量。同时,锦江区管网改造项目推动了长江中下游生态共建、环境共保,对提升环境效益起到了巨大推进作用;为成都市其他管网改造项目做出了很好的探索,提供了可复制、可推广的经验。

12.2.3 沱江特大桥项目

1. 项目简介

城市化是一个循序渐进的过程。城市需要在经济、政治等因素的影响下逐渐发展演变。城市应根据城市的历史和需求进行有机的更新。而道路作为城市骨架、交通网络,理应成为更新的重点。

沱江特大桥是成都东部新区金简仁快速路上的控制性工程(图 12.27),以"丝路天府,锦舞未来"为设计构思。大桥整体造型如舞动的丝带,寓意成都将实施新时代的"东进"战略,扬帆起航,迈向未来。项目是《龙泉山东侧沱江发展轴总体规划》中推动城乡形态从"两山夹一城"到"一山连两翼"格局转变的沱江发展轴交通要道,有利于重塑产业发展局面,形成开放型经济走廊、成渝四新经济引领带、特色全域旅游景区带、绿色生态经济发展带。

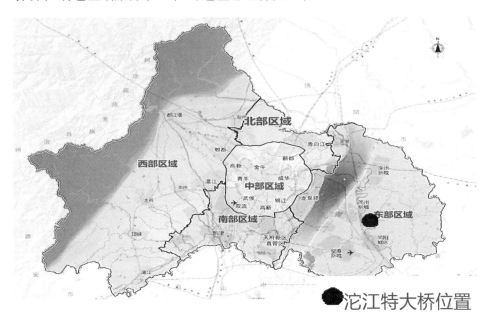

图 12.27 沱江特大桥区位

这座大型独塔双索面全钢结构斜拉桥,跨径布置为 $45+185+238+45=513$(m)。主梁标准断面为双边箱结构,宽度为 64 m,塔梁固结区域主梁宽度渐变至 83 m,为目前世界上最宽的钢箱梁桥面。主塔采用双索面布置,每个索面包含 17 对斜拉索。桥塔采用六边形断面钢斜塔,外观呈现为复杂的倾斜椭圆、扭曲变截面造型,椭圆长轴倾斜角度为 $18°$。

沱江特大桥最吸引人的还在于其别致的造型(图 12.28)。形如希腊字母 Ω 的大桥主塔像一枚巨大的银白色指环从沱江中升起。钢桥梁具有强度高、自重小、跨越能力大、易于造型、便于工厂化制作、环保等优点,具有广阔的应用前景。在全寿命周期内,混凝土结构平均每年的碳排放量为 82.52 kg/m²,而钢结构平均每年的碳排放量为 75.62 kg/m²。能耗方面,混凝土结构为 $2.14×10^6$ kJ/m²,而钢结构为 $1.96×10^6$ kJ/m²。可见,混凝土结构的能耗和碳排放量都要高于钢结构。此外,混凝土结构拆除形成的建筑垃圾,会对环境带来较大污染,而钢结构可循环利用。钢结构节能减排和无限循环利用的优势是混凝土结构无法相比的。

图 12.28　沱江特大桥效果

2. 项目关键技术

项目造型特异,建造难度大。建设过程中通过全过程数字化辅助手段实现结构单元的拆分、工厂化制作及安装,从而实现功能性和观赏性相协调的效果。

为提高三维模型设计的效率,方便后期调整,提出基于"三位一体"的桥梁部件拆分与参数化建模思路(图 12.29),通过基于 Auto CAD＋Rhino ceros＋Tekla Structures 的建模方式,针对空间曲线钢塔结构分类进行参数化建模,并分别设置相关控制性参数及约束参数,这些参数共同决定了主要部件在数字建造和真实建造中的对应关系,既可以单独设计,又可以关联设计,实现后期模型调整与碰撞检测等多专业协同作业。根据创建的模型,结合项目加工、安装等条件对钢塔制造节段进行划分,并基于钢材供货能力、加工水平、运输要求将制造节段的组成单元划分为若干制造单元。根据同源的数字化模型,展开复杂的空间曲线构件,得到构件的轮廓尺寸,利用数控切割技术对原材料进行切割,有效减少空间曲线单元板的加工损耗。先在数字化模型上统一布设节段与单元板制造用施工基准线,再将施工基准线等转化为二维图形,通过编译程序,采用激光自动画线设备完成节段与单元板的制备。根据各节段线形及结构组拼要求设计专用组拼胎型,利用三维扫描技术和变截面弯扭段轴线拟合方法,实现变截面弯扭钢塔节段组拼尺寸与线形的控制,使弯扭钢塔节段制造精度小于 5 mm。

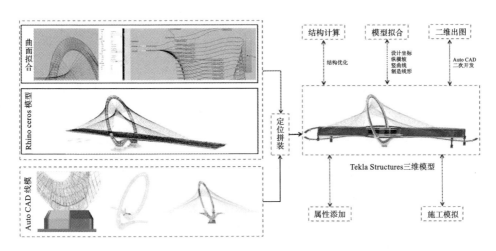

图 12.29　"三位一体"建模方法

　　基于三维激光扫描的节段成型检测主要针对空间曲线单元板和空间曲线钢塔节段进行线形尺寸的综合分析评定,通过三维扫描测量得到各空间曲线单元板与钢塔节段的点云数据,利用专门的数据处理软件处理点云数据,将处理后的数据拟合成实物模型,与理论设计模型进行对比与分析,获取各构件精度检测偏差报告。运用虚拟预拼装技术可准确分析节段就位数据与桥塔线形变化,解决了大尺寸重型节段无法开展实体预拼装的难题,使钢塔节段架设更加精密(图12.30)。运用虚拟预拼装技术既可以节省实体预拼场地空间,也可以节省实体预拼装临时胎架用量,实现绿色智能建造。

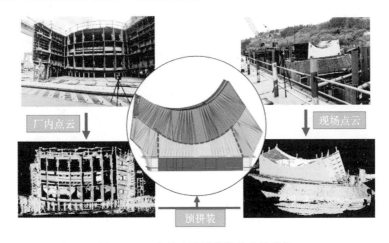

图 12.30　大尺寸重型节段数字化拼装

2023 年 4 月,成都巴莫科技有限责任公司获得国际权威机构 SGS 颁发的"达成碳中和宣告核证声明"证书,意味着全球首家达成"零碳"的正极材料生产基地在成都市金堂县诞生,标志着"东进"战略正如火如荼地实施。该公司立足于沱江特大桥,通过三维建模驱动复杂空间造型的钢结构节段分解,利用 Tekla Structures、Rhino ceros 进行非对称倾斜空间扭转钢塔节段与变截面高腹板主梁的精细化、参数化协同深化设计,并运用自适应焊接工艺参数调整系统、虚拟预拼装技术及精密测控技术等,结合融入可持续理念、应用数字技术、实现生态效益、建设绿色城市、兼顾社会经济环境的绿色城市更新模式,保障高精度桥梁制造,支撑碳中和先锋城市建设,通过道路更新带动周边片区自我更新,建设以先进制造业和生产性服务业基地为战略支撑的现代化未来新城。该项目建成后,将有效缩短成都市区到淮州新城的距离,并串联起淮州新城、简州新城、空港新城,成为通向天府国际机场的又一条交通要道,有效助力成渝地区双城经济圈建设。

第 13 章　成都城市更新实践之"魅力之城"

13.1 增加公共空间，优化生活环境

13.1.1 熊猫基地项目

成都正在致力于打造世界文化名城、世界旅游名城。对于北湖片区，其打造目标为国际旅游度假区。该度假区由 1 核、N 园组成，其中 1 核就是熊猫基地（图 13.1）。熊猫基地是成都市"五绿润城示范工程"中"生态绿肺"所在地。

图 13.1 熊猫基地

成都是大熊猫的家园，更是动植物的天堂。成都要以大熊猫保护为核心，围绕科学研究、公众教育、国际交往、旅游休闲、文化创意、户外运动等，将大熊猫的生态价值、文化价值和成都公园城市建设理念有机结合，打造大熊猫的生态家园。

成都市致力于将大熊猫繁育研究基地打造成科研保育院、科技转化区、大众科普中心及专业交流中心。本次工程将把熊猫基地建设成为世界级大熊猫保护示范地，人与动物美好时光共享地，全球顶级、世界唯一的沉浸式熊猫逍遥乐园。其主导功能为科研保育、科研转化、科普交流，客群分类为境外客群、亲子客群。

野生大熊猫主要分布在中国四川、甘肃和陕西三省。根据大熊猫分布特点、现场自然地貌特征，以及从"动物的展位"演变成"应该会有动物出现的场所"的理念，基地可划分成五大主题片区。本次工程主要承建的是冒险溪谷、无限山丘、英雄农场三大主题片区。

冒险溪谷:在溪谷间,期待一场与熊猫的奇妙相遇。

无限山丘:未来科技加持,与熊猫近距离亲密接触。

英雄农场:在农场中拜访从亚洲、欧洲、北美等地区归国的熊猫。

熊猫基地扩建一期标段项目位于成都市绕城高速两侧环城生态区,玉垒路以东,熊猫大道以西,靠近原熊猫基地(图 13.2～图 13.4)。本项目总占地面积为 95.2 hm²,其中景观绿化面积约为 72 hm²,建筑 48 栋,建筑面积约为 7 hm²,工程造价 15.06 亿元。

图 13.2　熊猫门

图 13.3　溪谷片区

大熊猫对栖息环境的特殊要求,以及项目周边的原始环境特点,使本研究具有如下四个技术难题:精准还原熊猫原生地形环境难度大;熊猫对栖息环境周边噪声敏感度高;熊猫栖息植被选型、布局、构建难;片域高品质自净化水系构建难。

(1)针对精准还原熊猫原生地形环境难度大的问题,项目提出了基于 3D 遥

图 13.4　商业片区

感的熊猫生态地形环境构建技术。

熊猫生存的野外环境植被茂盛、地形起伏较大,采用传统的单视角无人机勘测技术很难获取精确的地形数据。研究小组利用 3D 遥感原理,采用井字形交叉格网倾斜视角航线采集影像数据,确保获取 4 个方向的地形影像,利用运动恢复结构(structure from motion,SFM)和多视角立体视觉(multiple view stereo,MVS)算法构建 3D 地形场景。研究小组对凉山、邛崃、岷山和秦岭等地区的大熊猫原生地形环境进行了无人机 3D 遥感数据采集。

对获取的 3D 遥感影像进行特征点提取、同名特征点匹配等预处理,将预处理数据导入集成了运动恢复结构和多视角立体视觉算法的 3D 软件进行影像匹配、稀疏点云构建和三维格网稠密点云优化,最后通过纹理映射,构建 3D 地形场景,获取地形特征参数。

以坡度、坡向、地形起伏度、表面粗糙度为要素,采用国外学者的动物生境选择理论,以选择指数为指标,进行大熊猫对生境地形的喜好程度评价。研究发现:大熊猫特别喜欢在坡度小于 10°的缓坡活动,不喜欢在大于 30°的陡坡觅食;喜欢向阳的南坡,喜欢在地形起伏度和地表粗糙度不大的林中活动。

实施过程中,以调塑、测量、叠合、对比的循环工艺,实现熊猫生境地形的高品质塑造。为了给大熊猫和其伴生动物营造一个良好的生活环境,项目结合地形环境打造了一系列大熊猫的丰容设施,包括山石水系、栖架、堆木、垫料和雾森系统。

(2)针对熊猫对栖息环境周边噪声敏感度高的问题,项目研发了熊猫馆舍竹纹仿生吸声清水饰面混凝土技术。

通常,建筑降噪有结构降噪和材料降噪两大方向。本项目结构无法改变,研究降噪材料成为熊猫场馆降噪的理想途径。吸声材料具有多孔、共振或薄膜的结构特性。通常,人类及环境所制造的声音频率为 85~1100 Hz,为中低频域声波。因此,主要吸收中低频率声波的多孔材料成为降噪材料的首选。研究小组从项目实际情况出发,考虑经济性、环保性等因素,并借鉴相关研究结果,最终,陶粒材料、PVC 塑料、膨胀珍珠岩从众多多孔材料中脱颖而出。

通过查阅资料、理论研究,选择 42.5 级硅酸盐水泥作为胶凝材料,中粗砂作为细集料,类球形陶粒、均匀球形陶粒、PVC 塑料、膨胀珍珠岩作为掺和料,进行正交试验,并选取具有最佳吸声效果的材料配合比。

研究小组在研制吸声混凝土的基础上,结合竹模板、吸声孔、吸声棉、消声管等吸声元素,研发了熊猫馆舍竹纹仿生吸声清水饰面混凝土技术。其吸声原理为:利用竹模混凝土纹理的凹凸状,进行一次降噪;利用竹模混凝土内设置的吸声孔和设置在吸声孔内的吸声棉,对导入混凝土内部的噪声进行二次吸收;利用与吸声孔垂直连接的竖向消声管和设置在消声管内的吸声棉,对混凝土内部的噪声进行三次吸收。该技术提升了馆舍降噪与隔热效率,实现了熊猫馆舍静音、隔热和环保功能。

(3)针对熊猫栖息植被选型、布局、构建难的问题,项目开发了 AI 衍生式熊猫栖息环境植物群落布置技术。

衍生式设计是人与计算机之间的协作设计过程,由工程师制定设计参数、量化评价目标,计算机进行自动分析,出具比选方案,并且可以在迭代生成方案的过程中不断学习及积累经验,以此不断提高后续方案的质量。

以园区内种植范围最广的刚竹为例,在满足植被功能的基础上,从布置形状、种植间距方面进行算法构型研究。在种植区域不规则时,经对比,该算法生成的种植方案与传统人工排布方案相比,种植数量减少约 7%。此算法构型也可应用于其他类似植株,为本项目大面积观赏植被的精细化管理提供数据支撑,节约种植成本。

在数字底板构建方面:使用专业的植被建模软件实现了植被种类、胸径、高度、冠幅等的参数化建模;通过添加环境因素,得到不同生长状态的植被模型,达到一次建模多次使用的目的;采用可视化编程技术确保场景的精确还原;结合虚拟仿真技术,开发了适应范围广、迭代效率高的植物群落衍生式设计方法。

我们使用生境数字底板通过虚拟仿真技术,从大熊猫角度对生境植物搭配、地形变化、日照条件进行分析,敲定了以常绿针阔叶混交林为上层植被、熊猫的食物竹类为中层植被、苔藓和蕨类为地被的配置方案,形成相互交错布置的川西密林景观,确保大熊猫的安全性、私密性、趣味性需求。

植被布置方案落实方面:采用遥感技术获取项目热辐射模拟数据、历史降水数据、地表温度;将获取的数据编程处理后进行重采样操作,获取计划种植时间内相对适宜的时间段及温(湿)度条件,并根据气候条件采用技术手段,将植被种植成活率提高到了98%,极大地节约了成本。

(4)针对片域高品质自净化水系构建难的问题,项目创新性地提出了熊猫园区水生态立体生物修复技术,经实践应用后,保持大熊猫城市栖息地水源水质为Ⅰ类标准。

微塑造大熊猫城市栖息地水域边际地区,利用无人机进行地形扫描,并进行雨水落点模拟、汇流路径模拟及汇水点分析,为面源污染负荷计算提供基础数据。

对大熊猫城市栖息地水域底部地形进行塑造及对水生态系统进行立体营造,达到不同区域内功能性群落的合理分布,实现对水质的高效提升。运用立体修复技术和水质监测体系,实现地表Ⅲ类水体到Ⅰ类水体的净化。

大熊猫城市栖息地水域水体径流过程中 TN(总硝酸盐)、TP(总磷)不断下降,DO(溶解氧)不断上升,逐步实现从地表Ⅲ类水体到Ⅰ类水体的净化。

项目以当前城市大熊猫栖息地与人类旅游地良好融合为深究点,着力于新型动物与人类设施体系建设。在城市中建造动物栖息地具有多重价值。

(1)结合拟建地打造熊猫生态与人文景观相融合的大熊猫城市栖息环境。

成都大熊猫繁育研究基地扩建项目,充分遵循并沿用原始地形地貌,以山体冲沟及溪流形成的山地溪谷多层次景观带为切入点,打造了17栋熊猫馆舍、31栋园区后勤管理用房、科普场馆及游客步行街等参观游览场所,入园68只大熊猫、10只小熊猫。园区开放后,游客接待能力得到了大幅提高,平均接待游客5.0万人次/天,高峰期达8万人次/天。

(2)探索大熊猫城市栖息环境设计与施工方法。

本项目建造过程中,利用 BIM 及 BIM5D 技术实现了不同的成果。项目团队受邀参加中国数字建筑峰会2021·四川。本项目作为 BIM 技术优秀应用案例,分享项目的 BIM 应用思路,展示企业数字建造核心竞争力,树立了良好的企业形象。

本项目意义独特,是承载熊猫文化的新型生态旅游产品。本项目在做好大熊猫科研保护的基础上,整合开发大熊猫 IP 资源,打造"熊猫+艺术""熊猫+文创""熊猫+绿道""熊猫+演艺""熊猫+美食""熊猫+研学"等泛大熊猫文化主题的新型生态旅游产品,有效疏解熊猫基地客流压力,成为公园城市建设的重要实践,同时提供一个大熊猫国家公园的城市展窗。

13.1.2　成都天府艺术公园项目

成都天府艺术公园是成都市幸福美好生活十大工程之一,第 31 届世界大学生夏季运动会配套项目中的"文旅高地",成都天府锦城"八街九坊十景"的重要节点,也是金牛区"一核、一线、三片"建设、全力打造的"宜游、宜业、宜居"的新国宾片区。成都天府艺术公园位于成都市金牛区北三环路外侧跃进村片区,占地面积约为 200 hm^2,总建筑面积约为 10.2 hm^2,造价 15.7 亿元,可容纳人口规模约 5.7 万。项目包括图书馆、艺术馆和美术馆等建筑,主要提供游客观光、人文娱乐等配套服务。其中,图书馆、艺术馆主体为钢结构,采用桁架楼承板种植屋面,外形如同叠嶂翠峰;美术馆主体为框架-剪力墙结构,屋面采用网架支撑结合金属围护形式,非线性复杂曲面外形如同芙蓉花瓣一般平滑优美。项目中间还有一个迎桂湖,面积约为 10 hm^2,湖面轮廓依建筑而改变,一起形成了一幅山水画卷(图 13.5)。

图 13.5　成都天府艺术公园

1.施工技术创新助力提升工程品质

(1)蜂窝铝板屋面用单曲面板替代双曲面板技术。

为最大限度地呈现美术馆芙蓉花造型屋面,项目利用 BIM 技术对金属屋面表皮进行参数化设计,优化屋面板块划分,减少双曲面铝板数量,有效降低工程造价。制作加工过程中利用 3D 扫描技术对网架结构与参数化模型做对比,深化设计金属屋面。创新性研制出可调式铝板龙骨工艺装备、辅助定位工艺装备、缝宽控制工艺装备等,实现铝板精准高效安装,确保了铝板线型每延米的误差在 2 mm 以内。

(2)下凹双曲面钢网架与钢筋桁架楼层板贴合技术。

BIM 施工模型与数控机床相结合,有助于精准加工上弦削冠球节点,确保上弦削冠球节点与矩管上弦杆同曲率。建模过程中,结合屋面造型曲率调整上弦杆及削冠球节点角度,以实现钢筋桁架组合屋面板与网架结构的精准贴合。

(3)大坡度轻型屋面模块化、智能养护绿化技术。

为呈现图书馆、艺术馆屋面的远山翠黛意境,项目创新性地提出了轻型屋面绿化与智能滴灌系统相结合的方案,模块化固化纤维土,达到了减轻结构荷载、减少水土流失、安装便捷、维护方便的效果。

(4)自由曲率竹皮饰面吊顶成型及铺贴技术。

硅陶复合板曲面吊顶采用三维激光扫描技术对结构进行逆向建模后,再对标准模块进行分割,并在定制模块主龙骨上添加相关安装、定位的数字信息,形成标准模块的下单图和组装图。吊顶龙骨采用刀片龙骨体系,刀片龙骨下翼缘弧度加工成吊顶弧度,并在其下翼缘依据副龙骨尺寸开槽,确保副龙骨下翼缘与刀片龙骨下翼缘齐平。现场采用地面拼装、分段吊装的安装方式,提高安装效率。吊顶采用硅陶复合板加竹皮面层,板材能满足弯折加工的强度要求。为呈现天府竹境,项目根据天然竹皮纹路进行面层效果建模,以达到竹纹路径与曲面吊顶走向的融合,完美还原设计理念。

(5)珍贵藏品保存节能设计施工技术。

为确保美术馆画库满足藏品储存的最优湿度,美术馆画库采用调湿板+精密空调系统组合控制湿度。调湿板依靠自身性能,被动调节空气湿度;精密空调通过湿度传感器感知湿度,主动调节湿度。整个系统实现了低湿度变化时调湿板无耗能调节,高湿度变化时精密空调主动调节,确保画库湿度维持在藏品最优储藏湿度,并节约能源费用。

2.三星级绿色建筑设计

(1)高性能幕墙。

工程幕墙玻璃主要采用中空 Low-E 钢化三银玻璃,相较于传统 Low-E 玻璃 13 层的镀膜工艺,钢化三银玻璃的镀膜达到 26 层,保温节能指标提升了

25%,满足绿色建筑三星级设计技术指标。

（2）海绵城市技术。

为最大限度降低对生态的影响,因地制宜规划布局,形成园区全域生态保护网络,结合海绵城市技术,构建由湖泊、绿地、绿化屋面、雨水植物、透水铺装等组成的生态海绵花园,形成渗、滞、蓄、净、用、排的良性循环,在公园内实现了雨水的综合循环利用,达到良好的景观效果,同时缓解该片区的城市热岛效应。

（3）集中式空调机房。

使用 4 组制冷设备及 50 台水泵构建服务于三馆的商业集中式空调系统。选用制冷系数均大于 5.9 的制冷主机,在使用中根据需求制冷量智能组合,年节约耗电量约 1250000 kW·h。

（4）自然采光。

通过光照模拟分析,调整装饰材料及空间布局,使室内的自然采光效果达到最优,室内自然采光的达标率在 90% 以上。对场地光污染情况进行分析,调整金属屋面曲率,控制光的集中反射,提升建筑观景体验。

（5）自然通风。

模拟分析室内外风环境,根据模拟报告,调整设计方案,促进公园内空气流通,调整群聚区域的风速,打造安全、舒适的风环境。

3. 品质管控,一次成优

项目建设团队始终秉持全产业链服务理念,聘请专业的深化设计及品质控制团队提前介入项目的品控管理,邀请行业相关专家及大师对项目的装饰装修、园林景观工程进行现场指导,通过深化设计、样板引路,把项目的品质从单一的工序控制提升到设计理念的最大还原,以建筑美学和建筑功能的实现为品质控制的导向。

艺术馆和图书馆位于成都天府艺术公园西侧,两馆地下结构相连,上部构造形状取自川西连绵的群山,恢宏大气,连成一体。美术馆位于成都天府艺术公园东侧,汲取成都市花——芙蓉花意向。迎桂湖、艺术馆、图书馆、美术馆及商业水街形成"一湖三馆一水街"的格局,营造"窗含西山景,轩外湖水平,蜀巷烟火气,出水芙蓉境"的惬意美景。除突出地域文化外,成都天府艺术公园也是成都市"十四五"规划期间推动重大公共服务设施增量增效、提升公共服务能级的首批重点工程之一,对加快成都世界文化名城建设具有重要意义,充分体现了成都市完善配套设施、提升生活品质的城市有机更新目标。

13.1.3　东安湖体育公园项目

解决快速城镇化过程中出现的宜居性、包容性不足等问题,使城市发展有温度、市民生活有品质是城市更新的必经阶段。补齐基础设施短板,推动城市结构优化才能满足人们对不断提高的生活品质的需求。公园城市理念在成都提出,标志着城市更新新建设模式的诞生,将"城市中的公园"升级为"公园中的城市",以城市绿色本底为基础,将城市与生产、生活有机结合,优化功能业态,强化安全韧性,实现人、城、境、业的高度融合。

东安湖体育公园占地面积为 398.93 hm²,建设内容含 $2.7×10^6$ m³ 的水库、346 hm² 的水陆生态系统、7.4 km 的市政道路(含湖底隧道 1.7 km,市政桥梁 9 座)、11.25 km 的绿道、25 座景观桥梁、49 栋建筑及 57 处构筑物等,是第 31 届世界大学生夏季运动会开幕式举办地,是践行公园城市理念的首批项目,是成渝经济圈的重要生态支点。

公园形成"一湖一环、七岛十二景",将生态本底和生态效益完美结合。湖区山环水抱,十大水系形态各异;环湖绿道四季景观特色分明,以世界大运之环为主题,形成一条美丽的公园道路;成蹊岛、爱情岛、书香岛、竹语岛、溪峰岛、活力岛、运动岛七岛文景交融、主题鲜明;东阁望川、东安竹语、溪峰河宴、桃李龙泉、书房澄泓、锦城花重、梅坡溪桥、神鸟迎宾、帆影竞渡、驿台荷风、活力西江、丽日戏沙展现了新时代"东安十二驿"盛景,充满诗意的二十四桥串联东安十二景,描绘出一幅面向世界、拥抱未来的"东阁驿站"画卷。

项目提出"活力生态、公园化城"设计理念,形成"蓝绿交织、城园相融"的公园城市营建理论,运用了畜塘成湖、留木成林、因势聚山、借渠引水的手法,打造生态水域格局。公园打造的森林、湿地、草地、湖泊 4 大生态系统有效缓解了城市热岛效应,使居民在家门口实现富氧呼吸。项目形成的多类型活动场景,对周边经济增长有极大的推动作用。

为打造高品质水环境,项目建立了重力驱动的湖体原位净化体系,并在此基础上,通过构建多因素交互作用下的最优水生物链,形成稳定的水下森林系统,最终确保湖区后段水质长期稳定保持在地表Ⅰ类水标准(图 13.6)。公园良好的水陆生态环境不但为水生动物、水生植物提供了优良的生存场所,也为多种珍稀濒危野生动物,特别是水禽,提供了必要的栖息、迁徙、越冬和繁殖场所。根据成都观鸟会统计,东安湖体育公园吸引了角䴙䴘、普通鸬、黑颈䴙䴘、白腰杓鹬等国家二级保护鸟类。角䴙䴘在成都平原的消失期长达两年。号称"水中大熊猫"

的桃花水母也在东安湖体育公园安家落户。

图 13.6　东安湖体育公园的高品质水环境

　　因为是第 31 届世界大学生夏季运动会开幕场地,火炬塔成为十二景之"神鸟迎宾"景点。针对火炬塔的建造,项目提出了主被动有机协同、多维场景交融的光影表达理念,通过三维光域环境建模、计算及优化分析,实现了光影在文化、空间、时间维度上的设计融合,解决了古蜀文化、大运精神与公园生态景观、平赛节时段的协调难题。基于多层次光影表达及高效利用光源的需求,开发光影被动呈现关键保障技术,实现了细腰形火炬塔高大菱形网格结构最细处 5 mm 超小误差控制的目标,呈现了层次自然、丰富的画面效果。项目研发主动式节能造景照明系列设备及建造技术,通过主被动有机协同、多维场景智慧融合感知,绿地峰值耗电量仅 0.97 W/m²,实现了"见光不见珠、环境巧融合"的低碳光影效果,从而实现了火炬塔世界范、中国风、巴蜀韵的光影艺术表达(图 13.7)。

　　项目构建了以"生态＋智慧"为核心理念的信息化管控模型,提出大数据实时交互解决方案,并在此基础上,研发生态公园智慧管控平台,首次实现生态公园项目设计—施工—运维一体化智慧管理。项目通过研发大型生态公园多层次场景设计虚拟重构技术、大型场地营造智慧协同建造技术及现场协同智慧管控系统等,构建了实时演替的智慧建造技术体系,解决了大型生态公园景观设计、

图 13.7　火炬塔光影效果

地形营造、水系利用、运营维护等信息协同难题,设计方案定稿时间缩短 25％～30％,地形营造效率提高 15％～25％,项目信息传递效率提升 25％～35％,并将所有建设数据转化运用和后期运维协同管控,引领生态园林数字化建设转型。

项目应用的多项关键技术推广价值极高。项目形成了形态与城市空间融合的主轴,主张"先生态而后空间",主张在生态引领下修复自然生态、挖掘生态产品价值、创造宜居生活、推动产业创新、塑造文化名城,使得城市更新从单纯的物质空间建造向以人为中心的场景营造转变。东安湖体育公园成了以秀美的自然山水为基底,以多元的文化元素为内涵,以丰富的休闲活动为特色,兼具农业灌溉和生态修复功能的开放型城市生态公园(图 13.8)。

作为展示巴蜀文化、城市魅力、大运精神的国际交往新窗口,东安湖体育公园的建成让成都成为世界赛事之都,提升了成都的国际形象。项目投入使用至今,已成为网红打卡地,举办各类活动 340 余场,接待游客 7500 余万人次。其布景手法巧妙,园林与建筑相融共生,水系与建筑动静结合,游线清晰明确。项目已成为高质量践行公园城市建设新发展理念的又一典范,生态空间山清水秀,生活空间舒适宜居,满足人民群众对城市宜居生活的新期待,为成都公园城市建设和城市有机更新提供了可复制、可推广的经验。

图 13.8　蓝绿交织、城园交融的公园景观

13.2　强化慢行系统,改善出行条件

13.2.1　龙泉山城市森林公园高空栈道项目

"九天开出一成都,万户千门入画图。"成都自古有"天府之国"的美誉,是驰名海内外的休闲文化之都。这里有人民公园的坝坝茶,锦里的名小吃,玉林路的小酒馆,都江堰的悠久历史,熊猫基地的可爱"滚滚"等。近年来,随着徒步旅行的盛行,越来越多的人爱上回归大自然的休闲感受。龙泉山城市森林公园高空栈道正是基于满足人们亲近自然的需求而建的。

龙泉山位于岷江和沱江的交界处,由板块挤压作用形成。龙泉山坐落在成都东部,向西为成都大平原,向东为丘陵。龙泉山是东出成都必经之地,可谓成都的"东城门户"。龙泉山历来是成都的军事重地,宋朝时称灵泉山,明朝时又名龙泉山,为"天府之国"提供了自然的保护屏障,具有重要的生态意义与人文意义。

20 世纪 90 年代中叶,龙泉山形成了"四时桃花开,八节果芬芳"的美景(图13.9)。随着成都的发展和东部新区的建设,龙泉山的定位由原来的生态屏障调整为城市绿心,但龙泉山的旅游功能未得到升级完善(图13.10)。2017 年 3 月,

303

成都启动龙泉山城市森林公园高空栈道项目,以满足人们日益强烈的出行游玩的精神文化需求。

图 13.9　20 世纪 90 年代种植形成的果园

图 13.10　破损的山体和被遗忘的小径

　　龙泉山城市森林公园高空栈道位于天府新区合江镇龙泉山区域内,东靠龙泉山,西望兴隆湖,是公园建设的重要组成部分。龙泉山城市森林公园高空栈道选址区域内相对高差约为 209 m。场地以浅丘为主,坡度大于 25°的区域内设置空中栈道,形成较为有趣的空间感受。坡度 0°～5°的部分区域修建景观节点。龙泉山城市森林公园高空栈道充分利用高海拔及朝向优势,打造城市景观最佳观赏点,结合地势,营造具有山地特色的空间体验,同时修复山地自然植被、特色植物等(图13.11、图 13.12)。

图 13.11　全景效果

图 13.12　绿树掩映的景观绿道

龙泉山城市森林公园高空栈道占地面积为 10.4 hm²，总长约为 2.95 km。该项目打造多处主题景观节点：遇见广场、结缘之心、情诗长廊、相思塔、守望台等。景区充分考虑游玩舒适度，在遇见广场和守望台设置主出入口，并在结缘之心和相思塔分别设置接驳点，出口、入口及接驳点均设置卫生间等公共服务设施，具备游客服务、停车、休憩、公厕、标识导引、售卖等便民设施。景区内设置有固定机动车停车位。天府新区政府还利用地铁施工时的临时用地新建大型集中停车场，方便游客使用。交通体系如图 13.13 所示。

龙泉山城市森林公园高空栈道采用整体架空的形式，减少了对植被的破坏（图 13.14、图 13.15）。上部结构主要是钢桁架，下部结构采用钢柱下接混凝土墩柱、桩基础或独立基础的结构形式。栈道主体由管桁架和钢梯步组成，放坡段坡度均小于 6%，主线栈道净宽为 2.4 m，两侧设置 1.3 m 钢结构栏杆。地面铺

图 13.13　交通体系

装采用板厚 5 mm、间距 25 mm 的成品钢格栅,逐段喷涂绚丽色彩。各里程碑距离点安装有爱情导视牌,每隔一段距离设有休息长凳、安防监控和综合音响,充分满足游玩的舒适度和安全性要求。

图 13.14　高空栈道景致 1

　　栈道以开敞视线和半开敞视线为主,以局部设置封闭视线为辅,可以充分利用高度优势,远眺整片森林和天府新区,也可以漫步林间,与生长在林间的野生植物进行亲密接触(图 13.16)。

　　遇见广场作为栈道的起点,寓意爱情相遇。其主体建筑相遇环廊由 16 根钢柱支撑,表面采用烤漆工艺制作,呈现出厚重且光滑的效果(图 13.17)。环廊外围悬挂高低起伏的七彩星空导光板。

图 13.15　高空栈道景致 2

图 13.16　优美的栈道景观

图 13.17　遇见广场

　　结缘之心栈桥层次交错,观景平台高举(图13.18)。环形观景平台钢化玻璃下安装有太阳能板,地面建设有储能站,充分体现了绿色环保理念。

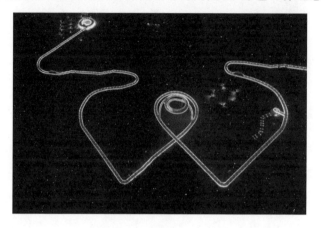

图 13.18　结缘之心夜景

　　情诗长廊是隐藏于翠竹之间的离地不到 2 m 的宽阔架空平台,色彩绚丽鲜明,线条轻快,高空俯瞰犹如两颗跳动的心脏共同跳动、舞蹈(图 13.19)。情诗长廊的端头还有一座七彩"时空隧道"。

图 13.19　鸟瞰情诗长廊

　　相思塔建设在龙泉山城市森林公园驿站处,上接栈道、下达公园地面,起到接驳作用。相思塔施工时充分利用了自身的地理优势,主体由 8 根钢柱和梯步组合而成。外墙采用镂空形式铝方通建造,并安装 1800 套可智能控制的彩色LED 线条灯,顶层设置有外露玻璃平台(图 13.20)。

　　守望台位于栈道的终点,巍然坐落于龙泉山狮子宝顶部,16 根深入岩石的钢筋混凝土桩和两侧埋入地下 29 m 装满混凝土的钢箱梁,挑起凸出山体 16 m、

图 13.20　相思塔夜景

高度距地面 18 m 的守望台(图 13.21)。守望台前端是心形环廊,两侧为玻璃栏板,中部是 17 阶花岗石台阶围绕的小广场,台阶上放有两枚鲜红的桃心。

图 13.21　鸟瞰守望台

　　龙泉山城市森林公园高空栈道全线高差为 209 m,用 223 根桩基依山架设起 2.95 km 的高空栈道,蜿蜒起伏。桥面离地最大高度为 24 m,最大跨度为 34 m,最长钢结构柱长为 6.918 m,重达 4.769 t,最长钢桁架为 25.4 m,重达 26.72 t。

　　控制钢结构加工精度是龙泉山城市森林公园高空栈道施工的难点。在钢结构加工前采用 3D 建模技术逐一绘制零件图、单元构件图、试装图,确认材料符合要求后采用全自动数控机械进行放样与下料。放样画线时,标明装配标记、螺孔、倾斜标记,以及中心线、基准线和检验线。加工时以全自动数控机械操作为主,减少人工操作,减少误差。逐段焊接完成后在拼装平台上进行预拼装,合格后方可进行镀锌处理(图 13.22、图 13.23)。运抵现场后根据编号,采用吊车进行模块化拼合吊装。

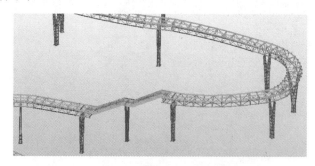

图 13.22　栈道 3D 模型预拼装

图 13.23　守望台钢箱梁 3D 模型预拼装

保护并修复生态是龙泉山城市森林公园高空栈道施工的重点。施工前期,建设者对现场进行全面勘察,提交设计人员优化线型,避开特别的原生态景观林木。施工过程中,优先加宽土路,将其作为施工道路,减少施工面积,保护原有生态。全线电缆和给水管道均架空安装于桁架中部,减少场地使用。采用双层植物体系恢复植被,地表全面种植扁竹根、紫花酢浆草、麦冬等,上部种植樱花、国槐、香樟、天竺桂、朴树、黄连木等(图 13.24)。栈道墩柱种植爬山虎,达到覆盖隐藏的效果,同时,大量堆码植草袋、喷播草籽,对区域内的山体洪沟及各陡峭边坡进行保护(图 13.25)。栈道每隔 100 m 设置安防监控并接入公安安防网络,全天候关注林区安全。栈道铺设给水管道,每隔 15 m 设置快速取水口,满足绿化灌溉和森林防火需求,为沿线林区提供安全守护。

龙泉山城市森林公园高空栈道是成都的城市山林特色文旅地标、成都公园城市鸟瞰平台(图 13.26),犹如一条纽带串联起半山缘农家乐、高空餐厅、浮云泳池、狮子宝观景台等一系列旅游项目,给公园旅游带来蓬勃生机。

图 13.24　景观绿化

图 13.25　边坡修复

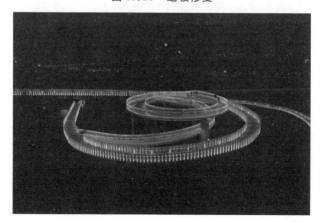

图 13.26　高空栈道夜景

13.2.2 天府大道绿化项目

1.项目简介

天府大道眉山段作为重要的成眉连接线、成眉同城发展主动脉,贴合"天府公园城、眉山创新谷、开放新高地"的总体定位,是进行高标准规划建设全域公园体系的重要实践。天府大道眉山段近山亲水,东倚龙泉山脉,西临柴桑河湿地,地处浅丘之间,东侧散布帽顶山公园、寨子山公园,山、水、田、林、丘、塘随处可见(图13.27)。天府大道眉山段将打造成以景观型街道为主,综合商业、交通、生活的多样化复合型门户大道,打造成公园化的迎宾景观大道。

项目主要针对眉山天府新区天府大道的绿化景观进行打造并完善配套设施。项目全长约11.4 km,道路两侧绿化带控制宽度各为50 m。项目实施总面积约为122.91 hm²,其中道路两侧绿化带面积约为99.26 hm²,车行道分隔带绿化面积约为23.65 hm²。主要建设内容:绿化景观工程(绿道及铺装、绿化工程、土石方工程、景观安装工程、景观构筑、景观配套设施等)、建筑工程(配套服务建筑、公共卫生间)、桥梁工程(桥梁、栈道)、水生态治理工程(驳岸、防渗、水生态等)、电力工程、电信工程。

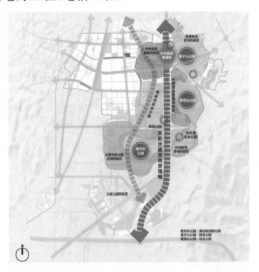
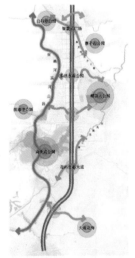

图 13.27 项目区位

2.建设原因

为打造公园城市,实现"绿满蓉城、花重锦官、水润天府"的蜀川画卷,推进高品质和谐宜居生活城市建设,在市域范围构建"一轴两山三环七带"区域级绿道、城区级绿道、社区级绿道三级天府绿道体系,建设展现天府文化、体现国际水准的天府绿道(图 13.28)。

　　慢行绿道作为一种线性绿色开敞空间,是连接水系、山体、田园、林盘、自然保护区、风景名胜区、城市绿地,以及城镇乡村、历史文化古迹、现代产业园区等自然资源和人文资源,集生态保护、体育运动、休闲娱乐、文化体验、科普教育、旅游度假、应急避难等功能于一体,供城乡居民和游客步行、骑行、游憩、交往、学习、体验的绿色廊道。

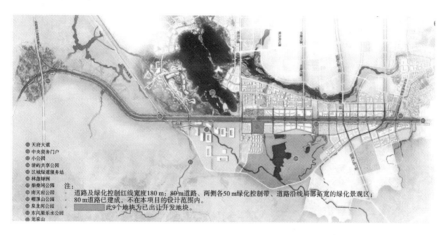

图 13.28　项目平面

　　天府大道绿化项目中的绿道系统串联区域绿地、公园绿地和城市绿化环境,与寨子山公园、帽顶山公园、南天府公园等共同构建特色公园城市。打造天府大道空间景观轴,以创建公园城市为目标,构建"一轴两山三环七带"全域公园体系。绿道系统就像人体经络一样,将各个公园景观、功能等串联起来,和谐共处,形成有机的整体,推动城市可持续发展,促进区域繁荣。在推动成都平原城市群同城化发展,构建网络化大都市区的大背景下,该项目的绿道系统和天府绿道系统完美耦合,对城市的有机更新发挥了重要作用。

3. 改造理念

　　尊重场地、展现特色、树立亮点,保障公园城市街道一体化实践落地。发挥场地浅丘特色优势,使街道线性空间开合有致,纵享无限景深(图 13.29)。创新公园城市场景营造方式,构建多场景、可感知、有活力、重体验的"街道公园"。构建慢行系统,以绿色交通引领生活方式,区域绿道接驳成网;绿地系统化零为整,口袋公园、小游园、大型公园互联，形成全域公园系统（图 13.30）。

图 13.29　街道线性空间

图 13.30　全域公园系统

立体的天府大道——利用天府大道眉山段两侧原有的丘陵地形，植入绿道系统和景观场景，创造具有眉山地形特征的立体景观，营造天府大道上错落有致的车行视线及连绵起伏的人行动线。

生活的天府大道——在两侧绿化带中设计全域绿道系统，与丘陵地形有机结合，串联一系列的口袋公园和便民驿站设施，为周边生活及工作人群提供高品质的公共空间。

生态的天府大道——天府大道眉山段是一幅具有生命力的长画卷。其以可持续的生态设施，结合景观场景，拉近海绵城市设计与日常生活的距离，减少对自然的破坏并修复生态，实现人与自然的和谐相处。

4. 难点与建造技术

(1)难点一:复杂地形环境下施工。

项目处于川西平原典型的平坝、浅丘地貌类型区,地势东高西低,高差变化较大,高程范围为-20~20 m(图 13.31)。对应的建造技术如下。

该项目存在高差变化,可以结合该地形环境来进行设计,尽量减少开挖或回填。利用高差营造景观,既有利于因地制宜,降低工程成本,也有利于营造丰富的园林空间变化。天府大道两侧绿化带中的全域绿道系统与丘陵地形进行有机结合,串联一系列的口袋公园和便民驿站设施,可以为在周边生活及工作的人群提供高品质的公共空间。

(a) 商务段施工前现状

(b) 宜居段施工前现状

图 13.31　项目实施前典型现状

315

(c)生态段施工前现状

续图 13.31

(2)难点二:低环境干扰的地块交界面处理。

天府大道眉山段 11.4 km 道路沿线两侧 50 m 绿化控制带与两侧用地交接,两侧用地类型多样(主要为公共建筑、商业、办公、居住、公园、自然绿地)、开发建设时序不一(拟建、在建、已建),场地情况处于动态变化中。对应的建造技术如下。

加强与业主单位的沟通,迅速落实红线变化情况,和联合体设计单位建立良好的沟通机制,做好两侧不同用地之间的景观过渡和衔接。同时,针对该项目工程量较大、景观路线长、施工范围内环境复杂等情况,合理组织施工顺序,充分发挥动态管理、灵活组织的优势,实现流水、平行、交叉作业,以积极应对场地的动态变化。

(3)难点三:存在大面积山体创面。

场地内有大量山体被破坏,大部分处于道路两侧。山体创面陡峭,修复及改造难度较大(图 13.32)。对应的建造技术如下。

图 13.32　山体创面分布

316

采取液压喷播植草的方式进行护坡,将冷季型草籽、肥料、黏着剂、纸浆、土壤改良剂、色素等按一定比例在混合箱内配水搅匀,通过机械加压喷射到边坡坡面完成植草施工,2 个月后就可以形成防护,发挥绿化功能。

(4)难点四:慢行系统的打造。

28.7 km 的绿道系统与周边区域级、城市级和社区级绿道相衔接。绿道铺装根据不同绿道类型及周边环境特质选取材质,兼顾耐久、美观、防滑、易清洗的要求。绿道可通过材质、色彩、形态组织形成韵律变化,呼应自身特色(图13.33)。绿道遵循海绵城市要求,其铺装材质以透水材质为主(图 13.34)。

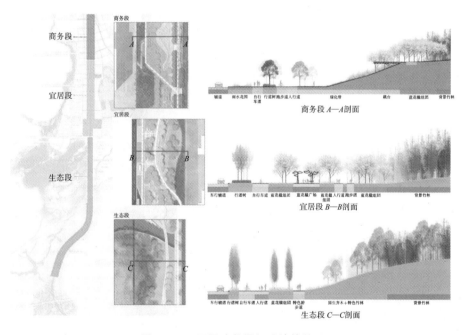

图 13.33　不同路段慢行系统的处理

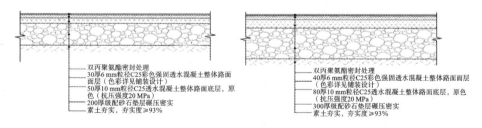

图 13.34　非承载式与承载式透水混凝土路面做法

5. 建成效果

天府大道眉山段两侧绿化带中的全域绿道系统与丘陵地形有机结合,串联一系列的口袋公园和便民设施,为周边人群提供高品质的公共空间。口袋公园和便民设施注入了眉山新与旧的文化元素,丰富眉山记忆及沿途景观。

全域公园绿道系统,串联多种用途用地。天府大道北段两侧规划用地以商业用地、商务设施用地及住宅用地为主。中段、南段两侧以居住用地、高等院校用地、公园绿地为主。

天府大道眉山段串联了多条路网,与周边绿道接驳(图 13.35)。项目相关联道路系统规划完善,有高速路 1 条,为成都第三绕城高速;结构性主干路 4 条,分别为环天快速通道、视高大道一段、中建大道、物流大道;一般性主干路 2 条,分别为南天府大道、成黑快速通道;次干路 5 条,分别为金融二街、寨子北路、环湖东路、红星大道、环湖路。

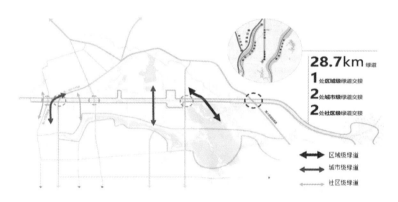

图 13.35　与周边绿道接驳

天府大道眉山段遵循"以竹为脉,以花为色"的理念,致力于打造一幅具有生命力的长画卷,以竹的色彩绘制画卷的底色,花与叶散落于画中,形成风景变幻、四季有景的道路。竹子代表眉山的精神文化,是传播东坡文化的良好载体、展示城市形象的靓丽名片。而花则以蓝花楹作为主要乔木,辅以开花小乔木、灌木、地被,将各色花树点缀其中,绘出舒朗大气的迎宾画卷。结合绿道沿线打造林荫绿廊,采用特色植物,打造主题绿廊,形成连续林荫空间。行道树枝高于 2.5 m,确保枝下视线通透。在不同的地段,设置不同的行道树,形成特色景观大道,有蓝花楹大道、银杏大道、红枫大道、香樟大道、桂花大道、池杉大道等(图 13.36)。

图 13.36 特色景观大道

天府大道眉山段形成了有特色的大地景观绿道(图 13.37)。整体风貌融合统一,大尺度的大地景观与"花与竹"特色植物组团相结合,成片耕地中栽植适宜植物,进行大尺度大地景观设计,依托绿道沿线发展景观农业,农业生产与景观、生态相协调,营造川西坝子意境。

图 13.37 大地景观绿道

天府大道眉山段绿道慢行系统,与周边区域级、城市级和社区级绿道相衔接。慢行系统将人行与骑行通过绿化安全隔离,并遵循雨水花园和生态可持续发展的设计理念。该项目承载着文化、体育、休闲等功能,使成都更具魅力和竞争力。

13.3 提升建筑风貌,鼓励绿色化改造

13.3.1 道孚以钢代木改造项目

1.项目基本情况

道孚县地处川西高原,经济发展基础薄弱,是全省深度贫困县之一。县域面积为 7053 km²。道孚县境内地形复杂,峰峦起伏,东北高,东南略低,平均海拔为 3245 m(图 13.38)。

图 13.38 道孚县藏民居庄园项目所处地区实景

本项目规划用地面积为 5136 m²。总建筑面积为 2648 m²,新建建筑面积为 2362 m²。

其中包含三层藏民宿双拼建筑 1 栋,建筑高度为 9.3 m,三层藏民宿建筑 2 栋,建筑高度为 9.3 m,两层藏民宿建筑 2 栋,建筑高度为 6.3 m,一层保安亭,原有一层建筑 1 栋。

四川省道孚县有"中国藏民居艺术之都"之称。道孚县建筑多为木构的"崩空"式建筑(图 13.39)。"崩空"式建筑又被称为井干式建筑,用圆木做整体骨架,用泥土或片石筑墙,前面及侧面用对劈圆木沿纵向排列,房屋覆盖泥土,一般高 2~3 层,高 5~8 m。房屋刷上白色、红色和黄色,客厅、经堂、过道、门窗等处采用雕刻和绘画装饰。整栋建筑需要多年时间、世代相传才能完成,具有极高的传承价值。

图 13.39　道孚县建筑

2. 更新价值

道孚县"崩空"式建筑轻型钢结构装配化解决方案的设计旨在保护当地的自然生态环境,留住天然林地,同时传承藏式民居特色。用现代化的建造手段和技术实现藏民居的建筑性能升级、居住品质升级、生活方式升级,符合习近平总书记提出的绿色、高质量发展的理念。

用以钢代木的方式展现八美、玉科、甲斯孔、尼措、沙冲及扎坝等地的特色藏族建筑文化,并引导当地群众逐渐接受轻型钢结构材料,减少木材砍伐。

作为当地的扶贫开发与装配式建房试点项目,道孚县装配式轻钢结构建房试点(沟尔普点位)示范项目将助力当地发展全域旅游和特色优势产业,走生态优先绿色发展之路,推动藏区实现科学发展、可持续发展和高质量发展。

3. 亮点及重点打造

(1)轻钢轻混凝土结构体系。

将轻钢轻混凝土结构体系成功运用到传统藏式民居现代化改造中,以钢代木,实现了以装配式钢结构对传统木结构的替代和改造,达到更好的抗震性能和更佳的保温效果,既改善了居民的居住条件,又保护了藏区珍贵的林业资源(图13.40)。这对原本就脆弱的高原地区生态环境具有十分重要的意义,是生态文明建设与科技建造相结合的又一成功案例。并且,该试点工程让当地居民实地感受、体验、接受了质优价优的钢结构住宅,转变了居民对钢结构住宅舒适度欠佳、不如钢筋混凝土房屋安全的固有认识,为钢结构住宅在农村地区的推广奠定了基础,为四川省农村住宅产业化的发展提供了参考。

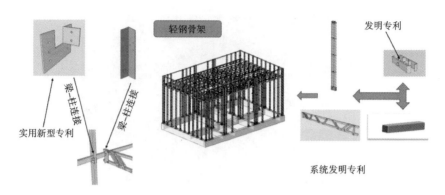

图 13.40　轻钢轻混凝土结构体系

（2）保留当地特色与习俗。

"崩空"意为木制房屋。"崩空"式建筑实为井干式建筑，多用于木材资源丰富的地区。道孚县藏民居庄园项目保留了一系列的民居造型特点，如"崩空"、石墙等，让建筑融入当地文化环境；充分尊重当地生活习惯，当地居民以火炉为家庭生活中心，主要房间布置于二楼，一楼多用于储藏。同时，当地有一定宗教信仰，设计也考虑留有一部分空间（如佛堂、烟供台）满足其需求。道孚县属于 8 度抗震区，抗震要求高，设计时考虑抗震需求，采用间距不大于 600 mm 的冷弯薄壁密肋结构。

4.科技建造——装配式冷弯薄壁型钢结构

装配式冷弯薄壁型钢结构以轻钢结构为结构主体，与传统木结构、砖木结构、砖混结构相比，具有建筑强度高、自重小、抗震性能好、工业化程度高、建筑品质高、结构轻、延性好和工期短等特点，适用于不同气候条件和大气环境，可再次利用，减少建筑垃圾和环境污染（图 13.41）。

装配式冷弯薄壁型钢结构建造速度快，居民协力互助一周内即可完成主体结构搭建。超轻钢结构采用了 G550-AZ150 高防腐性能的镀铝锌钢带，通过智能化加工工艺制造而成，并以不锈钢铆钉及达克罗涂覆的高强螺钉连接，其结构寿命可达百年。由于使用了优良的保温节能结构和材料，室内的居住舒适度大大提高。管线内置及墙体变薄有效增加了房屋使用面积（约增加 10%）。轻钢结构可塑性强的特点，使得房屋造型多样、美观、重复利用率高（图 13.42），如需搬迁，可将结构模块化拆除，在其他地方重新组装。

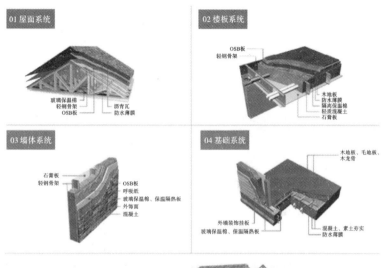

图 13.41　装配式冷弯薄壁型钢结构

图 13.42　冷弯薄壁超轻钢结构房屋示意

5. 达成效果

（1）道孚县藏民居庄园项目位于甘孜藏族自治州道孚县，抗震设防烈度为8度，是当地的扶贫开发与装配式建房试点项目。该项目试图通过实际对比来引导当地群众用轻型钢结构房屋替代木结构房屋，保护当地森林资源。中国五冶集团有限公司设计团队引入轻钢轻混凝土结构体系，建造了6栋不同风格的藏民居，建筑面积为2362 m²。现简单介绍其中4种风格。

①尼措风格（图13.43）。尼措建筑更有节奏感，外墙的装饰错落起伏，建筑以平顶为主，屋顶采用白色三角形进行翘角装饰，也有的屋顶进行平角装饰。一层采用片石筑墙，二层及以上用木作装饰，色彩以深红色为主。

图13.43　尼措风格建筑

②扎坝风格（图13.44）。扎坝建筑没有那么华丽，材料基本为石材，色彩也较为单一，屋顶采用白色尖角进行翘角装饰。整体建筑外观下大上小，建筑以白色长条为装饰，简洁大方。

③沙冲风格（图13.45）。沙冲建筑由片石构筑，房顶同样采用平顶，变化在窗户装饰的细节上，白色的装饰只用在窗户的两边，作对称式的装饰。一楼以上外墙用深红色装饰木作。沙冲建筑艺术感极强，采用多种色彩进行装饰，从门窗到屋顶下方，都给人以斑斓多姿之感。屋顶以白色尖角进行翘角装饰。

④玉科风格（图13.46）。玉科建筑同样采用平顶，屋顶以白色尖角进行翘角装饰。建筑色彩以米黄色为主。玉科建筑以道孚现代建筑元素为主，同时具备玉科建筑特有的元素，装饰较为简洁。

图 13.44　扎坝风格建筑

图 13.45　沙冲风格建筑

图 13.46　玉科风格建筑

（2）轻钢轻混凝土住宅以薄壁轻钢、轻混凝土和快装连接件为主要材料，用轻钢构架预制装配（全螺钉连接）和现场浇筑轻混凝土的方式建造。轻钢构架与轻混凝土形成的剪力墙能够承受竖向力的作用和水平力的作用，墙体刚度显著提高。该体系相较钢框架结构具有用钢量更少、造价更低、工业化程度更高、劳动强度更低、保温隔声性能更好等优势。

（3）该体系避免了传统钢结构住宅露梁、露柱的通病，内外墙体采用混凝土现场整体浇筑，有利于降低运维成本；室内墙体可以满足钉挂要求，满足当地居民对文化信仰的个性化装饰需求；造价控制在 3000 元/m^2 左右（以上价格包含基础工程费、材料加工费、运输费和外装饰费，不含内部装修费），成本比当地传统木结构房屋节约 25%，经济效益显著。

（4）中国五冶集团有限公司被四川省住房和城乡建设厅列为全省首批钢结构装配式住宅建设试点企业，该项目则被列为全省首批钢结构装配式住宅建设试点项目。

13.3.2　彭州老旧小区改造项目

1. 项目简介

彭州北踞龙门山，南隔青白江，西连都江堰，东壤广汉、什邡，是川内历史悠久、文化灿烂的城市之一。彭州现由成都市代管。

彭州老旧小区改造项目位于彭州市天彭街道，是全市政治中心、商贸中心、文化中心和交通枢纽。本次改造项目包含 9 个社区、30 个老旧小区，涉及 1877 户居民、83 栋建筑，建筑面积共计约 21 hm^2（图 13.47）。

2. 建设原因

彭州老旧小区建设年代久远，建设时缺乏统一规划，经几十年的居住使用后，部分巷道墙体破坏、路面坑洼、交通堵塞、污水漫溢，院落硬件设施功能缺失，严重影响广大居民的生活质量（图 13.48）。经梳理，目前存在的主要问题如下。

（1）小区总平管理不完善。

交通规划方面，老旧小区道路拥挤、路面损坏、积水严重；给排水方面，排水管道雨污合流、给水管道供能不足；电缆敷设方面，供电设施老化、锈蚀、容量偏小，存在触电、短路、火灾等安全隐患；照明方面，照明设施缺失或损坏、光衰严重、照明不足、灯具设备能耗过高；景观装饰方面，绿化程度低、景观效果单一，更有甚者损坏严重。

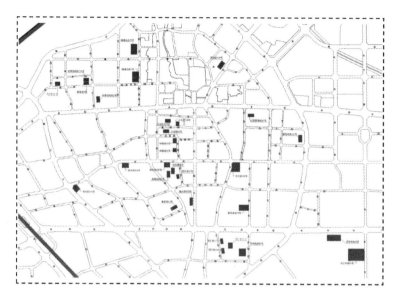

图 13.47 彭州老旧小区改造项目区位

图 13.48 改造前

（2）外墙装饰与屋面防水措施需更新。

建筑外墙面出现褪色、开裂、脱落等问题，严重影响小区观感与楼下行人安全；建筑屋面防水存在材料老化、有施工孔洞等问题，导致室内屋顶潮湿发霉、渗水漏雨。

（3）消防、安防系统不完备。

老旧小区缺乏足够的消防设施设备，部分大门通道无法满足消防通道要求；缺乏必要的门禁系统，院落围墙缺乏防刺设施、视频监控系统。

（4）人文关怀、历史文化元素及新兴设备缺乏。

小区需要在改造工程中融入当地丰富的文化元素，体现人文关怀，以满足人

327

们的精神需求。随着社会的发展,小区需要配备活动健身区、无障碍设施、汽车充电桩、便民服务中心、党群活动室等。

基于上述老旧小区存在的问题,开展老旧小区有机更新、提升建筑风貌、倡导绿色改造已刻不容缓。

3. 改造理念

本次彭州老旧小区改造是居民主动参与营造温馨院落生活的民生工程,以城市修补为理念,秉承缔造美好幸福生活、搭建温暖生活家园、重塑文化聚心场景的初心,采用"微改造"的方式推进片区有机更新。改造过程中应关注原有空间肌理、建筑形态等物质空间的保护,以及生活习俗、文化氛围等精神空间的保留。具体改造措施如下。

(1)在小区总平管理方面,老旧小区受到建筑空间、文化要素等限制,无法大规模拆除重建,只能采用渐进式小规模改造的方式来增强街道空间的通达性。

交通规划方面,在条件充足的区域建设宽敞的市政车行通道,在条件局促的区域建设人行通道,从而加密片区路网,增强片区的可达性,改善片区的慢行环境,增加片区的开放街道。同时,增设停车位,规整院区空间。

给排水方面,围绕小区周围的市政生活供水管道、雨污排水管道,开展不同区域埋地管道的修缮和分流改造,在保留原雨污合流管道的同时,设置新的污水输送、排放接口,可以达到雨污分流的目标。

电缆敷设方面,采用强电、弱电分开的方式,能入地的入地,不能入地的捆扎,杜绝电线、电缆纵横交错,私拉乱接等问题。

照明方面,对既有照明设备进行改造升级,采用智能节能照明设备,既保障照明效果,又节能减排。针对慢行通道,充分结合周边景观,考虑景观照明,营造舒适、惬意的环境。

景观装饰方面,美化院落环境,提升居住品质,力求"一院一景",利用花木、绿植、墙体装饰、大门装饰等,打造立体性、层次感的景观绿化。

(2)在外墙装饰方面,分别采用面漆涂料和真石漆防水保温材料进行优化升级,色彩搭配与院落整体一致,提升整体观感,采用绿色建筑保温材料,提高保温性能,降低建筑能耗,倡导绿色低碳生活。在屋面防水方面,屋面采用材料性能良好的 SBS 改性沥青防水卷材双层敷设,并外加保护层,提高防水层的耐久性。楼栋内部墙面、地面进行翻新处理,进一步使用装饰材料营造温馨环境。

(3)在消防系统方面,主要针对局部不满足消防通道的大门进行改造,按照消防要求设置消防管网及配套设施,为火灾救援做好充分准备。同时,将消防安全性和景观艺术性相统一,杜绝生硬、被动的消防设计。在安防系统方面,设置分级安防系统,在小区院墙上加装围墙倒刺、监控系统,维护社会治安,预防、打击犯罪,保护小区群众生命财产安全。

(4)在人文关怀、历史文化元素及新兴设备缺乏方面,融入文化内涵,丰富设计的精神功能。针对此次设计的 30 个小区,以市井文化为基础,结合小区所在街区的文化传统,每个小区都融入丰富的文化元素,以居民喜闻乐见的方式体现出来。具体通过整合"空间边角料",对原有空间进行微改造,致力于打造开敞空间丰富、人文氛围浓厚、功能多样的市井文化(图 13.49)。利用转角空间、建筑退距空间设置党群活动室、活动健身区、绿化慢行道、墙画等。

图 13.49　改造前与设计效果

4. 建造技术

总平优化设计方面,针对每个小区既有规划建筑量身定做总平优化方案。首先,应明确既有建筑拆除对象,在保证作业面下部安全稳定的情况下,依次拆除外搭雨棚、墙面抹灰层、乳胶漆基层、石棉瓦、楼道腻子、铁艺大门、车棚立柱、危险院落围墙、砖砌花台及破损混凝土地面。其次,综合考虑管线、道路、照明、景观的立体综合协调设计,合理排布施工顺序。其中,重点施工内容的建造技术如下。

(1)道路修复与新建。

道路修复与新建必然影响正常交通运行,制定合理的施工顺序,明确替代出行路线,与交通部门沟通确认后再开展施工。施工前铲除既有破损道路,保证路面基础达到重新铺设要求。根据铺设试验段确定材料配合比、施工工艺,明确施工方案。严格控制面层沥青混凝土材料初压温度、终压温度、摊铺方向、碾压速度与碾压荷载及压实标准等。路面养护达到使用标准后,及时恢复交通。

(2)外墙真石漆防水保温墙面施工。

深度处理外墙原有基层,对于红砖层界面的油污情况采用化学洗涤剂清洗,铲刀剔除坑洼,使平整度达到二次施工的标准。严格控制真石漆防水保温墙面的施工流程,重点关注不同材料的施工顺序、干燥时间、真石漆材料配合比等关键因素,通过优化喷涂工艺一次成型,防止后期产生色差与墙面开裂等问题,实现保持长期效果的目标。

(3)院落立体观感优化。

对原有非机动车棚、破旧花台进行拆除,划分停车区域,尽量实现人车分流。在居民活动区域,优化景观立体设计,布置一年四季的特征植物,点缀院落自然环境,充分应用灯光美学,使其与植物景观相呼应。利用边角区域打造活动健身区、党群活动室等服务性质的站点,满足居民日常文化活动需求。

5. 建成效果

对"症"改造,以"新"换"心"。彭州老旧小区改造项目顺利完工。老旧小区在破"旧"立"新"中蝶变,赋能城市更新,为居民带来满满的获得感和幸福感,提升了建筑风貌,完成了绿色化改造(图 13.50、图 13.51)。

(a) 改造前　　　　　　　　　　(b) 改造后

图 13.50　改造前后效果对比 1

(a) 改造前　　　　　　　　　　(b) 改造后

图 13.51　改造前后效果对比 2

第 14 章　成都城市更新实践之
"韧性之城"

14.1 完善安全空间建设,保障人民生命安全

14.1.1 龙潭寺东站 TOD 综合开发项目

龙潭寺东站 TOD 综合开发项目位于成都市成华区龙潭街道桂林社区,1 号地块项目用地面积约为 81333.33 m²。本工程总建筑面积为 241089.58 m²,总占地面积为81444.79 m²。项目由 26 栋二类高层住宅及 1 层地下车库、门卫室组成(图14.1)。其中住宅建筑由 10 层、15 层、16 层、17 层组成,地下 1 层为机动车库及设备用房。抗震设防烈度为 7 度。地上建筑耐火等级为二级,地下建筑耐火等级为一级。住宅楼 2 层以下为现浇混凝土剪力墙结构,2 层以上为装配整体式剪力墙结构,装配率为 30%,建设总工期为 750 日历天。

图 14.1 龙潭寺东站 TOD 综合开发项目效果 1

1.区域定位

作为成都此前公布的首批 16 个 TOD 项目之一,龙潭寺东站 TOD 综合开发项目积极构建时尚消费、商务服务、泛文创休闲、旅游服务、教育文体、医疗健康、社区居住服务、会展博览、商贸流通、产业聚落十大消费场景,整体定位为"文

旅成华荟萃城,公园城市乐活区"。项目围绕桂龙路站、桂林站进行"两核"打造,其中以桂龙路站为核心的商业商务区囊括城市综合体、主题商业街、写字楼、酒店等;以桂林站为核心的生活配套区涵盖街区公园、邻里中心、学校、餐饮区、文化休闲区等。该项目建成后将推动成华大道文化创意发展轴的建设,助力打造高品质人才生活及服务中心,服务周边区域,极大提升周边住宅价值(图 14.2)。

图 14.2　龙潭寺东站 TOD 综合开发项目效果 2

2. 建设理念

龙潭寺东站 TOD 综合开发项目以"完善安全空间建设,保障人民生命安全"为建设理念,通过产业联动,构筑交通导向型、符合 TOD 发展理念的高品质区域中心。

围绕轨道交通站点形成规模级商业体量,两站联动,站城一体,打造新都市发展核心。

构建不同等级的城市公共绿地,营造丰富的休憩场所,形成舒适的公园社区。打造乐活宜居空间,贯彻生态发展理念,助力成都市美丽宜居公园城市建设。

运用立体慢行系统串联开敞空间,连接各级商业设施、商务办公区、公共服务设施,形成连续通畅、环境良好的立体慢行公共空间。贯穿东西的步行街使人车分流,形成繁华的城市轴线。

东西两站聚集地标建筑形成城市天际线,城市人文景观与自然景观有机结合,实现人、城、境、业高度和谐统一,打造开阔大气、简约有序的城市景观风貌。居住区内部打造多元化的品质生活社区,实现邻里和谐宜居的生活场景。该项目服务于周边产业功能区建设,旨在打造高品质、多功能的生活中心及服务中心。

3. 建造手段

（1）项目部在工程建设前期制定了一系列质量管理制度，包括质量日常管理、隐蔽工程验收、材料设备采购等内容，落实相关责任制度到具体管理人员，确保质量管理落到实处。

（2）项目部提前制定方案编制总计划及每月动态调整计划；严格执行各项工序验收制度，完善各类质量管理体系，实施砌体、抹灰等样板引路制度，实施混凝土梁漏筋等质量通病防治措施；定期召开质量专题会，严把质量关，严格执行"三检制"，加大质量检查力度。项目使用了诸多优秀做法，如：①止水钢板拐弯处采用成品弯头件焊接牢靠，降低止水钢板拐弯处焊接量，同时减少渗漏风险；②模板采用钢背楞加固，提高模板固定刚度，减小垂直度、平整度偏差；③回填土区域采用三段式止水螺杆，地下室底板及地下室顶板后浇带采用止水反坎工艺一次浇筑成型，减少地下室渗水风险；④顶板及楼层洞口周边设施工挡水坎，避免现场被施工用水污染，提升施工现场安全文明建设，得到业主单位的高度评价。

（3）项目采用附着悬挑式脚手架，编制专项施工方案并组织专家论证，主体浇筑前在梁、墙内预埋套管，等混凝土达到强度要求后通过安装高强度螺栓连接悬挑钢梁的施工工艺，避免了传统外墙开洞带来的后期修补困难及外墙渗水风险，提高主体结构的安全性。

（4）针对轻质隔墙板抹灰开裂的质量通病，项目部积极联系安装单位及生产厂家进行深化设计，首先，在石膏条板墙与已有的混凝土梁、柱、墙形成的一字形墙的连接处，用柔性石膏黏结砂浆勾缝；其次，为了防止开裂，针对一字形墙，做完石膏条板后，在石膏条板的侧面处竖向设置两块模塑聚苯板，而后再进行构造柱施工，以此达到柔性连接的目的；最后，将与轻质隔墙板共面的墙体抹灰统一调整为石膏抹灰，大大降低墙面开裂风险，避免后期返工。研究轻质隔墙裂缝产生的原因及防治措施，有利于精准把控轻质隔墙施工质量，进而提高建筑工程建设水平，有效缩短建设工期、降低施工造价。同时，项目团队总结技术措施，发表了一篇名为《轻质隔墙裂缝产生原因及防治措施研究与应用》的论文。项目已顺利通过"成都市结构优质工程"评选。

（5）项目是成都市成华区重点民生工程。公司和项目部高度重视安全管理方面的问题，组织完善各类安全施工方案、应急预案，对分包的施工行为等进行考核，完成了消防应急演练、脚手架坍塌演练、防洪防汛演练等，及时落实安全生产月活动。项目部已顺利通过成都市标化工地、成都市绿色施工工地的验收。

(6)项目全体成员在项目经理的带领下坚持开展争先创优竞赛活动。根据项目实际特点,为推进质量标准化施工,结合各类观摩活动,项目部积极开展各项质量竞赛活动,在办公区、生活区及施工区张贴宣传标语,组织分包管理人员、班组长观看优秀施工教学视频;积极采用新工艺、新技术,根据项目工程特点定方法、定措施,推广先进经验,提高工作效率,有序进行质量检查与验收。该项目被成都市成华区建设工程质量管理服务中心推荐为建设工程施工现场渗漏防治智慧管理平台试点项目。

4. 建成效果

龙潭寺东站 TOD 综合开发项目深入理解城市发展方向,洞悉成都人民的生活喜好,确保项目规划契合城市需求并有效落地呈现,完善安全空间建设,保障人民生命安全,助力城市美好生活营造,为城市创造崭新的生活体验。项目将成为一处集绿色生态、休闲观光、运动健身、舒适人居于一体的"公园绿地",为"公园城市"建设平添一抹亮色。同时,项目的人防工程建设,周边配套设施的持续完善,将加强老城的防灾减灾能力,增强老城的灾害恢复能力与适应能力,完善安全设施及智慧社区建设,夯实韧性城市建设。

14.1.2　四川大学望江校区足球场地下停车场项目

1. 项目概况

由于四川大学校园内有限的停车位已饱和,望江校区和华西校区的交通不堪重负,严重影响了学校的教学秩序、科研秩序。2015 年 10 月 8 日,"四川大学史上最严交规"正式实施,机动车辆须刷卡进入校园。

为缓解停车难问题,成都市人民政府与四川大学决定,以"校地共建"的合作形式,积极响应国家政策,进行城市空间扩展。四川大学地下停车场项目也被列为 2016 年成都市的应急工程。

项目利用四川大学望江校区足球场、华西校区足球场华西校区田径场 3 个场地的地下空间,修建 3 个地下停车场。华西校区足球场地下停车场共三层,总建筑面积为 21303.39 m²,设计车位 625 个。望江校区足球场地下停车场共三层,总建筑面积为 46478.87 m²,设计车位 1528 个(图 14.3)。华西校区田径场地下停车场(含连接四川大学华西第二医院横穿人民南路的地下人行通道,连接四川大学华西第四医院、林荫街通道)共三层,总建筑面积为 45834.21 m²,设计车位 1260 个。

3 个地下停车场将有效提升四川大学百年名校的校园环境,综合解决四川大学校园内部(华西校区、望江校区)及四川大学华西医院、四川大学华西第二医院、四川大学华西第四医院、四川大学华西口腔医院周边停车难的问题(图14.4)。2016 年恰逢四川大学 120 周年校庆,该项目也是校园环境整治的重要工程。

图 14.3　四川大学望江校区足球场地下停车场鸟瞰

图 14.4　地下停车场室内分区

四川大学望江校区足球场地下停车场由地面运动场、地下停车场及地下人行通道等组成,是本项目中总建筑面积最大的一个地下停车场。

地下共三层,基础为独立基础和条形基础,抗浮设计采用抗浮锚杆。结构为钢筋混凝土剪力墙和框架结构,负三层顶板、负二层顶板由暗梁板和带柱帽的框架柱组成,负一层顶板由框架梁和连梁板组成;车库地坪采用金刚砂地面。

地上设有网球场 1 个、篮球场 5 个、门球场 2 个、排球场 1 个、乒乓球台 17张、11 人制足球场 1 个、5 人制足球场 6 个、羽毛球场 5 个。

2. 项目技术难度及相应措施

（1）该工程基坑深度达到 11.9 m，地下水位较高，并且距离周边建筑较近，最小间距不到 3 m，属一级基坑施工范畴。

采取措施：基坑采用排桩和锚索支护。降水采用 36 口降水井，单口井深 20.0 m，井径为 300 mm，随挖随降，随时检查降水情况及降水排出地下水的含沙量。支护排桩为旋挖钻孔灌注桩，桩径为 1.20 m，桩芯间距为 2.5 m，单桩长 18.5 m，总桩数为 214 根；桩身混凝土强度等级为 C30，冠梁截面尺寸为 1200 mm×800 mm，长为 536 m。在坑壁中部设置 211 根预应力锚索，总共约 3857 m，锚索布置于桩间，采用对拼 40a 工字钢腰梁连接，腰梁与基坑壁之间采用 C20 混凝土填筑。桩间挂网喷浆面积为 7391 m²。施工期间加强对基坑及周边建筑物的监测（图 14.5）。

图 14.5　基坑施工示意

（2）抗浮锚杆：由于地下水位较高，抗浮水位设计为 ±0.000 以下 1.6 m 位置。该地下停车场上方无建筑物，故地下停车场采用抗浮锚杆来解决建筑抗浮问题。抗浮锚杆共计 4603 根。基坑存在两种不同土质：一种是卵石层，另一种是泥岩层。由于数量较多，锚杆之间间距仅为 1.6 m，并且工程地质不一致，在不同地质交接处的锚杆注浆质量控制等问题也需要注意。

采取措施：根据工期安排及锚杆分区，合理进行施工部署和资源配置；对不同地质的锚杆做试桩，验证和优化施工工艺；每根锚杆钢筋采用一级机械连接接头；根据现场情况和以往施工经验，优化桩头节点防水做法，加强防水质量（图14.6）。

图 14.6　抗浮锚杆施工

（3）地下停车场内各种安装系统较多，管道、管线复杂，交叉施工尤为突出。

采取措施：利用 BIM 技术，建立管道、桥架、风管等管线的三维模型，用来指导施工，并应用公司近年来总结形成的技术成果《建筑室内管道管线综合施工成套技术》，保证管线综合排布美观（图 14.7）。至今支架牢固、各系统运作正常，未发现脱落、冒、滴、漏现象。

图 14.7　停车场管线系统改造效果

3. 项目价值

项目在城市有限空间内，最大限度地利用地下空间解决城市内停车难问题，缓解城市道路交通压力,以满足城市发展需求,保障城市可持续健康发展。项目具有多重价值。

(1)基于砂土夹石地质及泥岩地质条件下的新型抗浮锚杆施工技术研究与运用。

施工场地的基岩地质分为三种:一种为强风化泥岩、中风化泥岩;一种为中密卵石层、密实卵石层、强风化泥岩;还有一种为中密卵石层、中砂层、密实卵石层和强风化泥岩。不同地质条件抗浮锚杆施工技术的研究与运用,解决了不同地质施工中注浆容易发生串浆、塌孔、注浆量偏多、质量不易控制等问题。经检测,单根锚杆轴向拉力值均大于设计值的 1.5 倍,优于设计要求。

(2)在地下室有限空间内对各种错综复杂的管线进行排布。

地下室停车场内涉及专业较多,对管线的综合排布提出了较高的要求,而且各专业管线均需要设置抗震支架。实际施工中运用 BIM 技术对管道、桥架、风管等建立三维模型,进行综合布置模拟,通过三维模型对各专业管线进行碰撞检测,优化碰撞区域,并查看是否满足要求。每副抗震支架均应根据点位受力情况进行二次设计布设。

(3)超大面积金刚砂耐磨地坪施工技术研究与运用。

项目对金刚砂面层的施工进行了质量检查,表面平整、密实、光洁,无空鼓、无裂缝,解决了大面积区域地面平整度差、局部开裂等常见质量问题。经过分析发现,这些质量问题常由测量设备精度不够、打磨机械陈旧、打磨时机把握不准、地面养护不当、基层清理不干净、混凝土浇筑振捣不密实、混凝土材料配合比不正确、技术交底不到位、赶进度等因素导致。项目部采取了对应措施,使质量得到提升。

本项目从投入至今各项功能完备,地下停车场不仅提供大量的停车位,极大地缓解了四川大学望江校区及周边的交通压力,减少了相应路段交通堵塞的风险,保障了周边居民及外来人员便捷的停车环境,为师生营造了良好的校园交通环境,也刺激了周边消费市场,促进了周边经济发展。

四川大学望江校区足球场地下停车场项目无论是安全文明施工、工程进度、技术创新还是工程质量都是其他建设工程的样板,得到学校师生的高度赞扬。与此同时,该项目创造了较好的市场效益,获得了较多的技术创新成果。

14.2　强化公共卫生管理,建设健康韧性社区

14.2.1　武侯区城乡环境综合治理中心项目

1.项目概述

武侯区南桥村现有的竖直压缩式垃圾中转站已连续运行多年,且随着武侯区垃圾量的逐年递增,垃圾中转站一直处于满负荷运转状态(图 14.8)。由于设备使用年限较长,且超负荷运行,设备磨损严重,垃圾渗滤液等污染物对设备的腐蚀性、损耗性也较强,整体设备处于全面维修和更换的阶段,且作业车间、配套用房的外立面损坏严重,亟待修缮,无法达到当前的环保要求。又因为垃圾中转站为露天施工,垃圾车运输时需经过居民区域,产生了大量臭气、尘土、污水和噪声,当地居民苦不堪言。该地根本无法达到宜居的目的,更加背离成都市公园城市建设的初衷。

图 14.8　南桥村竖直压缩式垃圾中转站现场

(1)垃圾产量现状。

2014 年中心城区垃圾量达 1.89×10^6 t,其中武侯区 4.01×10^5 t,占比 21.2%,日均产量达 1099 t;2015 年中心城区垃圾量达 1.95×10^6 t,武侯区 4.15×10^5 t,占比 21.3%,日均产量达 1137 t;2016 年 1—4 月垃圾量达 1.42×10^5 t,日均产量 1174 t。

(2)2020 年垃圾产量预测。

①根据成都市城市管理委员会委托成都市规划设计研究院制定的《成都市

中心城区生活垃圾转运站布局规划(2014—2020 年)》中对中心城区垃圾产量的 4 种预测方法进行计算,2020 年武侯区预测垃圾日产量为 1418~2112 t。

②根据中国市政工程西南设计研究总院有限公司出具的武侯区《生活垃圾产量预测分析报告》,综合分析得出年均垃圾增长率约为 5.36%。

(3)对周边居民的影响。

①垃圾量日益增多,垃圾车运次大幅增加,对周围居民的干扰严重,尤其是夏季,浓烈、刺鼻的气味令人作呕,而且产生的废水、废气等布满周边街道,以致靠近垃圾中转站一侧的大量房屋空置,与成都市公园城市建设理念相违背,无法真正做到"绿水青山就是金山银山"生态文明观与"人民城市人民建,人民城市为人民"城市发展观的有机结合。

②本项目的顺利开展可以为武侯区提供一座垃圾日处理量达 2500 t 的垃圾中转站,是现有垃圾中转站处理规模的两倍以上,完全能满足武侯区未来垃圾处理的需求(表 14.1),并且其综合效率更高,更加环保,也为成都市其他区域探明了方向。

表 14.1　武侯区 2023—2025 年预测生活垃圾日产量

年份	预测生活垃圾日产量/t
2023 年	1841.05
2024 年	1937.74
2025 年	2039.07

2.先进的设计理念

为深入推进全区城乡环境卫生基础设施配套建设,打造宜人、宜居的区域环境,着力提升全区环卫设备的规范化、精细化、集约化水平,特提出建设武侯区城乡环境综合治理中心项目。该中心是涵盖了垃圾压缩中转站、污水检测室、污水处理中心、智慧指挥中心、固体污染物检测室、环境治理科普教育中心等的一站式综合体。

武侯区城乡环境综合治理中心的设计将采用国内先进的地下施工工艺、现代化的建筑、花园式的园林风格;注重各功能分区,提升模块整体利用率;采用全数字化网络监控和可视监控,凸显科技智慧;发挥环卫科普教育基地的教育引领作用。该中心将成为全国领先、西部一流的城乡环境综合治理、协调、教育示范点。

本项目采用预应力结构建造方式,屋顶设置堆坡园林等。重新选址后环卫车辆从三环路直接进入,不再对周边居民产生影响。相反,把公园与垃圾中转站有机结合起来,实现了休闲、娱乐的双重作用(图 14.9)。

图 14.9　项目预期效果

3.科技建造

(1)采用预应力施工技术。

本项目采用全地埋式垃圾处理工艺,垃圾转运车辆需要直接从三环路进入地下室,因此,需要建造大跨度、大空间、承载能力高的结构来满足使用需求。如果采用传统的钢筋混凝土结构,就需要采用截面非常大的框架结构,这既不经济,也给施工带来了很大的困扰,因此就不得不借鉴桥梁施工过程中的后张法预应力施工技术。

本项目应先由设计单位计算配筋及明确需要布置预应力的梁,再由经验丰富的施工单位及管理人员进行深化设计,明确预应力线型、预留管道布置形式及预留孔洞位置等。本项目地下室负一层环形行车道区域布置了 24 根预应力梁满足行车荷载,地下室顶板设置了 19 根预应力梁以承担景观覆土荷载,即使如此,最大的预应力梁也达到了 1.3 m×1.8 m,最长跨度更是达到了 30.5 m,满足了车辆行驶及回转掉头的要求(图 14.10、图 14.11)。预应力施工技术在达到大跨度、大空间、承载力高要求的同时,还能减小梁截面、控制梁的挠度和裂缝,既大幅度降低了造价,降低了施工难度,又保证了工程的安全性,具有投资经济、生态环保、资源节约、施工简单的优点。

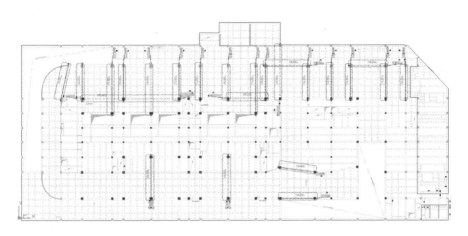

图 14.10　负一层预应力布置(图中粗点画线为预应力梁)

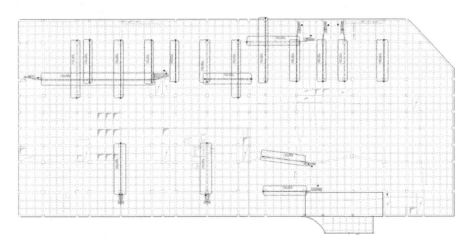

图 14.11　地下室顶板预应力布置(图中粗点画线为预应力梁)

（2）全密闭式垃圾处理。

传统露天式的城市垃圾处理方式已经不能满足现代化城市的需求。本项目采用全地埋式垃圾处理工艺,所有的固体废弃物、废气、废水均在地下采用成套的设备密闭处理。固体废弃物采用破碎、打包压缩的方式转运至附近的垃圾填埋场。废气采用化学除臭、离子除臭、掩蔽法三种方式进行收集处理,废气经检测合格后经过地下室顶板的废气排放塔排出。废水采用水质均衡＋外置式MBR（两级 A/O）＋NF 的处理工艺进行处理,废水经检测达标后排至市政污水管道。上述先进方法既不对施工人员产生危害,也不对周边环境产生影响,既满足了环保的要求,又践行了成都市公园城市示范区的发展理念。

4. 建成后的效果

本项目建成后,有效减少了垃圾转运、处理过程对环境产生的影响,并且地上部分打造成了堆坡园林,成为居民的休闲场所,真正做到了将公园与垃圾中转站有机结合,使环境得到了健康发展(图14.12)。

图 14.12　项目效果

14.2.2　四川天府新区环卫综合服务中心项目

随着城市规模的不断扩大、城市化建设进程的加快及人们生活品质的不断提高,日常生产、生活中产生的各种垃圾不断增多,环卫系统在城市系统更新建设过程中也在不断更新,以满足人们生活所需。近年来,环保要求愈发严格,近郊土地升值,垃圾填埋场被迫远离郊外,垃圾运输路程越来越远。在此情况下,如果继续使用小型的收运车运输垃圾,不但效率低,而且费用大增。因此,必须采用大容量的运输工具,以解决垃圾的运输和城市的交通拥挤问题。大型垃圾运输车的出现和小型垃圾收集车辆的接泊,使得垃圾中转站应运而生。它既是垃圾清运的新枢纽,更是新城市环卫系统不可或缺的重要组成部分。

　　垃圾中转站的选址需综合考虑服务区域、转运能力、运输距离、污染控制、配套条件等多因素的影响。目前主要存在的垃圾中转站有以翻斗方式为主的地面式垃圾中转站、建有 2 层平台的高位倒料式中转站和以吊装方式为主的吊装式垃圾中转站。以翻斗方式为主的地面式垃圾中转站由于增加了翻料装置,在倾倒垃圾过程中易出现二次污染,并且由于无落差翻斗,易出现倒料不充分的现象。建有 2 层平台的高位倒料式中转站引导效率低下。以吊装方式为主的吊装式垃圾中转站的垃圾未经压缩,不但效率低,而且费用高。同时,人们对传统垃圾中转站的固有印象为脏、乱、差,垃圾中转站周围的环境恶劣、臭气熏天。垃圾中转站甚至对周边城市土地房屋价值有所影响。

　　四川天府新区在公园城市建设中不断探索与发展。为解决城市人口发展所带来的上述问题,充分协调城市发展与居民生活要求,四川天府新区环卫综合服务中心项目顺势而生。该项目将公园形态与城市空间有机结合。该项目采用全地埋式设计,有效强化了城市发展过程中公共卫生管理的效果。

　　新建的 3 座地埋式生活垃圾中转站分别为兴隆站、华阳站、新兴站(图14.13~图 14.15)。总占地面积为 30500 m²,总建筑面积为 31678 m²,兴隆站设计垃圾日处理量为 300 t,华阳站设计垃圾日处理量为 600 t,新兴站设计垃圾日处理量为 130 t。走进四川天府新区环卫综合服务中心,映入眼帘的是一片宽阔的草坪,绿地与办公楼交错分布,秀美的海棠花争先开放,宛如一座小型公园。项目巧妙运用地下空间,采用全地埋的建筑形式,增添区域生态底色。

　　作为成都市首批全地埋式生活垃圾中转站,厂区采用全封闭结构,整个垃圾中转站主要由压缩、除臭、污水三大系统组成。收集车进站—收集车称重—收集车卸料—压缩机压缩—垃圾装箱—转运车背箱—垃圾转运,全过程在地下完成,集密闭、环保、高效于一体。

　　项目采用水平垃圾压缩方式对转运垃圾进行压缩,可以有效解决传统垃圾运输中的亏载问题,可以降低垃圾的运输费用,提高转运效率。

　　垃圾压缩过程中利用负压严控气体扩散。项目采用前端及末端双重臭气净化工艺,在前端采用氧离子送风净化工艺,由离子发生设备通过界面放电,使空

图 14.13　四川天府新区环卫综合服务中心项目兴隆站

图 14.14　四川天府新区环卫综合服务中心项目华阳站

气中部分氧分子离子化,形成氧离子新风。室内部分污染物、微粒与氧离子新风混合。致臭污染物可被降解成臭气阈值高的物质,从而降低臭气浓度,改善工作环境空气品质。同时,采用植物液空间雾化喷淋净化工艺,将污浊空气中的致臭污染物分解成无害物质,以降低臭气浓度,达到臭气净化目的。在末端采用化学洗涤净化工艺,利用臭气中部分污染物与针对性药剂产生中和反应的特点,如利用呈碱性的氢氧化钠溶液去除硫化氢、低级脂肪酸等酸性恶臭污染物,有效改变传统垃圾中转站周围恶臭扑鼻等现象。

　　针对垃圾压缩过程中产生的高浓度垃圾渗沥液及日常低浓度废水,项目采用污水预处理＋MBR＋NF 多重工艺进行处理。污水经调节池—预曝气池—初沉淀池—预缺氧池—反硝化池—硝化池—超滤系统—NF 系统等处理,最终监

图 14.15　四川天府新区环卫综合服务中心项目新兴站

测合格后达到排放标准。

　　压缩、除臭、污水三大系统的相互协作与配合,可确保垃圾无污染、高效率地转运。

　　项目以当前城市发展环卫基础实施的痛点为深究点,着力于新型环卫基础设施体系建设,满足无废城市、智慧城市、宜居城市、绿色城市、健康城市等多目标发展需求,有效促进城市基础设施管理水平提升和治理能力升级,保障城市可持续健康发展。

　　借鉴四川天府新区环卫综合服务中心项目经验,结合当前老旧小区改造,可有效弥补当前城市环卫设施短板,并对落后、陈旧的环卫设施开展提升改造,提升城市基础设施服务能力,提升和优化区域环境卫生水平,从而为提升城市现代化治理水平做出贡献。

　　(1)落实生活垃圾分类制度,促进"无废城市"建设。

　　生活垃圾分类制度在全国各地推行。成都市作为重点发展城市,已发布《成都市生活垃圾管理条例》。作为"十四五"规划时期"无废城市"试点城市,成都市更需要此类新型环卫基础设施的助力与加持,通过新型垃圾中转站的收集与转运,规避与源头分类相违背的混合收运现象,使生活垃圾分类长期可持续推广,进而提高生活垃圾回收利用水平,促进循环经济发展。

　　(2)有效降低城市运营成本,推动可持续发展。

　　我国城市化进程不断加快,垃圾已成为我国城市环境卫生面临的紧迫问题。据统计,国内几个大城市的垃圾处理厂与市区的距离均超过 50 km,垃圾运输费用占垃圾处理费用的比例较高。一些发达国家垃圾运输费用已占垃圾处理费用的 80% 以上,所以降低垃圾运输费用是降低整个城市垃圾处理费用的关键。先

在新型垃圾中转站集中压缩处理垃圾,再重新合理分配运转车次、人员等资源,可有效提高垃圾中转效率,减少垃圾运输过程中的亏载现象,减轻城市交通运行负荷,有效降低城市运营成本,推动城市可持续发展。

(3)节约优势土地资源,降低选址难度,提升环境融合度。

新型生活垃圾中转站为全地埋式,占地面积大幅减少,节约宝贵的城市用地资源,同时可利用竖向空间。新型生活垃圾中转站不仅可大大降低对周边环境的影响,缩小卫生防护距离,降低选址难度,还能充分利用场地地面空间,为周边社区便民点、商业区、办公区、公园等场所的打造提供灵活选择。

(4)消除邻避效应,提升环境安全水平与公众满意度。

项目全面采用全封闭式结构,利用负压严控气体扩散,确保废气排放达标,选用先进的压缩设备,增设减震、隔声等管控措施,消除设备噪声污染,实现噪声、废气双层封锁,有效避免垃圾处理、转运对周边环境产生负面影响,提升城市公共空间环境品质,进而提升周边土地价值,为周边建设用地的多业态功能创造条件。

作为成都市首个已建成、运行的全地埋式生活垃圾中转站、天府新区首个环卫综合服务中心,项目投运后,可做到就地处理、日清日毕,避免产生二次污染,有效缓解华阳街道、新兴街道、兴隆街道、万安街道部分区域、西部博览城主体功能区、成都科学城主体功能区等区域的生活垃圾处理压力,解决周边日常生活垃圾中转及综合处置难题,满足天府新区生活垃圾的减量化、资源化、无害化要求,有效改善环境质量。同时,四川天府新区环卫综合服务中心的投运,为改善天府新区人居环境,推动天府新区生态共建、环境共保,提升环境效益起到了巨大的作用;为生活垃圾处理做出了很好的探索,提供了可复制、可推广的经验;对成都市夯实生态基础,建设践行新发展理念的公园城市具有重要意义。

参 考 文 献

[1] 北京北林地景园林规划设计院有限责任公司.城市绿地分类标准:CJJ/T 85—2017[S].北京:中国建筑工业出版社,2017.

[2] 蔡一民,李伟.城市更新价值驱动下的城市街区活力再生——以成都交子金融大街形象提升工程为例[J].重庆建筑,2022,21(8):5-8.

[3] 柴红云.城市更新中土地利用管理问题的初步研究[J].上海房地,2018 (6):60-62.

[4] 陈旭.成都市青羊区城市更新的案例研究[D].成都:电子科技大学,2021.

[5] 单菁菁.旧城保护与更新:国际经验及借鉴[J].城市观察,2011,12(2): 5-14.

[6] 丁宏,张胜玉.在城市更新行动中嵌入公园城市理念[J].群众,2022(18): 16-17.

[7] 董丹.城市旧居住区综合整治研究[D].济南:山东财经大学,2015.

[8] 复旦规划建筑设计研究院.上古的蚕丛传奇,如何在成都牧马山延续与更新? [EB/OL].(2021-02-07)[2023-03-20].http://www.fudandesign. com/index.php? a=shows&catid=3&id=31.

[9] 傅一波,王眹.基于公园城市理念的旧城街区更新方法探索——以宁波镇海老城保护与更新实施规划为例[C]//中国城市规划学会.面向高质量发展的空间治理——2020中国城市规划年会论文集(02城市更新).北京:中国建筑工业出版社,2020:11.

[10] 何深静,于涛方,方澜.城市更新中社会网络的保存和发展[J].人文地理,2001(6):36-39.

[11] 胡冰轩.整体性治理视角下城市体检评估制度优化策略研究[D].北京:中国城市规划设计研究院,2022.

[12] 胡万萍.基于社会网络分析的老旧小区改造多元治理研究[D].重庆:重庆大学,2021.

[13] 姬亚鹏,李云鹏.公园城市理念引领下新区城市空间规划设计探索——以成都东安新城城市设计为例[C]//中国城市规划学会.面向高质量发展

的空间治理——2021 中国城市规划年会论文集（07 城市设计），2021：933-945.

[14] 蒋凯峰."公园城市"评价体系及规划要点研究[D].昆明：昆明理工大学，2020.

[15] 李洁莲，张利欣.公园城市践行下的城市有机更新战略路径探索——以成都市新都区中心城区为例[C]//中国风景园林学会.中国风景园林学会2020 年会论文集（上册）.北京：中国建筑工业出版社，2021：67-71.

[16] 刘琳娜.公园城市建设背景下的城市更新设计策略[J].山西建筑，2021，47(17)：25-27.

[17] 刘梦婷，王国恩.基于公园城市理念的街区改造策略研究——以成都枣子巷特色街区为例[J].建筑与文化，2021(2)：201-202.

[18] 刘艳，赵民.城市更新项目的评价方法探究[J].城市建筑，2006(12)：18-20.

[19] 毛羽.城市更新规划中的体检评估创新与实践——以北京城市副中心老城区更新与双修为例[J].规划师，2022，38(2)：114-120.

[20] 倪炜.公众参与下的城市更新项目决策机制研究[D].天津：天津大学，2017.

[21] 彭楠淋，王柯力，张云路，等.新时代公园城市理念特征与实现路径探索[J].城市发展研究，2022，29(5)：21-25.

[22] 人民资讯.成都市"十四五"新经济发展规划②构建起成都新经济的"五新"发展方式[EB/OL].(2022-01-10)[2023-03-20].https://baijiahao.baidu.com/s? id＝1721531314772745358＆wfr＝spider＆for＝pc.

[23] 人民资讯.龙潭寺东 TOD 是啥样儿的？[EB/OL].(2021-05-12)[2023-03-20].https://baijiahao.baidu.com/s? id＝1699514947015781173＆wfr＝spider＆for＝pc.

[24] 任荣荣.城市更新的阶段性特点及其启示[J].中国经贸导刊，2022(4)：69-70.

[25] 宋秋明，冯维波.绿色基础设施建设驱动城市更新[J].现代城市研究，2021(10)：58-62.

[26] 唐荣婕，李豹.我国城市更新项目实施模式及资金来源浅析[J].中国房地产，2022(25)：38-43.

[27] 王佳莉.基于新马克思主义城市理论的中国城市病防治研究[D].开封：

河南大学,2019.

[28] 王洋.城市中心区旧城更新实施机制研究[D].武汉:武汉理工大学,2007.

[29] 王毅超.城市更新中的历史地段保护研究[D].秦皇岛:河北农业大学,2011.

[30] 吴问琦.城市更新中的存量绿化评价及保护与利用路径探究[J].现代园艺,2021,44(16):153-154.

[31] 吴岩,王忠杰,束晨阳,等."公园城市"的理念内涵和实践路径研究[J].中国园林,2018,34(10):30-33.

[32] 夏荣.城市更新视角下地下空间开发利用研究[J].中国住宅设施,2020(11):49-51.

[33] 香港澳华.深度研究|医院改扩建成都市第七人民医院(天府院区)三期工程[EB/OL].(2021-06-17)[2023-03-20].https://baijiahao.baidu.com/s? id=1702805529445468275&wfr=spider&for=pc.

[34] 徐丹.基于城市更新背景下大连港老港客运码头片段式有机更新规划设计[D].大连:大连理工大学,2019.

[35] 阳建强.城市历史环境和传统风貌的保护[J].上海城市规划,2015(5):18-22.

[36] 阳建强.城市中心区更新与再开发——基于以人为本和可持续发展理念的整体思考[J].上海城市规划,2017(5):1-6.

[37] 阳建强.新发展阶段城市更新的基本特征与规划建议[J].国家治理,2021(47):17-22.

[38] 杨明,王吉力,谷月昆.改革背景下城市体检评估的运行机制、体系和方法[J].上海城市规划,2022(1):16-24.

[39] 杨文.旧工业区更新项目的制约因素及关键制约路径研究[D].重庆:重庆大学,2020.

[40] 姚力豪.基于可持续发展的珠海市香洲区旧住宅区更新调查研究[D].西安:西安建筑科技大学,2017.

[41] 姚映,杜春兰.绿色基础设施与公园城市共生关系研究[J].园林,2021,38(7):74-81.

[42] 袁弘.公园城市有机更新成都这样做[N].成都日报,2021-07-20(10).

[43] 张超越,陈乃志.公园城市建设下成都市城市有机更新体系初探[J].四川建筑,2021,41(3):4-5.

［44］ 张琦.遗产活化视角下的历史文化街区城市设计研究［D］.绵阳:西南科技大学,2021.

［45］ 张婷婷.城市更新中的土地置换研究［D］.长春:东北师范大学,2014.

［46］ 张燕妮,丁丹丹.旧城更新与保护的和谐共生［J］.山西建筑,2013,39(24):4-6.

［47］ 张嫄.中国城市发展中的决策问题研究［D］.南京:东南大学,2014.

［48］ 丈量城市.纽约不只有中央公园,公园系统才是幕后大佬［EB/OL］.(2021-07-26)［2023-03-20］.https://c.m.163.com/news/a/GI6GG4UT05149666.html.

［49］ 赵传哲.治理视角下城市更新的模式研究［D］.济南:山东大学,2020.

［50］ 中国城市规划设计研究院.城市用地分类与规划建设用地标准:GB 50137—2011［S］.北京:中国建筑工业出版社,2011.

［51］ 中国城市建设研究院有限公司,中国城市规划设计研究院.城镇绿道工程技术标准:CJJ/T 304—2019［S］.北京:中国建筑工业出版社,2019.

［52］ 中国发展网.探索特色基层治理创新,成都市智慧社区建设导则及首批示范应用场景上线［EB/OL］.(2022-11-23)［2023-03-20］.https://baijiahao.baidu.com/s?id=17502712878936759686&wfr=spider&for=pc.

［53］ 中国风景园林学会.公园城市评价标准:T/CHSLA 50008—2021［S］.北京:中国建筑工业出版社,2021.

［54］ 中国城市规划设计研究院.城市规划基本术语标准:GB/T 50280—98［S］.北京:中国建筑工业出版社,1999.

［55］ 中交公路规划设计院有限公司.公路钢筋混凝土及预应力混凝土桥涵设计规范:JTG 3362—2018［S］.北京:人民交通出版社,2018.

后　记

城市在不断发展,超大城市总会遇到"成长的烦恼"。消除"烦恼",城市更新无疑是一剂良药。根据城市发展规律,我国已经进入城市更新的重要时期,即由大规模增量建设转为存量提质改造和增量结构调整并重,从"有没有"转向"好不好"。2021年,城市更新首次被写入政府工作报告。

城市更新视角下的城市竞争力呈现出显著的区域不均衡特征。文化传承和创新类城市更新、价值提升类城市更新对城市竞争力的影响更加直接。更为重要的是,城市发展程度不同,适用的城市更新类型也不同,城市更新需要因地制宜。

成都的城市更新将公园城市的发展理念与城市空间的更新进行有机融合,通过高品质城市空间塑造推动城市高质量发展。成都在有机更新实践中呈现出四大特征:体现公园城市理念下以人民为中心的更新导向;对老城空心化现象进行主动调适,促进产业重构和转型升级;聚焦三城三都建设,强调文脉保护与传承;空间更新与社区治理联动,推动多元主体共治。成都市始终坚持以人民为中心的发展思想,着力推进城市更新和公园城市建设;坚持共建、共治、共享,使全区民生工作更接地气、更暖民心,使"幸福成都"更有温度、更有质感、更有内涵。

注重短期经济利益的城市更新已经是过去式,有机更新应重点关注城市品质、功能与内涵的综合提升。因而,未来成都在更新过程中,将充分体现公园城市理念,注重历史文化的保护和城市文脉的传承,注重围绕人的需求完善高品质生活服务和公共空间,注重新业态的植入和提升,注重城市韧性的增强。